DIGITAL SERIES

未来へつなぐ
デジタルシリーズ

画像処理

白鳥則郎　監修

大町真一郎
陳　　謙
大町方子
宮田高道
長谷川為春
早川吉彦
加瀬澤正
塩入　諭　著

28

共立出版

Connection to the Future with Digital Series
未来へつなぐ デジタルシリーズ

編集委員長： 白鳥則郎（東北大学）

編集委員： 水野忠則（愛知工業大学）
　　　　　 高橋　修（公立はこだて未来大学）
　　　　　 岡田謙一（慶應義塾大学）

編集協力委員：片岡信弘（東海大学）
　　　　　　　松平和也（株式会社 システムフロンティア）
　　　　　　　宗森　純（和歌山大学）
　　　　　　　村山優子（岩手県立大学）
　　　　　　　山田圀裕（東海大学）
　　　　　　　吉田幸二（湘南工科大学）
　　　　　　　　　　（50音順，所属はシリーズ刊行開始時）

未来へつなぐ デジタルシリーズ 刊行にあたって

　デジタルという響きも，皆さんの生活の中で当たり前のように使われる世の中となりました．20世紀後半からの科学・技術の進歩は，急速に進んでおりまだまだ収束を迎えることなく，日々加速しています．そのようなこれからの21世紀の科学・技術は，ますます少子高齢化へ向かう社会の変化と地球環境の変化にどう向き合うかが問われています．このような新世紀をより良く生きるためには，20世紀までの読み書き（国語），そろばん（算数）に加えて「デジタル」（情報）に関する基礎と教養が本質的に大切となります．さらには，いかにして人と自然が「共生」するかにむけた，新しい科学・技術のパラダイムを創生することも重要な鍵の1つとなることでしょう．そのために，これからますますデジタル化していく社会を支える未来の人材である若い読者に向けて，その基本となるデジタル社会に関連する新たな教科書の創設を目指して本シリーズを企画しました．

　本シリーズでは，デジタル社会において必要となるテーマが幅広く用意されています．読者はこのシリーズを通して，現代における科学・技術・社会の構造が見えてくるでしょう．また，実際に講義を担当している複数の大学教員による豊富な経験と深い討論に基づいた，いわば"みんなの知恵"を随所に散りばめた「日本一の教科書」の創生を目指しています．読者はそうした深い洞察と経験が盛り込まれたこの「新しい教科書」を読み進めるうちに，自然とこれから社会で自分が何をすればよいのかが身に付くことでしょう．さらに，そういった現場を熟知している複数の大学教員の知識と経験に触れることで，読者の皆さんの視野が広がり，応用への高い展開力もきっと身に付くことでしょう．

　本シリーズを教員の皆さまが，高専，学部や大学院の講義を行う際に活用して頂くことを期待し，祈念しております．また読者諸賢が，本シリーズの想いや得られた知識を後輩へとつなぎ，元気な日本へ向けそれを自らの課題に活かして頂ければ，関係者一同にとって望外の喜びです．最後に，本シリーズ刊行にあたっては，編集委員・編集協力委員，監修者の想いや様々な注文に応えてくださり，素晴らしい原稿を短期間にまとめていただいた執筆者の皆さま方に，この場をお借りし篤くお礼を申し上げます．また，本シリーズの出版に際しては，遅筆な著者を励まし辛抱強く支援していただいた共立出版のご協力に深く感謝いたします．

　　　　　　　　「未来を共に創っていきましょう．」

編集委員会
白鳥則郎
水野忠則
高橋　修
岡田謙一

はじめに

<画像処理と情報社会>

　画像（動画像を含む）は人間にとって直感的でわかりやすく，テキストと比較して膨大な情報を伝えることができる．画像処理技術は今やその存在を意識させないほど我々の生活に浸透し，さまざまな恩恵をもたらしてくれる．画像の表示やインターネットでの効率良い伝送，セキュリティ分野における画像からの情報抽出など，画像処理技術はきわめて広い領域をカバーしており，情報社会において必要不可欠な基盤技術の一つである．

<本書の対象者：文系・理系を問わず熱意ある初学者>

　本書は，大学の理系学部と高専の学生を主な対象としており，学ぶべき内容を正確に，かつ丁寧に解説することを心掛けた．また，より深く学ぼうとする学生にとって必要となる詳細な解説も加えている．一方で，基本的な事柄に関しては，文理問わず，初学者が十分読み進められるよう，できるかぎり難解な表現を避け，基本的な内容から丁寧に解説することを心掛けたつもりである．部分的には難しく感じられる箇所もあるかもしれないが，理系学生のみならず，文系学生や，現在ならびに今後の画像処理技術に興味のある一般の方々にも，是非，手にとってご一読頂ければと願っている．

<本書の特徴：15章から成る講義の教科書>

　本書は画像処理のさまざまな基本技術をわかりやすく解説したものであり，講義の教科書として使用することを想定した15章構成となっている．各章のはじめにはその章のポイントやキーワードを示し，各章の内容を確認できるようにした．また，各章の終わりには，演習問題をつけており，読者の理解度を確認できるようにしている．

<各章：内容のポイント>

　まず第1章では，画像処理の概要と歴史を紹介したあと，身近な応用例を通して画像処理技術がどのように使われているのかを解説する．第2章では画像入出力の原理を通して，画像入出力装置や入出力に関連する画像処理について述べる．第3章では，画像処理における色彩や表色系の役割と人間が色をどのように知覚するかを解説し，代表的な表色系を紹介する．

　第4章から第6章ではより具体的な画像処理の手法について述べる．第4章では領域処理を扱い，ノイズ除去や鮮鋭化などの狭義の代表的な画像処理手法について解説するとともに，補

間や領域分割などの高度な処理についても述べる．第 5 章では画像の形状や大きさを変化させる幾何学的変換について述べ，幾何学的変換を効率良く記述するための同次座標についても解説する．第 6 章では，画像処理の中でも歴史が古く，重要な 2 値画像処理について述べる．

第 7 章と第 8 章では画像の認識や理解に関する手法を解説している．第 7 章では画像の特徴抽出を扱っており，画像処理の基本処理の一つであるエッジ抽出について述べたあと，コーナーや SIFT などの画像認識でよく用いられる特徴や，画像から図形を検出するハフ変換について解説する．第 8 章では画像認識に関して，テンプレートマッチングなどの基本的な手法から統計的パターン認識の原理まで解説している．

第 9 章と第 10 章では，これまでの静止画像処理とは違った対象を扱っている．第 9 章では動画像処理について，動きを検出するオプティカルフロー，差分画像を利用した移動物体抽出法，時空間画像などについて解説している．第 10 章では 3 次元画像処理を扱っており，ステレオカメラを用いた 3 次元座標の計測やその理解に必要なカメラのモデルなどについて解説している．

第 11 章と第 12 章は画像の符号化を扱っている．第 11 章では画像符号化の意義や原理を解説し，基本的な符号化法について述べている．第 12 章では静止画像と動画像の代表的な符号化法である JPEG と MPEG について詳細に解説している．

第 13 章では，画像処理系を扱う上で不可欠な画質評価の方法について，人間の視覚特性を含めて解説している．第 14 章では，画像を作り出す手段であるコンピュータグラフィックスを扱い，モデリングとレンダリングの原理を解説している．第 15 章では，画像処理の応用例を，外観検査，バイオメトリクス，医用画像処理，ITS など幅広い分野から取り上げて紹介している．

＜謝辞＞

最後に，本書の原稿に対して丁寧かつ有益なコメントをいただいた編集委員の水野忠則先生，岡田謙一先生，高橋修先生の各先生方，ならびに，本書の完成まで辛抱強く支援していただいた共立出版の島田誠氏に，この場を借りて心より御礼申し上げる．

2014 年 9 月

白鳥則郎（監修）

大町真一郎（編幹事・著）

目 次

刊行にあたって　i
はじめに　iii

第1章 序論　1

1.1 画像処理とは　1

1.2 デジタル画像と座標系　5

第2章 画像の入出力　9

2.1 画像の入出力について学ぶ必要性　9

2.2 画像入力装置　10

2.3 画像の出力　20

第3章 色彩と表色系　23

3.1 色の見え方　23

3.2 表色系　25

第4章 領域処理　38

4.1 空間フィルタリング　38

4.2 周波数フィルタリング　43

4.3 画像の補間　44

4.4 テクスチャ解析　47

4.5 領域分割　48

第5章
幾何学的変換　52

- 5.1 線形変換　52
- 5.2 アフィン変換　56
- 5.3 同次座標　57
- 5.4 平面射影変換　59
- 5.5 再標本化　60

第6章
2値画像処理　66

- 6.1 2値化　66
- 6.2 連結性　69
- 6.3 ラベリング　71
- 6.4 輪郭線追跡　73
- 6.5 2値画像の特徴量　75
- 6.6 モルフォロジー演算　78
- 6.7 骨格化　80
- 6.8 細線化　81

第7章
特徴抽出　84

- 7.1 エッジ抽出　84

| | 7.2 特徴点抽出 | 89 |
| | 7.3 ハフ変換 | 90 |

第8章 画像認識　95

	8.1 テンプレートマッチング	96
	8.2 統計的パターン認識と学習	97
	8.3 構造的パターン認識	99
	8.4 さまざまな認識法	103

第9章 動画像処理　107

	9.1 オプティカルフロー	107
	9.2 移動物体抽出	112
	9.3 時空間画像	115

第10章 3次元画像処理　120

	10.1 透視投影とピンホールカメラモデル	120
	10.2 実際のカメラとピンホールカメラモデル	123
	10.3 三角測量の原理	125
	10.4 ステレオ視	126

第 11 章
画像符号化の基礎　132

- 11.1 画像のデータ量　132
- 11.2 画像符号化の原理　133
- 11.3 可逆符号化と非可逆符号化　135
- 11.4 エントロピー符号化　136
- 11.5 予測符号化　138
- 11.6 変換符号化　139
- 11.7 ランレングス符号化　142

第 12 章
JPEG と MPEG　147

- 12.1 静止画像符号化方式 (JPEG)　147
- 12.2 動画像符号化方式 (MPEG)　153

第 13 章
画質評価　160

- 13.1 画像と視覚　160
- 13.2 画像特徴と視覚モデル　163
- 13.3 客観評価　168
- 13.4 主観評価　171

第14章 コンピュータグラフィックス 175

14.1 モデリング	175
14.2 レンダリング	184

第15章 画像処理の応用 190

15.1 画像計測・外観検査	190
15.2 バイオメトリクス	191
15.3 医用画像処理	192
15.4 文字・文書認識	196
15.5 リモートセンシング	197
15.6 ITS	198
15.7 ロボット視覚	199
15.8 バーチャルリアリティ・AR技術	200

索 引　204

第1章
序論

□ 学習のポイント

　画像や映像は音声やテキストと比べて情報が非常に多く，人間にとって直感的に理解しやすい．画像を加工して新しい画像を作り出し，あるいは画像から何らかの高度な情報を得ようとする画像処理の技術は，コンピュータやデジタルカメラなどの入出力装置の高度化に伴い急速に発展している．画像処理技術は我々の身近なところでも使われており，生活に欠かせない技術となりつつある．

　本章は，本書でこれから画像処理を学ぶための序論として，さまざまな画像処理技術，応用例，歴史などについて概観する．とくに身近なところでどのような画像処理技術が使われているのかを理解する．続いて，デジタル画像の中身について理解する．アナログとデジタルの違いや，デジタル画像は何がデジタルなのかを理解する．最後に，画像処理で必要となる座標系に触れ，次章以降の準備とする．

- 画像処理の概要を理解する．
- デジタル画像の構成を理解する．
- 画像処理における座標系について理解する．

□ キーワード

画像処理，デジタル，アナログ，デジタル画像，標本化，量子化

1.1 画像処理とは

　画像処理は画像を扱う**信号処理**全般を指し，広い意味で用いられている．画像を目的に応じて加工する処理，たとえば画像のコントラストを強調して見やすい画像にしたりノイズを軽減したりする処理は，画像から画像を作る処理であり，狭義の画像処理と考えることができる．画像中の特徴を抽出して**画像解析**や**画像認識**を行なう処理は，画像を出力することが目的ではなく，画像や画像に含まれる物体を記述する手段を得るものである．画像の**符号化**は与えられた画像を表す別の信号に変換するものであり，やはり画像を出力する処理ではないが，目的は画像や物体の記述ではなく一般には効率の良い伝送のために信号を変換することである．一方，コンピュータグラフィックスは物体の形状や配置などの情報から画像を作り出すものであり，画像を入力とするものではない．このように画像処理にはさまざまな意味合いがあり，ターゲッ

トとするアプリケーションや関連技術は非常に多い（図 1.1）.

　画像処理がどれだけ我々の生活に身近なものか，映像・放送技術を例にとって考えてみよう（図 1.2 参照）．まず映像をビデオカメラで撮影する．ビデオカメラ内部では，アナログデータからデジタルデータに変換され，ノイズの除去，色やコントラストなどの調整が行われ，さらに符号化処理によりデータ圧縮が行われる．**顔検出**や**顔認識**により特定の人物にフォーカスを合わせることなども可能である．放送される映像はさまざまに加工され，我々にとって親しみやすく有益な情報を付加したものになっている．天気図を背景に気象予報士の映像が合成されるクロマキー合成，実際には存在しない物体を重畳する**拡張現実** (Augmented Reality; AR)，

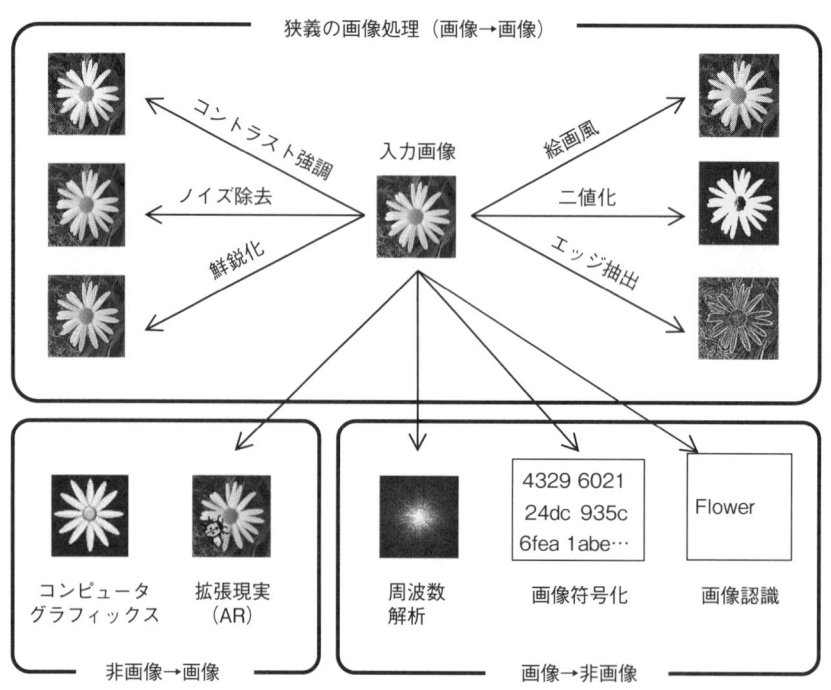

図 1.1　さまざまな画像処理

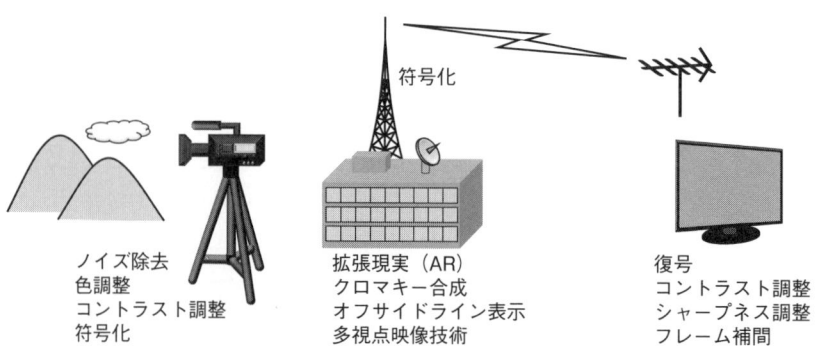

図 1.2　映像・放送に関連した画像処理

サッカーのオフサイドラインや水泳の世界記録ラインの表示，任意の方向から見た映像を合成する多視点映像技術など，研究開発段階のものも含めさまざまな画像処理技術が盛り込まれている．そのようにして作られる映像は膨大な情報量を持つが，効率よく伝送するために符号化技術で圧縮される．符号化されたデータはデジタル変調され，地上波や衛星波で各家庭のテレビ受像機に届けられる．テレビ受像機では画質を向上させるためにコントラスト強調やシャープネス調整などの処理が行われる．フレームの補間によって毎秒のコマ数を増やし，動きをより滑らかに表示することなども可能となっている．

別の例として，**高度道路交通システム** (Intelligent Transport Systems; ITS) を含む自動車関連の技術を考えてみよう．車載カメラにより前方の画像を認識し，障害物を検知するシステムが実用化されている．車体に取り付けられたカメラにより，運転している自動車をあたかも上から見ているようなシステムもあり，駐車時などでのハンドル操作を楽にしている．道路に取り付けられたカメラで自動車のナンバープレートを読み取るシステムは，高速道路入口の発券や渋滞情報の取得などに利用されている．駐車場でもやはりナンバープレートを読み取ることで出庫を管理している．交差点の交通流も画像により計測が可能である．道路標識や交通信号機を認識してドライバーの運転をサポートする研究や，ドライバーの居眠りや注意力散漫な状態を検知して注意を喚起するシステムも研究されている．以上のように，画像処理は我々の周りのさまざまな場所で使われており，生活に欠かせない技術となっている．ここまでで述べたいくつかの画像処理技術について，本書の関連する章を表 1.1 にまとめる．

画像処理は**アナログ画像処理**と**デジタル画像処理**に大別される．アナログ画像処理はコンピュータの出現以前から研究されており，光学系を利用したもの，銀塩フィルムの現像過程を利用したもの，電気信号に変えて信号処理を行うものなどがある．光学系を利用したものとしては，回折などの光の性質を利用したものや，レンズやプリズムを用いたものがある．画像を認識することもコンピュータの出現以前から考案されており，たとえば 1920 年代には既に文字認識装置の特許が出願されている．アナログ画像処理はできることが限られており，処理も

表 1.1 画像処理技術と関連する章

画像処理技術	関連する章
カメラによる映像の取得	第 2 章
ノイズ除去，色やコントラストの調整	第 3 章，第 4 章，第 13 章
符号化処理	第 11 章，第 12 章
顔検出・顔認識	第 7 章，第 8 章
クロマキー合成	第 9 章
拡張現実 (AR)	第 14 章
オフサイドラインの表示	第 5 章，第 10 章
多視点映像	第 10 章
コントラスト強調・シャープネス調整	第 4 章
障害物検知システム	第 7 章，第 8 章
ナンバープレート認識	第 6 章

安定しない．一方デジタル画像処理はデジタル画像をコンピュータで処理するもので，アナログ画像処理と比較してできることがはるかに多く，処理も安定しており毎回同じ結果が得られる．現在では画像処理といえばほとんどの場合デジタル画像処理を指す．

　コンピュータを用いたデジタル画像処理の研究は1960年代に本格的に開始された．**文字認識**の研究を中心に細線化や特徴抽出などの基本的な画像処理技術が開発され，合わせて識別理論など**パターン認識**の理論的な研究がなされた．その結果，1967年には手書き文字認識技術を用いた世界初の郵便番号自動読取区分機が開発された．人工衛星からの画像の画質改善などもこの頃から試みられている．1970年代になると大型汎用計算機の普及によりさまざまな分野における応用研究が行われるようになってきた．**工業用画像処理**や**医用画像処理**などはこの頃に本格的に始まっている．1980年代には小型のワークステーションが普及し，画像処理技術が一般的になってくる．対象が多様化し，文書画像処理やロボットビジョンなど多くの実用システムの研究が活発に行われた．1990年代にはパーソナルコンピュータやデジタルカメラの普及により手軽に画像処理アルゴリズムを試せるようになった．**動画像処理**が盛んになり，コンピュータグラフィックスや**仮想現実**（バーチャルリアリティ）技術との融合も行われるようになった．2000年以降はOpenCVなどのツールが充実し，誰でも画像処理を試せる時代になった．**機械学習**との融合の重要性が再認識され，顔検出アルゴリズムなどが普及した．仮想現実から発展した**拡張現実**(AR)は携帯端末やスマートフォンにとって欠かせない技術となりつつある．**一般物体認識**などのチャレンジングな課題にも取り組まれるようになってきており，今後ますま

表 1.2　画像処理技術の発展

1960年代	画像処理の黎明期
	文字認識
	人工衛星画像の画質改善
	パターン認識理論
1970年代	さまざまな応用研究の開始
	工業用画像処理
	医用画像処理
	リモートセンシング
1980年代	実用システムの研究
	文書画像処理
	ロボットビジョン
1990年代	より手軽に画像処理を試せる時代
	動画像処理
	コンピュータグラフィックスや仮想現実との融合
2000年代以降	誰でも画像処理を試せる時代
	拡張現実
	高度道路交通システム
	セキュリティシステム
	特定物体認識
	一般物体認識

す活発に研究・開発が行われていくであろう．画像処理技術の発展の年表を表 1.2 にまとめる．

1.2 デジタル画像と座標系

1.2.1 デジタル画像

一般に，アナログが連続的な量であるのに対し，デジタルは離散的な量である．コンピュータで扱う画像は一般にデジタル画像であり，「空間」と「色」が離散化されている画像と考えられる．それに対してアナログ画像は，銀塩フィルム撮影の写真や絵画などのように，連続した空間と連続した色で表された画像のことを指す．空間の離散化は**標本化**，色の離散化は**量子化**と呼ばれる．標本化と量子化の概念を図 1.3 に示す．標本化は元の信号の一定の間隔ごとの値のみを保持することで，その値は任意の実数値をとる．量子化はとる値自体をいくつかの決められた値のみに制限することである．なお，本章では標本化と量子化の概念のみを説明し，入力装置による具体的な処理については第 2 章で述べる．

デジタル画像は，標本化により得られた**画素**あるいは**ピクセル**と呼ばれる最小単位の集まりで構成される．図 1.4 に示すように，デジタル画像の一部を拡大して見ると小さな画素の集まりであることがわかる．画素が例えば横に 640 個，縦に 480 個並んだ画像は，全部で $640 \times 480 = 307{,}200$ 個の画素で構成される．フルハイビジョンの規格である 1920×1080 の映像では，1 枚の画像に約 200 万個の画素が並んでいることになる．

一方，色に関しては，デジタル画像では**光の三原色**と呼ばれる赤，緑，青の 3 色を混合することで表現されることが多い．これを，赤 (Red)，緑 (Green)，青 (Blue) のそれぞれの最初の文字をとって RGB と呼ぶことがある．赤，緑，青それぞれの色の濃さが普通は 256 段階に離散化されている．これが色の量子化であり，色の濃さの段階数は**階調**と呼ばれる．この場合は赤，緑，青それぞれが 256 階調であり，合計で $256 \times 256 \times 256 = 16{,}777{,}216$ の色を表現することができる．このデジタル画像の階調数として 256 がよく用いられるのは，コンピュータの扱う数値は 2 進数 8 桁（8 ビット）が基本だからであり，8 ビットでは 0 から 255 の数を扱うことができる．この場合，1 画素について色に関する情報を 8 ビット $\times 3 = 24$ ビット分持っていることになり，24 ビットカラーと呼ばれる．これに対して，1 画素あたりの色情報が 16 ビットのものを 16 ビットカラー，8 ビットのものを 8 ビットカラーと呼ぶことがある．16

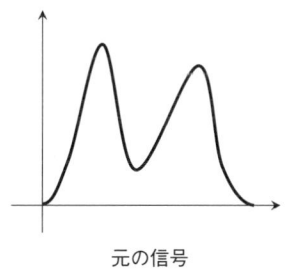
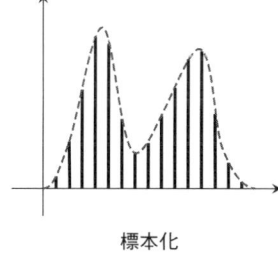
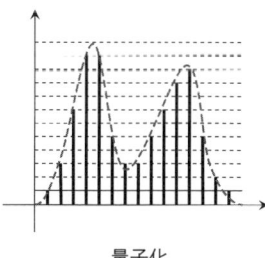

図 1.3　信号の標本化と量子化

図 1.4 デジタル画像

図 1.5 さまざまな解像度の画像

図 1.6 さまざまな量子化レベルの画像

ビットカラーでは，通常赤と青に 5 ビット（= 32 階調），緑に 6 ビット（= 64 階調）割り当てられる．緑のビット数が多いのは，人間の目が緑色をより敏感に識別するからである．8 ビットカラーの場合には，通常は 3 色に 3 ビット，3 ビット，2 ビットではなく，8 ビット分（256 色）の色パレットを用いる．なお，輝度情報のみを持ち，色の情報を持たない画像はグレースケール画像と呼ばれる．画像処理においては，グレースケール画像はよく用いられる．標本化の間隔をさまざまに変えた画像を図 1.5 に，量子化レベルをさまざまに変えた画像を図 1.6 に示す．

1.2.2 座標系

画像処理では 2 次元または 3 次元の座標系を用いるが，通常数学で用いられる座標系とは異

なる座標系が用いられる場合もあるので注意が必要である．2次元座標の場合，画像処理では左上を原点とする座標系が用いられることも多い（図 1.7 参照）．左上を原点とし，右向きに x 軸，下向きに y 軸をとる．このような座標系は，**ラスタスキャン**と呼ばれる画像の走査法と整合性が高い．ラスタスキャンでは，左上の画素から始めて右にスキャンしていき，一番右に到達したら次の行に移り，左端の画素から右にスキャンしていく．デジタル画像では上で述べたように画素が最小単位であるから，通常は 1 画素の大きさを 1 としてとり得る座標値を整数のみとすることにも注意が必要である．

また，3 次元座標には一般に図 1.8 に示すように**右手系**と**左手系**がある．右手系は右手の親指，人差し指，中指で 3 次元座標系を作ったときに，親指が x 軸，人差し指が y 軸，中指が z 軸に対応するような座標系である．左手系は左手の親指，人差し指，中指が x 軸，y 軸，z 軸に対応する．3 次元座標としては，一般には右手系が用いられることが多いが，画像処理では左手系もよく用いられる．本書でも両方の座標系が用いられるので注意されたい．

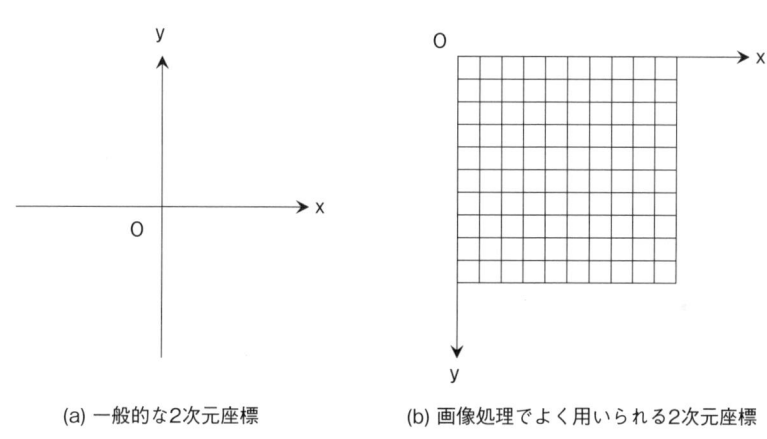

(a) 一般的な2次元座標　　　(b) 画像処理でよく用いられる2次元座標

図 **1.7**　2 次元座標

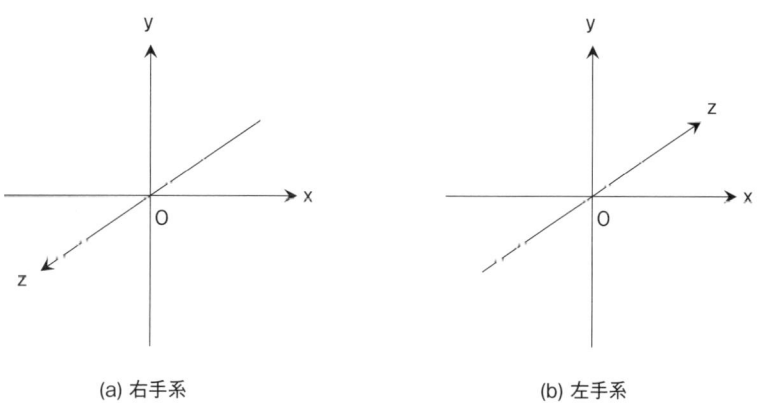

(a) 右手系　　　(b) 左手系

図 **1.8**　3 次元座標

1.2.3 同次座標

画像処理では，通常の座標系のほか，**同次座標**と呼ばれる座標系が用いられることがある．本書でも第 5 章と第 14 章で同次座標が出てくる．同次座標ではもとの次元数よりも変数を一つ増やし，例えば 2 次元であれば (x, y) の代わりに (X, Y, w) で座標を表現する．もとの座標と同次座標との対応付けは，$w \neq 0$ のときは

$$x = \frac{X}{w}, \quad y = \frac{Y}{w}$$

であり，$w = 0$ のときは (X, Y) 方向の無限遠点を表す．とくに $w = 1$ のときは $x = X, y = Y$ であるから，$(x, y, 1)$ と表すこともできる．同次座標を用いることによって，無限遠点を表すことができるほか，幾何変換がより簡単な形で表現できる．幾何変換については第 5 章で詳しく述べるが，例えば回転と平行移動を一つの行列で表すことができ，表現が簡潔になるだけではなく，合成変換の記述も容易になる．

演習問題

設問 1 画像処理の応用技術にはどのようなものがあるか調べてみよ．

設問 2 それぞれの応用技術でどのような画像処理手法が使われているか調べてみよ．

設問 3 デジタル画像のさまざまな形式（フォーマット）を調べてみよ．

参考文献

[1] 田村秀行 編著：『コンピュータ画像処理』オーム社 (2002)
[2] 高木幹雄，下田陽久 監修：『新編 画像解析ハンドブック』東京大学出版会 (2004)
[3] 村上伸一：『画像処理工学』東京電機大学出版局 (1996)
[4] 岡崎彰夫：『はじめての画像処理技術』工業調査会 (2000)

第2章
画像の入出力

□ 学習のポイント

　画像処理の学習において，二つの観点から画像の入力について学ぶ必要がある．まず，画像処理の目的は，入力画像を望ましい状態に変換すること，風景や物体などの撮影対象の情報を知ることである．これらの目的を達成するために，画像入力の方法と，それぞれの方法における撮影対象を画像に変換する原理と，撮影対象とその画像との関係に基づいて画像を処理するための計算法（アルゴリズム）を設計しなければならない．次に，画像を入力するための，撮影対象を画像に変換する処理の中にも，さまざまな画像処理の技術が利用されている．言い換えれば，画像処理なしでは，画像そのものも入手できない．

　一方，撮影した画像，あるいは画像処理の結果を表示するために，デジタルデータで表現される画像を，光の映像あるいは紙の写真に変換することは必要である．画像を忠実に再現するために，画像データを光の映像，あるいは紙に印刷される写真に変換するための方法と，それぞれの方法の特性に合わせて，画像データに対してさまざまな変換や補正を行うことが必要である．これらの理由により，画像処理の学習の一環として，画像の入出力について学ぶことは非常に重要である．

　本章では，画像を獲得するための原理と，各種の画像入力装置をとりあげ，撮影対象の画像を得るための方法と特性を理解する．次に，画像を表示するための原理と各種の方法について理解する．最後に，画像の入出力に必要な画像処理の事例を学び，次章以降への準備とする．

- 光学的な像の形成について理解する．
- さまざまな画像の撮影法の原理と用途，およびそれぞれの特性を理解する．
- 画像を光学映像と印刷物に変換するための方法とその原理，特性を理解する．
- 画像の入力および出力における画像処理の必要性といくつかの具体的な処理方法の例

□ キーワード

　レンズ，焦点，実像，絞り，シャッター，ピンボケ，カメラ，スキャナー，イメージセンサー，CCD，三原色，画素，濃度，輝度，階調，解像度，標本化，量子化，AD変換，ディスプレイ，プロジェクター，プリンター，補色，濃度変換

2.1 画像の入出力について学ぶ必要性

　カメラやスキャナーを使えば，画像が入手でき，処理した画像をパソコンのディスプレイや

テレビ，プロジェクターを使って表示し，あるいはプリンターで印刷すると，画像の出力にも困らない．となると，「画像の入出力の部分をスキップして，画像処理の方法や原理の学習に専念したほうがよい」と思う人が，本書の読者にはたくさんいるであろう．「処理する画像がないと画像処理の意味はない．」「画像を表示しなければ，画像を確認できない．」だから，画像の入出力は必要であるという説明では，画像処理の学習における画像の入出力の重要性が伝わらない．実は，画像の入力原理などを知らなければ，画像を正しく処理できない．そして，画像の表示や印刷の際，画像処理の技術を応用しなければ，画像を正しく出力できない．だから，画像の入力と出力について学ぶことが必要である．

「ボケ画像を鮮明にしたり，顔や花の発色を良くしたりする」ことに代表されるように，画像処理の目的の一つは，画像を我々が望む状態に変換することである．画像処理のもう一つの目的は，人物や車の検出，顕微鏡写真の中の血小板を数えたり，画像に写っている物体の形や大きさを調べたりすることのような，画像からさまざまな情報を取り出すことである．これらの処理を正しく行うために，関心の対象（先の例の中の「人物」，「花」など）が持っている特性（表面の材質，光の反射特性など）を知ることは重要である．これらの情報を画像から取り出すために，撮影対象とその画像との関係を知ることは必要で，その関係を入手するために，対象となる物体や風景を撮影する方法と，撮影の中に含まれるさまざまな処理や変換の原理と特性を調べることは必須である．本章の前半では，さまざまな撮影対象の画像を得るための画像入力装置の基本構造と，撮影対象をデジタル画像に変換する各段階の原理と特性を簡単かつ具体的に紹介する．

一方，多くの画像処理の結果は，新しい画像である．X線写真を見て医者が病気を診断し，農業地域の衛星写真を見て，各地の農作物の状態を調べる．テレビを見て世界中の出来事を知り，教養を高め，さまざまな娯楽番組を楽しむ．このように，多くの画像処理の結果は人に見せるために作られている．最終目的は人に見せるためでない場合でも，処理結果の妥当性などを確認するために，見える形に変換し出力することが多い．画像を適切に表示するために，画像が持っている情報，画像を光の映像や紙の写真に変換する方法の原理と特性，そして人間の目の光を感知する特性を知り，それらに合わせて画像などを適切に調整，変換を行う必要がある．本章の後半では，映像を作る表示装置と，紙に写真を印刷する装置の基本構造，原理と特性について説明する．

2.2 画像入力装置

画像入力装置はさまざまな種類のものがある．風景や人物などの撮影に最もよく利用する道具として，俗にデジカメと呼ばれるデジタルスチールカメラがあげられる．そのほか，原理や構造はデジカメに似ているが，動画像撮影に特化したものとしてデジタルビデオカメラもある．また，印刷物，写真，フィルム，手書き書類，絵画のような既に紙やフィルムに記録した画像をコンピュータなどに取り込むための，スキャナーと呼ばれる画像入力装置がある．そのほか，可視光の代りに，放射線，磁気あるいは超音波などを使って撮影対象の内部を調べ，その結果

を画像に変換する装置として，CT（X 線を用いるコンピュータ断層撮影），MRI（核磁気共鳴画像法），超音波画像などがあげられる．これらの装置において，主に以下の三つの処理を通じて，撮影対象のデジタル画像を獲得する．1）撮影対象の光学画像の形成；2）光から電気信号への変換（光のセンシング）；3）デジタル化．

2.2.1 カメラ

カメラは，3 次元の風景や物体を撮影して，写真のような 2 次元の画像を得るための装置である．カメラの最初の仕事は，3 次元の風景を反映する光学的な平面画像（実像）を作ることである．風景の実像を作る最初の装置はピンホールカメラである．その原理は古代中国の思想家墨子（紀元前 5 世紀，「針孔成像」）と古代ギリシャの哲学者アリストテレス（Aristotle, 紀元前 384–322）によって発見された．ピンホールカメラは光の直進性を利用して実像を作る装置である（図 2.1 参照）．閉じた立方体の一つの面に小さな穴（針穴，ピンホール=pinhole）があり，穴の開いた面の反対側にすりガラスや半透明の紙で作ったスクリーンを設置する．箱の外の光はこの小さな穴を通してスクリーンに写る．光の直進性により，スクリーン上の一つの点を照射する光は，その点と穴を結ぶ直線上の物体の点からのものに限定されるために，箱の外にある物体上の二つの点からの光は，スクリーン上の異なる位置に像が結ばれる．これにより，スクリーンを見ることにより物体の個々の点を区別して観察することができ，箱の外の世界の様子を反映する実像が形成される．

図 2.2 にピンホールカメラで撮影した教室天井にある蛍光灯の実像を示す．この画像は，ダンボール箱で作ったピンホールカメラで得た実像を，ダンボール箱にあるピンホールと別の穴からデジタルカメラで撮影したものである．ある程度明るさのある実像を得るために，ピンホールは極端に小さくすることはできない．ピンホールが円形である場合，撮影対象の一つの点は点ではなく，小さな円に写る．撮影対象にある二つの点が十分近い場合，それらの像である二

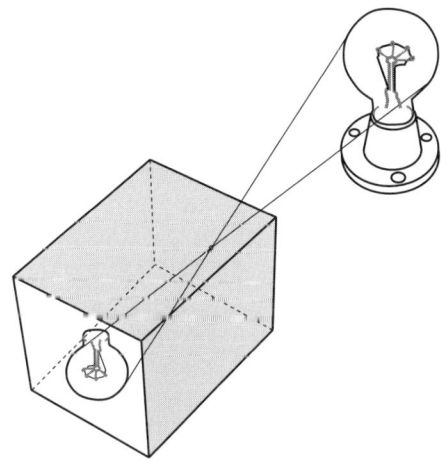

図 2.1 ピンホールカメラの原理

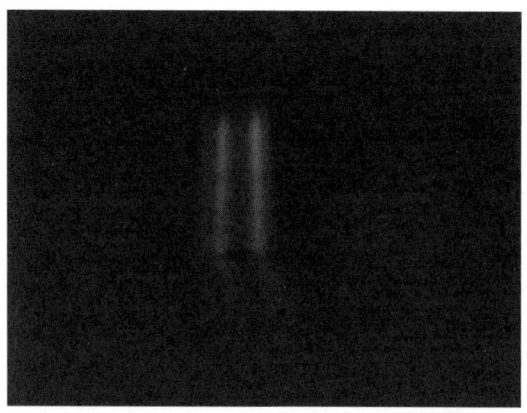

図 2.2 ピンホールカメラで撮影した蛍光灯の写真

個の円の大部分は重なるために，ボケた像になる．像のボケを抑えるために，ピンホールを小さくせざるを得ない．そうすると，スクリーンに写る実像は非常に暗くなる．このように，ピンホールカメラを使って，明るくて鮮明な実像を得ることはほとんど不可能である．

レンズによる実像の形成

　ピンホールカメラの原理からもわかるように，実像を得るために，物体の異なる点からの光は，スクリーンの異なる場所を照らすようにする必要がある．明るくて，クリアな実像を得るために，物体上の各点から四方八方に発した光をできるだけ多く集めて，スクリーン上の一点に集中させることが必要である．レンズはこの役割を果たすための光学部品である．実際のレンズを理想化すれば，図2.3に示す一枚の薄い球面レンズを用いて近似的に表現できる．レンズの二つの表面はそれぞれ球の表面の一部分であるために，球面レンズと呼ばれる．二つの球の中心を結ぶ直線はレンズの光軸という．光軸上にあるレンズの中央の点はレンズの中心，あるいは光学中心という．光軸と平行な光がレンズを通ると一つの点に集まる．この点は焦点といい，焦点とレンズ中心との間の距離は焦点距離という．凸レンズには以下の性質がある．

- レンズ中心を通る光線は曲がらない．
- 平行光はレンズを通ると，焦点を通り，光軸と垂直な平面上の一点に集まる．

この二つの性質により，レンズの片方にある物体の点から発した光は，凸レンズを通って，反対側にある一点に集まり，実像が作られる．この像点は物体の点とレンズ中心を結ぶ直線上にあり，その位置と物体の点との位置関係は次の式で表現できる．

$$\frac{1}{a} + \frac{1}{b} = \frac{1}{f} \tag{2.1}$$

式の中の a と b はそれぞれ，物体の点と像点からレンズ中心までの奥行きで，f はレンズの焦点距離である．

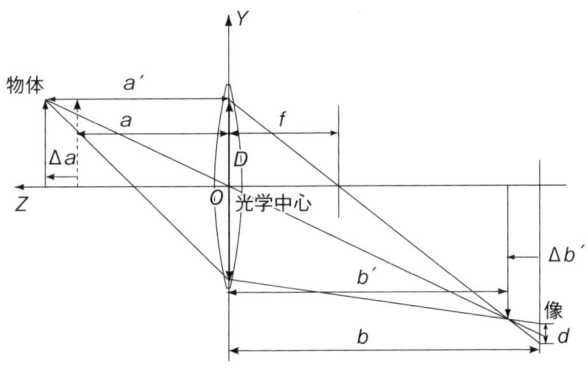

図 2.3 凸レンズによる像の形成

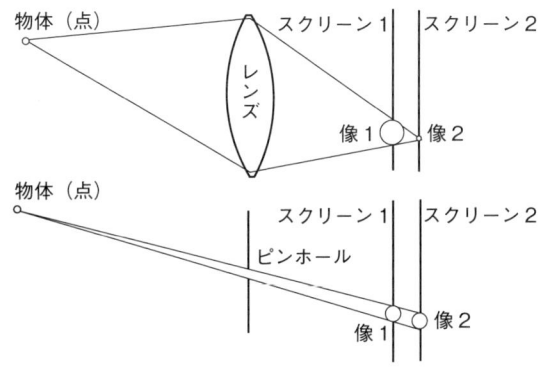

図 2.4 凸レンズの像とピンホールカメラの像のボケ具合

　図 2.3，そして式 (2.1) からわかるように，レンズの光学中心から b 離れた位置にある光軸と垂直な平面スクリーンを設置すると，そこにきれいな実像が結ばれるのは，反対側に光学中心から a 離れた位置にある物体の点のみである．その位置から離れた物体上の点の像は，スクリーン上の円形のパターンになり，像がボケる．

$$d = \frac{f|\Delta a|}{(a+\Delta a)(a-f)} D \tag{2.2}$$

　レンズの口径が D の円形である場合，物体の点の像の円の直径 d は式 (2.2) と表される．式 (2.2) により，d はピントずれの量 Δa にほぼ比例する．$a = f$ の場合，d が無限大になる．これは，$a = f$ のとき，像の奥行 b が無限遠になるためである．ピンホールカメラと比べると，像の明るさは一般的に数百倍以上明るくなる．一方，像のボケ方は異なる．図 2.4 に示すように，ピンホールカメラの場合，点光源の像の大きさはスクリーンの位置の変化による影響は少なくて，ほぼ一定であるが，レンズの場合，スクリーンの位置がほんの少しずれると，急激に大きくなる．したがって，レンズを使って実像を形成する場合，ピント合わせは非常に重要である．現在，ほとんどのカメラには，オートフォーカス (AF) と呼ばれるピントを自動的に合わせる機能が搭載されている．また，画像処理の技術を利用すれば，ピンボケの画像をクリアな

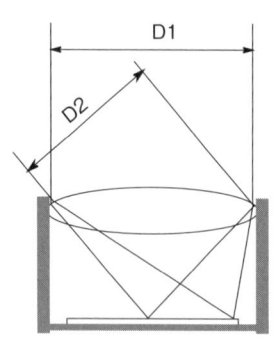 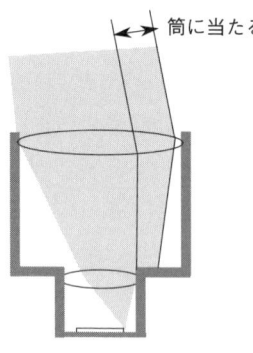

入口の有効面積の減少　　　　一部分の光が筒に当たる

図 2.5　画像周辺部（斜め方向の入射光）の光量の減少

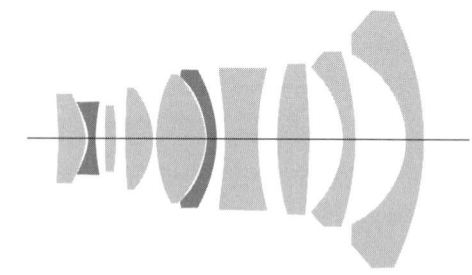

図 2.6　複合レンズの内部構造

画像に変換することもできる．余談であるが，我々の目にもレンズ（水晶体）があり，原理的にきれいに見えるのはピントがあっている場所だけである．にもかかわらず，われわれはどこでもはっきり見えていると感じるのは，目が常に注目先にピントを合わせているからである．

　レンズで形成される実像は，その中央部と周辺部の明るさが同じではない．まず，図 2.5 に示すように，斜めに入る光に対するレンズの有効面積は，まっすぐ入る光に比べて小さくなる．次に，実際のカメラのレンズ（図 2.6）は複数枚のレンズから構成されている．図 2.5 の右側に示すように，斜め方向からレンズの入り口に入る光の一部分は途中，レンズの筒の部分にあたり，画像面に届いていないからである．この二つの原因により，撮影した画像の周辺部の明るさは中心部分に比べて暗くなる．また，実際のレンズの場合，直線の像が曲がったり，平行光線は一点に集まらなかったり，物体の輪郭に色の帯が付いたりする現象が見られ，これらはレンズの収差という．画像を処理，利用する際，これらの現象を理解，考慮する必要がある．また，これらの望ましくない効果を画像処理の技術を使って補正，除去することができる．市販のデジタルカメラの中に既にこれらの機能が搭載されている商品がある．

イメージセンサー

　レンズで作られた光学的な実像を記録して，人やほかの機器から利用できるものにするために，光電効果の原理を利用して，光を電気信号に変換するイメージセンサーを用いて，光学的

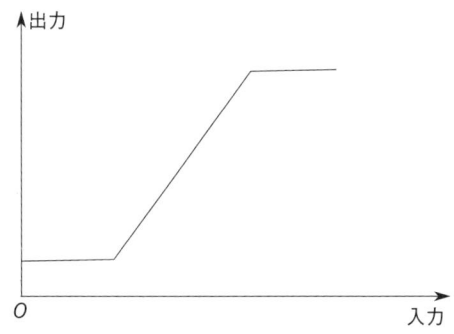

図 2.7　フォトダイオードの光に対する反応特性

な実像をまず電気信号に変換する．光電効果とは，物質を光で照射すると，そこから電子が飛び出す現象のことで，それを利用する光センサーは発明された順から，真空管的なものとして，光電管，光電倍増管，撮像管があげられ，そして半導体の内部光電効果を利用するフォトダイオード (photodiode) と呼ばれるものがある．現在広く利用されている CCD イメージセンサーと CMOS イメージセンサーは，格子状に並べられている複数のフォトダイオードから構成され，大規模集積回路 (LSI) 技術で作られた半導体チップ状の固体撮像素子である．これらの素子には以下のような共通する特性がある．

1. 蓄積型（積分型）センサー

　センサーの出力は蓄積された「光の量」（光量）を反映するもので，光の強さ，つまり「明るさ」を直接反映するものではない．これは光電効果により発生する電子の個数は，光センサーを照射する光の「量」に比例するためである．暗い対象を長い時間をかけて撮影すれば，明るい画像が得られる．天体写真はこの原理を利用して撮影することが多い．

2. 計測できる光量の範囲が狭い

　一般的なフォトダイオードの特性の概念図を図 2.7 に示す．入射光がない場合でも，バックグラウンド放射や熱によって生じる電流（暗電流という）が存在するために，センサーの出力はゼロにならない．照射光がある程度強くないと，それによる出力は暗電流と区別できないために，非常に弱い光は正確に計れない．一方，センサーが光電子を蓄積する容量に限りがあり，センサーの最高出力はその容量によって制限される．その容量を超える光量で照射しても，限界値を超える出力は得られない．このように，光センサーは，正しく計測できる光量の範囲が限られている．撮影対象の明暗を正しく計るために，センサーに照射する光の光量は計測可能な範囲内になるようにすることが必要がある．

露出制御

　写真用語の「露出」は光量のことである．先ほど述べたイメージセンサーの特性により，良い写真を撮影するために，適切な露出は必要不可欠である．写真の中にある暗い部分が真っ黒になる「黒つぶれ」の現象と，明るい部分が真っ白になる「白とび」の現象はそれぞれ，露出不足

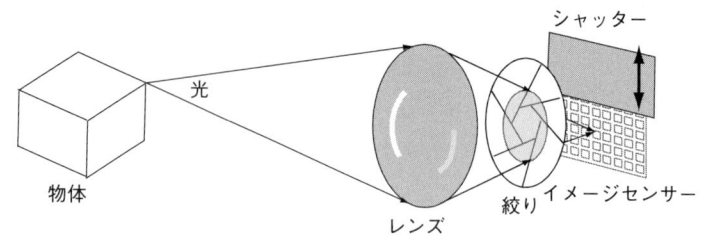

図 2.8 カメラの基本構造の概念図

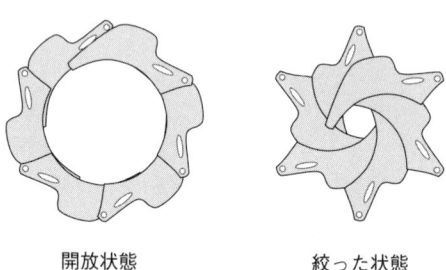

図 2.9 絞りの構造

と露出オーバーが原因となっている．カメラの基本構造を図 2.8 に示す．レンズで結ぶ実像の平面の位置に，イメージセンサーを設置し，複合レンズを構成するレンズとレンズの間に「絞り」，そしてイメージセンサの前に「シャッター」という二つの部品が設置されている．カメラでは，この絞りとシャッターを使って，撮影時の露出の調整を行う．絞りは，図 2.9 に示すような複数の薄い金属片から構成され，それぞれを回転させることにより，光を通る孔の大きさを変化させる部品で，イメージセンサーに照射する光の強度を調整する．一方，シャッターは扉のようなもので，レンズから入る光のイメージセンサーへの照射時間を調整する．イメージセンサーは光の蓄積型センサーであるために，写真を撮影するときの露出＝光の強度（明るさ）×絞りの面積×シャッター速度である．なお，市販のほとんどのカメラには，自動露出 (AE) という露出を自動的に設定する機能が搭載されている．絞りとシャッターという二つの部品を使う理由は，露出の調整以外の効果を得るためである．絞りはレンズの有効口径を変化させることができるので，像のボケ具合を調整できる．式 (2.2) により，点光源の像の大きさはレンズの有効口径に比例するために，絞りを開放すると，ピントがぴったり合っていない被写体は顕著にボケる．一方，絞りを絞ると，ピントがぴったり合っていない被写体像のボケを抑えることができる．シャッターは撮影の時間を調整できるので，動く物体を撮影するとき，シャッタースピードが遅い（シャッターが開いている時間が長い）と，動く物体がボケる．逆に，シャッタースピードが速い場合，動く物体は静止物体と同じようにボケずに撮影することができる．良質の写真を撮影するために，適切な露出と望ましい効果（背景や移動物体のボケ具合など）に応じてシャッタースピードと絞りを調整する必要がある．また，既に撮影済みの運動ボケ写真や手ぶれ写真を画像処理によりクリアな写真に変換することも可能である．

画像のデジタル化：標本化と量子化

　イメージセンサーは一般的に格子状に配置される複数の光センサーから構成される．個々の光センサーは「画素」という．一個の光センサーはそれに照射する光の量を反映する一つの電気信号を出力する．デジタルカメラやビデオカメラの解像度は，それに搭載するイメージセンサーにある光センサーの個数のことである．レンズで形成される実像は図 2.10 に示すように，イメージセンサーにより光センサーの個数分の電気信号に変換される．この変換は信号処理で図 2.11 に示す二つの変換の組み合わせで表現される．まず，実像上のすべての，一個の光センサーと同じ大きさの小領域の平均色を表す画像を作り，各光センサーの出力がそのセンサーに照射される光の合計であることを表現する．次に，その平均色画像の各光センサーの中心位置の点の色をとりだし，離散的な色の点集合を集める．この処理のことを「標本化」という．標本化の結果は元の画像のすべての情報を記録しているわけではないので，画像の一部分の情報が失われる可能性がある．標本化の性質を述べている「標本化定理」の詳細はここで省略するが，わかりやすくいうと，標本化の結果から，元の画像にある周期が光センサーの間隔の 2 倍以下の細かい模様は復元できない．そして，周期が光センサーの間隔の 2 倍以下の細かい模様がある画像を標本化すると，それらは，元の画像にない偽信号として標本化の結果に入ってしまう．したがって，標本化処理する前に，周期が光センサーの間隔の 2 倍以下の細かい模様を除去することは必要である．最近，デジタルカメラに関するホットな話題となっているイメージセンサーについている「ローパスフィルター」は，イメージセンサーで正しく再現できない細かい模様を除去する役割を果たすための光学素子である．

　イメージセンサーから出力されるのは，有限個の信号である．個々の信号は連続の値を持つアナログ量である．画像をコンピュータなどのデジタル機器により処理，利用するために，これらのアナログ信号を整数値に変換する．この変換はアナログ／デジタル (A/D) 変換といい，数学では，「量子化」という．イメージセンサーの各光センサーの最小出力値（黒）と最大出力値（白）の間の範囲を N 等分して，それぞれに 0 から $N-1$ までの番号を割り当てる．光センサーの出力値は入っている区分の番号に変換される．量子化された値から，元の値に復元するとき，最大 $\frac{白-黒}{N}$ の誤差が生じる可能性がある．この誤差のことを「量子化誤差」という．量

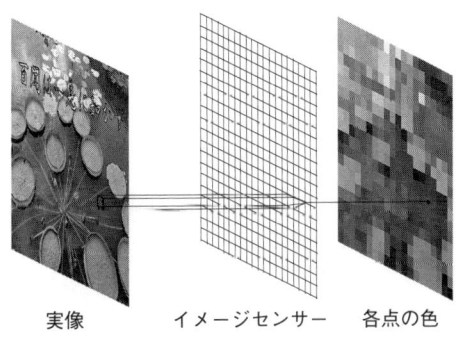

図 2.10　イメージセンサーによる画像情報の獲得

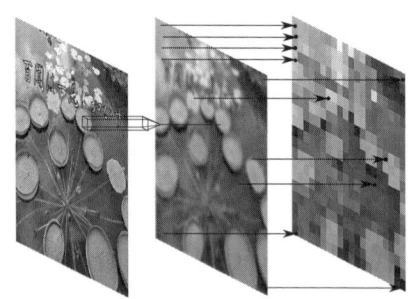

　　　実像　　　実像の各小領域　　イメージセンサー
　　　　　　　　　の平均色　　　　上の各光センサー
　　　　　　　　　　　　　　　　　の中心位置の色

図 2.11　イメージセンサーによる画像の標本化の概念図

子化誤差は，我々の目で区別できないほど小さいものであれば，量子化の結果から復元した画像を見ても，元のアナログ画像との違いはわからない．さまざまな心理実験により，「黒」から「白」の間の分割数（階調数）が 64 以上であれば，ほとんどの人は隣接する濃淡の階調の違いを感じることはできない．デジタル画像の場合，コンピュータのアーキテクチャーに合わせて，N は 256 にしていることが多い．

色情報の獲得

　光センサーは，さまざまな波長の光に反応するために，色を区別する能力を有しない．赤，緑，青の 3 種類の光を適当な割合で混ぜると，人間が見えるほぼすべての色が作り出せるという光の三原色原理によると，光の赤，緑，青の成分をそれぞれ測定できれば，それらを用いてその光の色を再現できる．光センサーの上に単色のカラーフィルターを設置することで，一つの単色成分の明るさを計ることができる．一つの光の三原色の成分を計るために，3 個の光センサーが必要である．単板カラーイメージセンサーでは，図 2.12 に示すような原色のフィルターを用いている．この場合，一つの画素には三原色の一つの成分しかない．完全なカラー画像を得るために，各画素に三原色の情報が必要であり，足りない 2 個の原色の情報を周りの画素か

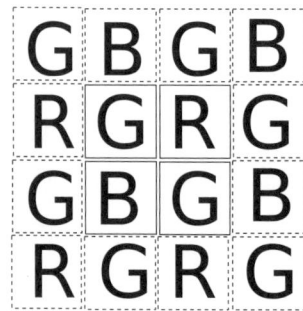

図 2.12　カラーイメージセンサーの原色フィルター

ら計算して補完する必要がある．この補完処理にも画像処理の技術が使われている．この処理が適切に行われないと，偽色や偽パターンがカラー画像に現れてしまう．

2.2.2 スキャナー

写真，印刷物など，紙やフィルムの画像を入力するために，カメラではなく，スキャナーを使うことが一般的である．フラットベッドスキャナーは現在ドキュメントスキャナー，コピー機，ファックスや複合機などに搭載され，最も身近にあるスキャナーである．その概念図を図2.13に示す．紙を乗せるガラスの台の下に，線状の光源，ミラー，レンズと線状のCCDセンサーから構成されるスキャンヘッドがあり，ガラス台と平行な方向に移動させながら，書類を横切る一本の直線上の部分を連続的に撮影することで，書類の全面の画像を読み取る．書類をスキャンする際，光源，撮影対象からイメージセンサーとの間の光路長は不変なので，ピンボケは原理的に発生しない．スキャンした画像の横の解像度はイメージセンサーの解像度になるが，縦方向の解像度は，スキャン時のスキャンヘッドの移動速度により調整でき，ゆっくりスキャンすれば，非常に解像度の高い画像が得られる．デジタルカメラに比べて，スキャナーの撮影条件ははるかに良いことと，スキャンヘッドは機械で非常に精密に移動させることができるために，色の再現性と形状の再現性ともに優れている画像が入手できる．

紙を曲げることが許される場合，図2.14に示す回転式のスキャナーを利用して画像を入力することができる．書類を円筒に巻きつけて，円筒を回転させながら，回転軸方向に光センサーを移動させる．円筒の回転と光センサーの運動は精密に制御できる．また，一個の光センサーしか使用しないために，イメージセンサーの解像度の制限はなく，複数の光センサー間のばらつきもないために，非常に高解像度で，計測誤差の少ない画像を得ることができる．

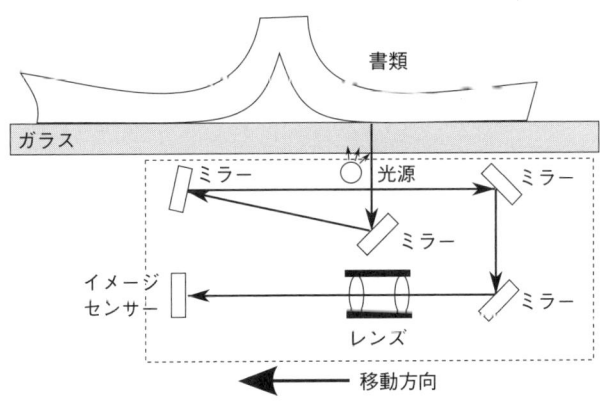

図 2.13　フラットベッドスキャナーの内部構造

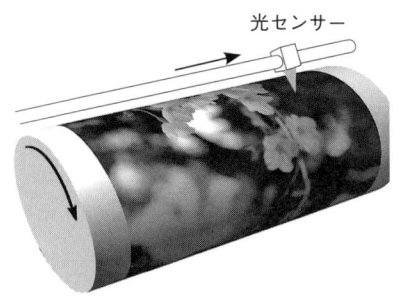

図 2.14 回転式スキャナーの内部構造

2.3 画像の出力

　画像の出力は画像の入力の逆処理であり，デジタル画像を光学的な画像，あるいは写真のような印刷物に変換する．画像の出力は主に 2 種類に分類できる．一つめは光学的な画像を生成するもので，ディスプレイ（テレビ）と映像プロジェクターがこの種類に入る．もう一つは紙媒体の画像を生成するもので，各種のプリンターや印刷機はこの種類に属する．

2.3.1　光学的な画像の生成

　濃淡画像の場合，画素値は白い光の明るさを表し，カラー画像の場合，画素値は三原色成分（赤，緑，青）のそれぞれの光の明るさを表す．光の映像を作るために，これらの画素値に応じて，適切な明るさの光を生成する必要がある．光の明るさを変化させる方法は，1) 発光素子の明るさを直接制御する方法；2) フィルターの透明度を変化させる方法；3) 光る時間を変化させる方法の 3 種類に分類できる．方法 1 を応用する装置としてブラウン管 (CRT) ディスプレイがあげられる．ブラウン管は真空管の一種で，電子ビームを発生する電子銃，電子ビームの進行方向を制御する偏向ユーク（コイル），そして電子ビームを光に変換する蛍光物質が塗布しているスクリーンから構成される．電子ビームが蛍光物質に当たると，スクリーン上の点が光り，その明るさは電子ビームの強さによって決まる．電子ビームの強さで光らせる点の明るさを調整し，偏向ユークに電流を流すことにより磁界を発生して電子ビームの進行方向を変え，照射するスクリーン上の点の位置を決定する．スクリーン上のすべての点を光らせることにより，画像を表示することができる．

　液晶テレビやディスプレイと液晶プロジェクターでは，二つ目の方法を使って光の明るさを制御する．液晶は液体のような物質である一方，個々の分子が同じ方向に向いている．液晶の分子は光に対して異方性があり，光の振動方向を変える効果がある．この液晶の分子の向きは電界で変えることができる．この性質を利用して，光源からの光をまず 1 枚目の偏光フィルターを透過させることで，特定の振動方向の光だけが残るようにする．そして，液晶層を透過させ，印加電界により光の振動方向を変化させる．そして，もう一枚の偏光フィルターを通過させることにより，そのフィルターの向きと異なる振動方向の光を除去する．印加電圧を調整するこ

とで，液晶の光を回転させる角度を制御することにより，光に対する透明度を変えることができる．光源の前に，液晶パネルを設置し，各画素の引加電圧を変えることにより液晶の透明度を変化させ，出力される光の明るさをコントロールする．

　プラズマディスプレイの発光素子は小さな蛍光灯のようなもので，LED ディスプレイの発光素子は LED である．この二種類の発光素子の明るさを直接変えることは非常に難しい．一方，点灯／消灯の切り替えは非常に高速にできる．この特性を利用して，発光素子を周期的に点灯／消灯させ，一つの周期内の点灯時間を 0 % から 100 % までの間で変化させる．人の目の残像効果により，発光素子の点滅を感知できず，そのかわり，1 周期の点灯時間に比例する明るさが見える．同じ原理を使って光の明るさを制御する素子として，(株) TI 社が発売している DMD (Digital Mirror Device) があげられる．これは，半導体製造技術を駆使して作られた格子状に配置されている大きさが 10 数 μm^2 の小さな正方形のミラーの集合で，各ミラーは $\pm 10°$ で回転できる．この素子は回路的に半導体メモリと似ており，そのメモリの中の 1 ビットは，一枚の鏡の ON/OFF 状態に対応している．ON の状態の鏡は光源からの光をレンズ方向に，OFF の状態の鏡は光源からの光を光吸収板の方向に反射することにより，ON の時間の制御により，さまざまな明るさの光を生成することができる．スイッチを周期的に ON/OFF させ，各周期内の ON の時間を調整することにより，全体の出力の平均値を制御する方法は，パルス幅変調法 (PWM) という．

2.3.2　紙媒体の画像の生成

　紙は自ら発光しないが，光を反射する．白い紙の場合，すべての光を反射するために，白く見える．白い紙の上に，染料を塗布することで反射してほしくない光を吸収して，出力したい明るさを生成する．白黒画像の場合，染料として黒が用いられ，カラー画像の場合，赤，緑，青のそれぞれの光を吸収する補色染料「シアン」，「マゼンタ」，「イエロー」(＋黒) が用いられる．紙の上に，ある種類の染料を塗布すると，その塗料が対応する色の光をすべて吸収する．電気，電子的な方法で，明るさが容易に制御できる発光素子と比べて，印刷機，あるいはプリンターに使うインクやトナーの光の吸収率は一定で，連続的に変化させることはできない．紙の上に微小な点に塗布するインクの量を連続的に変化させることもできない．したがって，光の吸収率を連続的に変化させる代わりに，塗布する面積を変化させることにより，遠くから見る場合，小さい面積あたりの平均的な反射される光の割合を調整することでさまざまな階調を生成する．光を反射する面積を調整する方法として，点の大きさを調整する方法と，同じ大きさの点の分布密度を調整する二つの方法がある．これらの方法の効果を図 2.15 に示す．

　画像の出力においてよく現れる現象の一つは，表示，あるいは印刷した画像と，元の撮影対象との印象が違い，あるいはディスプレイで表示したものと，印刷したものとの色合いが異なることである．この問題の考えられる原因として，カメラの明るさの感知特性が人間の目の明るさの感知特性と異なることがあげられるが，さらに重要なのは，出力装置に渡される画像の画素値から光の明るさ／紙の反射率に変換する特性は，人間の目の特性と大きくずれていることである．これらの装置の特性を補正し，人の目の特性に近づけることも，画像処理の重要な

 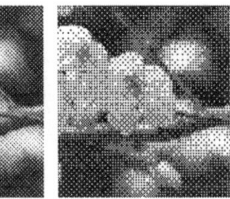 

濃淡画像　　　　網点　　　　Ordered dither　　　誤差拡散

図 **2.15**　インクの面積による濃淡階調の生成

仕事の一つである．

- 演習問題
  - 設問 1　画像処理の学習に対する画像の入力の重要性を述べよ．
  - 設問 2　実際のレンズの望ましくない特性を 3 点あげよ．
  - 設問 3　「白とび」と「黒潰れ」の原因を述べよ．
  - 設問 4　カメラにおける露出制御の必要性を述べよ．
  - 設問 5　光の点灯／消灯によりさまざまな明るさの光を生成する原理を述べよ．
  - 設問 6　黒一種類のインクを使って，さまざまな明るさの模様を印刷する原理を述べよ．

参考文献

[1]『画像処理標準テキストブック』（財）画像情報教育振興協会 (1998)

[2] Castleman, K. R.: *Digital Image Processing.* Prentice-Hall (1996)

[3] Gonzalez, R. C. and Woods, R. E.: *Digital Image Processing, Second Edition*, Prentice-Hall (2002)

第3章
色彩と表色系

□ **学習のポイント**

　画像処理において色は重要な役割を果たす．ある画像がどのような画像なのか，何が描かれているか（写っているか）といった概要は色で把握することができる．色調を変えただけで画像は全く違う印象となってしまう．画像認識では色は領域分割の指標となり，また，画像に含まれる物体を区別するためのよい特徴となる．画像や映像の符号化では色の性質をうまく利用して効率のよい符号化を実現している．

　色彩を理解するには光の波長と色の関係や，人間が色をどのように知覚するかを理解する必要がある．光源から発生した光は物体表面で反射したり物体中を透過したりしながら人間の目に届く．人間の目は光を電気信号に変え，最終的には脳が色を知覚する．一連の流れの中で光の波長や信号がどのように変化するのかを理解する．

　色の表し方を体系化したものが表色系である．表色系には顕色系と混色系があり，顕色系は色の見え方に基づいたもので色を直感的に理解するのに適している．混色系は色を数学的に扱うための基礎となるもので，画像処理に応用するには混色系の理解が不可欠である．コンピュータのディスプレイは赤 (R)，緑 (G)，青 (B) の 3 色で表示されており，この RGB は表色系の一つであるが，より厳密に人間の知覚する色を表す方法や，画像処理を効率的に行うための表色系の変換方法についても理解する．

- 光の波長と色の関係および人間が色を知覚する仕組みを理解する．
- 顕色系の表色系について理解し，マンセル表色系などの代表的な表色系を理解する．
- 混色の原理と混色系の表色系について理解し，表色系の相互変換の方法を理解する．

□ **キーワード**

　光，色，可視光，波長，分光分布，視細胞（桿体細胞，錐体細胞），表色系，マンセル表色系，PCCS，加法混色，減法混色，光の三原色，CIE XYZ 表色系，xy 色度図，CIE LUV 表色系，CIE LAB 表色系，sRGB，HSV，YIQ，YCbCr

---

3.1 色の見え方

3.1.1 光と色

　光は**電磁波**と呼ばれる空間を伝わる波の一種である．電磁波は図 3.1 に示すように波長によってさまざまな呼び方がある．このうち人間の目に色として知覚できる範囲の波長の電磁波を**可**

図 3.1 電磁波の種類

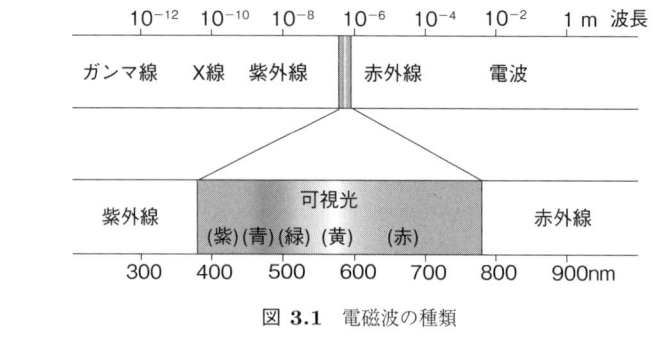

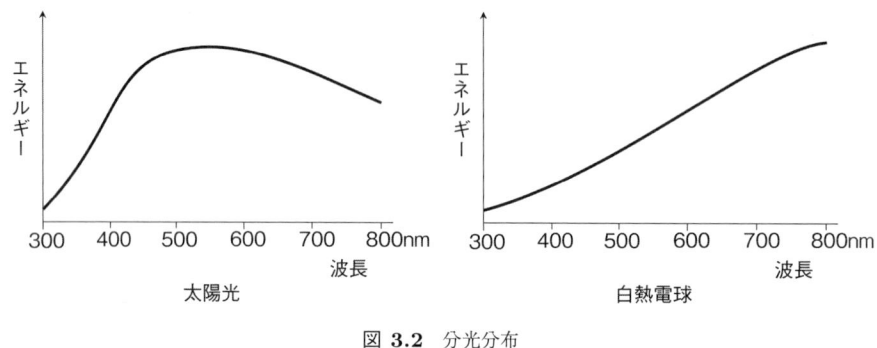

図 3.2 分光分布

視光と呼ぶ．可視光の波長の下界は 380 nm，上界は 780 nm 程度である．この範囲の波長の光が人間の目に入ると，波長によってさまざまな色が知覚される．650 nm 程度の波長の長い光は赤く見え，400 nm 程度の波長の短い光は紫に見える．

単一の波長のみからなる光を**単色光**と呼び，単色光が混ざった光を**複合光**と呼ぶ．複合光をそれぞれの波長の光に分けることを**分光**と呼ぶ．例えば太陽光や白熱電球の光は複合光であり，さまざまな波長の光が混ざっている．太陽光をプリズム（透明な三角柱）に当てることで，波長による屈折率の違いにより分光することができ，虹の七色が現れる．一方，レーザー光やナトリウムランプなどは単色光に近い．

ある光がどのような波長の成分をどの程度含んでいるかを表したものを**分光分布**と呼ぶ．図 3.2 に太陽光と白熱電球の光の分光分布の例を示す．両方とも可視光のすべての波長を含んでいるが，太陽光は白く，白熱電球は長波長の成分が多く赤っぽく見える．一方，単色光の場合には，ある波長のみがエネルギーを持つことになる．

3.1.2 人間の目と色知覚

人間の目の構造を図 3.3 に示す．瞳孔から取り込まれた光は角膜と水晶体で屈折し，網膜上に像を結ぶ．遠くのものを見るときは水晶体を薄くし，近くのものを見るときには水晶体を厚くして焦点を合わせる．虹彩は光の量に応じて瞳孔の大きさを調節する．網膜には光を感じる**視細胞**と呼ばれる細胞があり，視細胞により光が電気信号に変換され，**視神経**を通って大脳に送

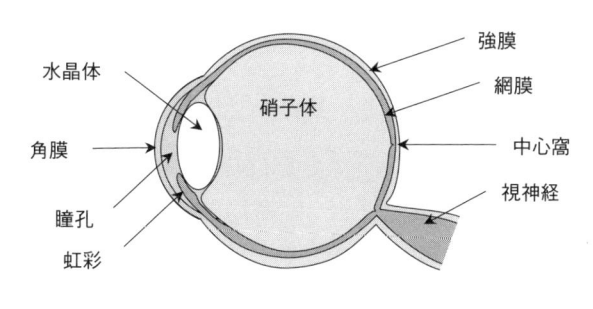

図 3.3 目の構造

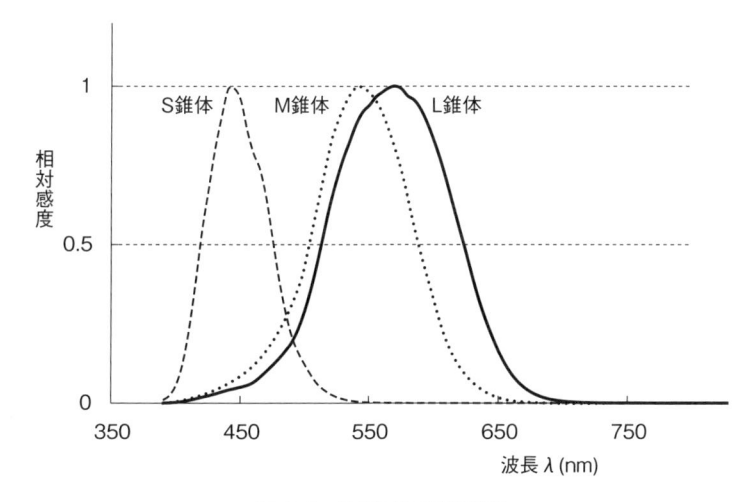

図 3.4 錐体細胞の感度特性

られる.

網膜にある視細胞には桿体と錐体の2種類がある．**錐体細胞**は中心窩付近に集中して存在している．**桿体細胞**は網膜全体に分布しているが，中心窩付近にはない．桿体細胞は，感度は高いが色には反応しない．色を知覚するのは錐体細胞の働きによる．錐体細胞にはL，M，Sの3種類があり，これらの三つの錐体細胞からの情報の組み合わせにより，人間の脳はさまざまな色を知覚する．各錐体細胞の感度特性（相対値）を図3.4に示す．図からわかるように，L錐体は長波長の赤色に，M錐体は中波長の緑色に，L錐体は短波長の青色にそれぞれ感度を持つ．そして，各錐体細胞への刺激の強さが等しければ同じ色であると知覚する．

3.2 表色系

表色系とは色の表し方を体系化したものであり，大きく**顕色系**と**混色系**に分類される．顕色系は色の見え方に基づくものであり，色を直感的に理解するのに適している．混色系は基本となる複数の色を定義し，それらの色の混合の割合で色を定義するものである．本節では，顕色系の表色系として**マンセル表色系**とPCCS，混色系の表色系としてCIE XYZ，CIE LUV，CIE

LAB，sRGB などを紹介する．

3.2.1 マンセル表色系

マンセル表色系は代表的な顕色系の表色系である．米国の画家である A. H. マンセルが考案したもので，すべての色を**色相** (Hue)，**明度** (Value)，**彩度** (Chroma) の 3 属性で表している．現在は，アメリカ光学会が改良を加えた「修正マンセル表色系」が用いられている．色は**有彩色**と**無彩色**に分けられ，3 属性のうち明度のみで色が決まる白，黒，灰色が無彩色であり，それ以外は有彩色である．

色相とは，赤や黄色といった色味を表す．マンセルは赤 (R)，黄色 (Y)，緑 (G)，青 (B)，紫 (P) の 5 色と，これらの中間色である黄赤 (YR)，黄緑 (GY)，青緑 (BG)，青紫 (PB)，赤紫 (RP) を合わせた 10 色を基本色相とした．10 の基本色相をさらに 10 等分することで 100 色相に細分化し，1 から 10 までの数字を上記のアルファベットの前に付けて表す．5 が代表色であり，例えば黄色の代表色は 5Y，青紫の代表色は 5PB と表す．色相を環状に配置した図を**色相環**と呼ぶ．図 3.5 に 20 色相のマンセル色相環を示す．図中に濃いグレーで示した緑の領域の色相は G で表し，黄緑に近い色相は小さい数字，青緑に近い色相は大きい数字を付ける．必要に応じて小数を用いることもできる．40 色相の場合には 5 と 10 に加えて 2.5 と 7.5 を用いて色相を表す．

明度は色の明るさを表す．最も明るい白色を 10，最も暗い黒色を 0 とする．また，彩度は色の鮮やかさを表し，無彩色が 0 で値が大きくなるほど鮮やかな色になる．マンセル表色系では，色相 H，明度 V，彩度 C を用いて，$H\ V/C$ の形で色を表す．例えば色相が 5R，明度が 3，彩

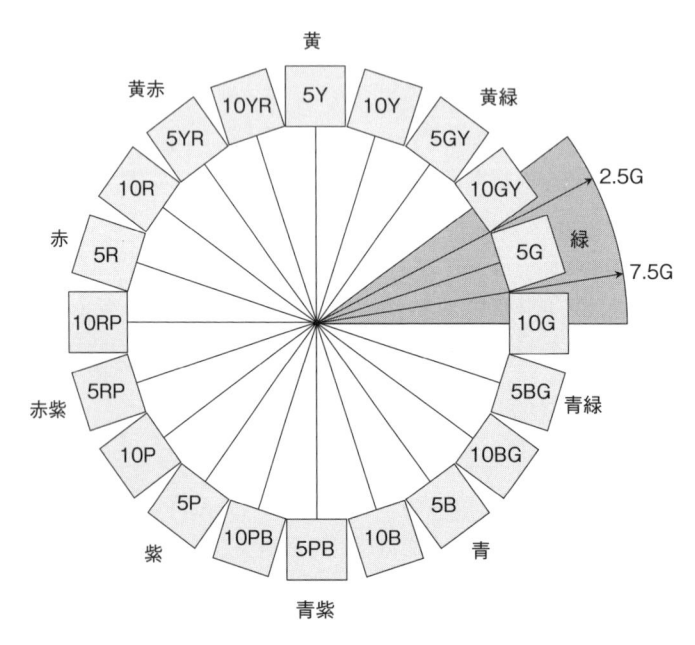

図 **3.5** マンセル色相環（20 色相）

彩度

色相

明度

10R 6/16

5R 5/18

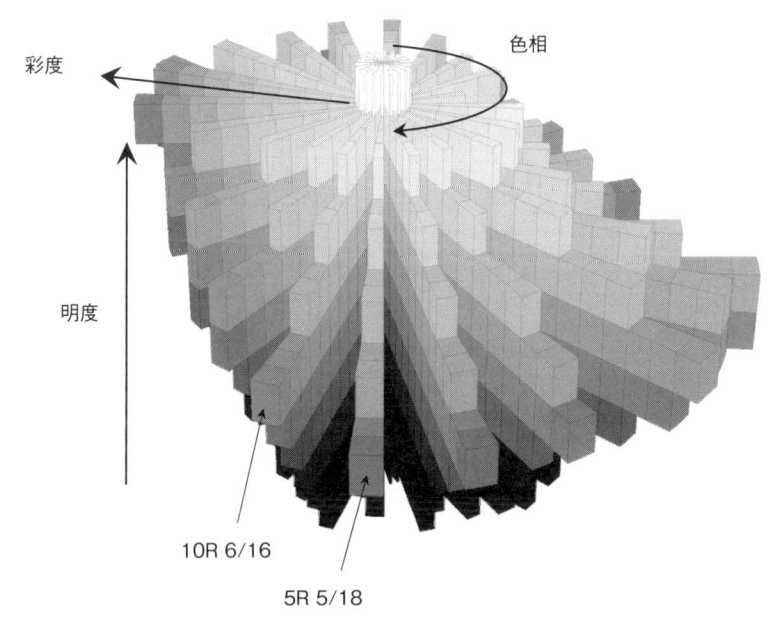

図 3.6　マンセル色立体

度が 5 の色は 5R 3/5 と表す．そして，これらの色の 3 属性を 3 次元で表したものをマンセル色立体と呼ぶ．マンセル色立体の例を図 3.6 に示す．

3.2.2　PCCS

日本色研配色体系 (Practical Color Co-ordinate System; PCCS) は，財団法人日本色彩研究所が開発した顕色系の表色系である．マンセル表色系と同様に色相，明度，彩度を基本にしているが，明度と彩度を組み合わせた**トーン**という概念を導入している点に特徴がある．トーンは色の調子を表すもので，図 3.7 に示すように 12 種類があり，トーンごとに色相環が描かれている．すなわち，色相とトーンで色を表すことができる．マンセル表色系では 3 次元の色立体が必要であるが，PCCS では 2 次元で色を把握することができる．

3.2.3　加法混色と減法混色

色彩を考える上で，混色の考え方は重要である．3.1.2 項で述べたように，人間は L, M, S の 3 種類の錐体細胞で色を知覚し，各錐体細胞への刺激の強さが等しければ同じ色であると知覚する．錐体が 3 種類であることから，三つの色をうまく選んで混合することで人間が知覚できるさまざまな色を作ることができる．このように色を混ぜ合わせることで別の色を作ることを**混色**と呼ぶ．混色には大きく分けて**加法混色**と**減法混色**の 2 種類がある．加法混色は異なる光を重ね合わせることで別の色の光を作ることであり，重ねるほど輝度が増す．加法混色には，光の三原色と呼ばれる赤，緑，青の光がよく用いられる．一方，減法混色は，プリンタでイン

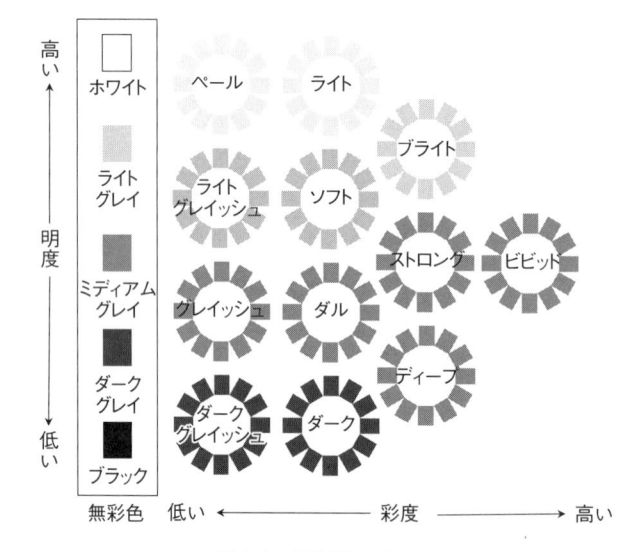

図 3.7　PCCS のトーン

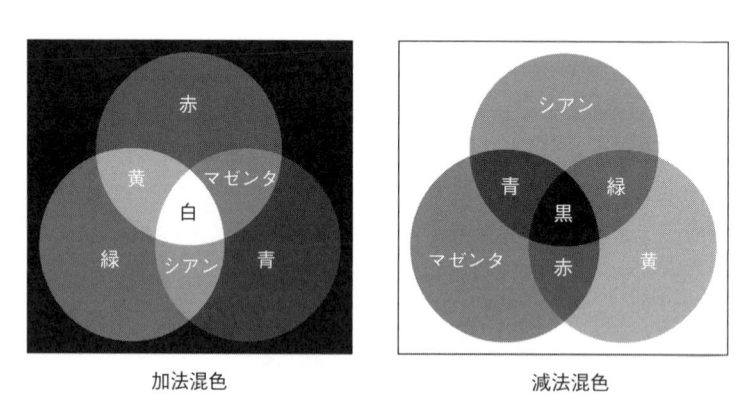

図 3.8　加法混色と減法混色

クを混ぜて別の色を作ること，あるいは色のついたガラスを重ねて光に透かして見たときに別の色に見えることに相当し，重ねるほど輝度が減少する（図 3.8 参照）．

加法混色はさらにいくつかの種類に分類できる．同時加法混色は，3 種類の光を同時に 1 か所に投影するような混色である．並置加法混色は，複数の小さい点が近くに存在する場合にそれを遠くから見ると色が混ざって見えることに相当する．液晶ディスプレイなどはその例で，赤，緑，青の小さい点が並んでおり，それぞれの明るさが変化することでさまざまな色を表示している．継時加法混色は，同じ場所でごく短時間ずつ異なる色を提示することで色が混ざって見えることに相当する．コマに複数の色を付けて回転させたときの色の変化がこれにあたる．

3.2.4　CIE XYZ

3 種類の光を重ね合わせると，加法混色によってさまざまな色の光となる．国際照明委員会 (Commission Internationale de l'Éclairage; CIE) は 1931 年に，ある波長の光と同じ色の光

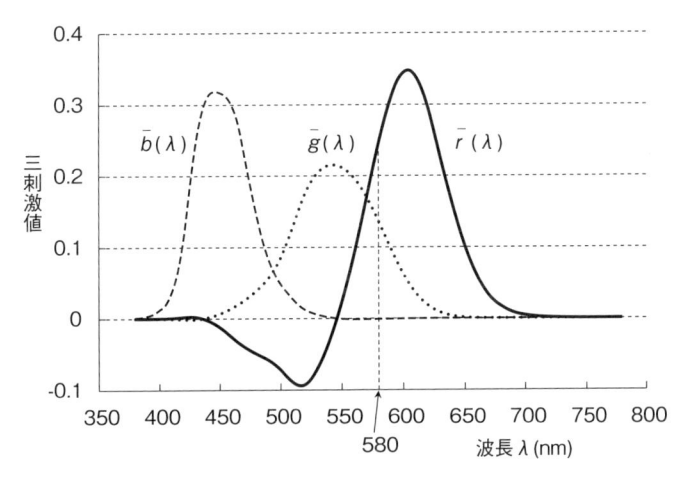

図 3.9 CIE RGB の等色関数

を作るには 700 nm (R), 546.1 nm (G), 435.8 nm (B) の 3 種類の単色光（単一スペクトルのみからなる光）をそれぞれどのような強さにすればよいかを調べた. これらの波長の光を原刺激と呼ぶ.

その結果が図 3.9 である. 横軸の波長の光と同じ色の光を作るための 700 nm, 546.1 nm, 435.8 nm の光の強さが $\bar{r}(\lambda)$, $\bar{g}(\lambda)$, $\bar{b}(\lambda)$ である. これらを CIE RGB 表色系の**等色関数**と呼ぶ. この図から, たとえば 580 nm の黄色の単色光と同じ色を知覚するには, R の強さを 0.24, G の強さを 0.13, B の強さを 0 として重ね合わせればよいことがわかる. 440 nm～550 nm の付近で $\bar{r}(\lambda)$ が負の値となっているが, この範囲の波長の単色光と同じ色の光は 700 nm, 546.1 nm, 435.8 nm の三つの単色光を重ね合わせても作ることができないため, 作りたい色の光と R を重ね合わせた光と, G と B を重ね合わせた光が等色となるような R, G, B の値を求め, R の値に負号をつけて表している.

負の値が含まれていては扱いにくいので, 全波長で負にならない X, Y, Z という仮想的な原刺激を R, G, B の代わりに用いる. X, Y, Z の等色関数は

$$\bar{x}(\lambda) = 2.7689\bar{r}(\lambda) + 1.7517\bar{g}(\lambda) + 1.1302\bar{b}(\lambda)$$

$$\bar{y}(\lambda) = 1.0000\bar{r}(\lambda) + 4.5907\bar{g}(\lambda) + 0.0601\bar{b}(\lambda)$$

$$\bar{z}(\lambda) = 0.0000\bar{r}(\lambda) + 0.0565\bar{g}(\lambda) + 5.5943\bar{b}(\lambda)$$

によって得られ, 図 3.10 に示すように負の値とならない. これらの等色関数 $\bar{x}(\lambda)$, $\bar{y}(\lambda)$, $\bar{z}(\lambda)$ を用いて, ある分光分布 $P(\lambda)$ を持つ光の X, Y, Z の三刺激値は,

$$X = \int_{380}^{780} P(\lambda)\bar{x}(\lambda)\,d\lambda$$

$$Y = \int_{380}^{780} P(\lambda)\bar{y}(\lambda)\,d\lambda$$

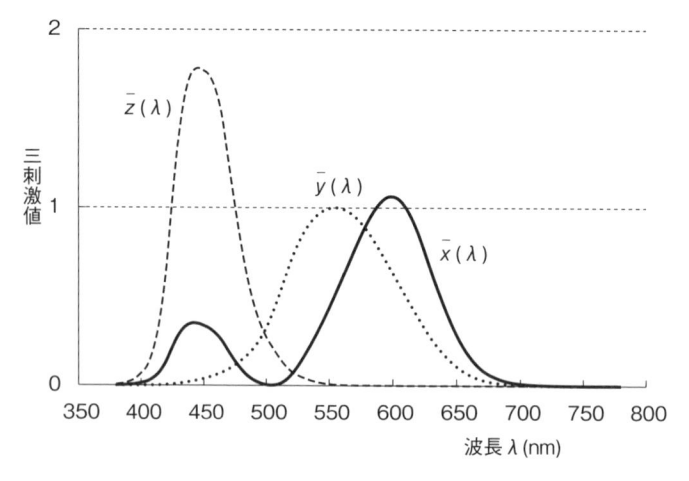

図 3.10 CIE XYZ の等色関数

$$Z = \int_{380}^{780} P(\lambda)\bar{z}(\lambda)\,d\lambda$$

と計算できる．このようにして求めた X, Y, Z を用いて色を表すのが **CIE XYZ 表色系**である．

三刺激値 X, Y, Z を次式により正規化したものを**色度**と呼ぶ．

$$x = \frac{X}{X+Y+Z}$$
$$y = \frac{Y}{X+Y+Z}$$
$$z = \frac{Z}{X+Y+Z}$$

色度は X, Y, Z の値を比で表したもので，明るさの成分によらず色合いを考える上で都合がよい．また，$x+y+z=1$ が成り立つので，x と y の値が決まれば z の値も決まる．横軸を x，縦軸を y として人間が知覚できる色を 2 次元平面上に表したものを図 3.11 に示す．これを **xy 色度図**と呼び，xy 色度図中の座標を xy 色度座標と呼ぶ．図中，馬蹄形の実線部分は 380 nm から 780 nm の波長の単色光を表し，スペクトル軌跡と呼ばれる．380 nm と 780 nm の点を結ぶ点線の直線は純紫軌跡と呼ばれる．純紫軌跡上の色は単色光ではなく，加法混色で得られる色である．スペクトル軌跡と純紫軌跡で囲まれた領域が人間の知覚できる色を表す．$x = 0.33$，$y = 0.33$ の点が白色を表す．この点のみ無彩色であり，周辺に行くほど彩度が増加する．

3.2.5 CIE LUV

CIE XYZ 表色系はすべての色を表すことができ，広く用いられているが，色差を理解するには不向きである．図 3.11 の xy 色度図上で同じ色と知覚される領域が，緑色では広い領域なのに対し，紫色では狭い領域になっている．色差を直感的に理解するには，色差が座標上の距離に比例するような色度図が便利である．このような色度図を均等色度図と呼ぶ．CIE が定めた

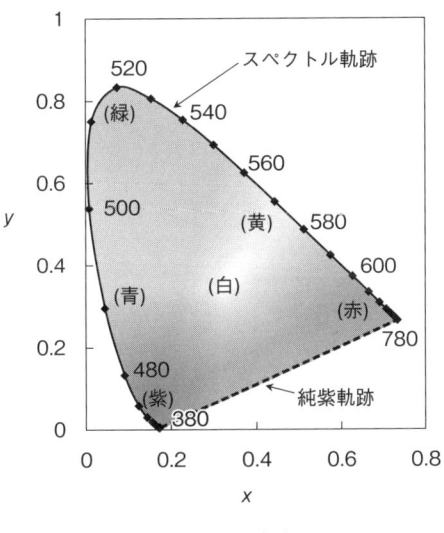

図 **3.11** xy 色度図

均等色度図として，$u'v'$ 均等色度図がある．色度座標 x, y から，次式により u', v' を求める．

$$u' = \frac{4x}{-2x + 12y + 3}$$
$$v' = \frac{9y}{-2x + 12y + 3}$$

あるいは，三刺激値 X, Y, Z を用いて，

$$u' = \frac{4X}{X + 15Y + 3Z}$$
$$v' = \frac{9Y}{X + 15Y + 3Z}$$

と表すこともできる．この u', v' を軸とした u', v' 均等色度図を図 3.12 に示す．

この u', v' を用い，

$$L^* = 116 f\left(\frac{Y}{Y_n}\right) - 16$$
$$u^* = 13L^*(u' - u'_n)$$
$$v^* = 13L^*(v' - v'_n)$$

により定義される L^*, u^*, v^* を用いて色を表すのが **CIE LUV 表色系**である．ただし，

$$f(t) = \begin{cases} t^{1/3}, & t > 0.008856 \\ 7.787t + 16/116, & t \leq 0.008856 \end{cases}$$

である．L^* は明度指数であるが，英語では psychometric lightness と呼ばれ，心理的な明るさという意味合いがある．また，Y_n, u'_n, v'_n は基準とする白色の三刺激値 X, Y, Z から求

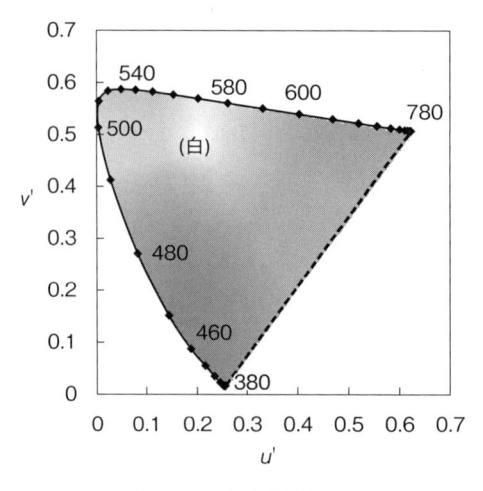

図 **3.12** $u'v'$ 均等色度図

める．基準とする白色は環境によって異なるが，完全拡散反射体では CIE が定める標準イルミナント A（白熱電球）の下では $X_n = 109.85$, $Y_n = 100.00$, $Z_n = 35.58$ であり，標準イルミナント D_{65}（昼光色）の下では $X_n = 95.04$, $Y_n = 100.00$, $Z_n = 108.88$ である．基準白色では $u^* = v^* = 0$ であり，(u^*, v^*) 平面の原点からの距離はクロマ C^*_{uv}, u^* 軸からの角度は色相角 h_{uv} と定義される．

$$C^*_{uv} = \sqrt{(u^*)^2 + (v^*)^2}$$
$$h_{uv} = \tan^{-1} \frac{v^*}{u^*}$$

また，次式で定義される値を飽和度と呼ぶ．

$$s_{uv} = \frac{C^*_{uv}}{L^*}$$

距離が色差に等しいことから，CIE LUV は**均等色空間**と呼ばれる．二つの色を CIE LUV 表色系で表したものを (L^*_1, u^*_1, v^*_1), (L^*_2, u^*_2, v^*_2) とすると，これらの 2 色の色差は

$$\Delta E^*_{uv} = \sqrt{(L^*_1 - L^*_2)^2 + (u^*_1 - u^*_2)^2 + (v^*_1 - v^*_2)^2}$$

で与えられる．このように，CIE LUV では色差を定量的に扱うことが可能である．

3.2.6 CIE LAB

CIE LAB 表色系も CIE LUV と同様にユークリッド距離が色差に比例するよう定められた表色系である．X, Y, Z を次式により変換することで得られる．

$$L^* = 116 f\left(\frac{Y}{Y_n}\right) - 16$$
$$a^* = 500 \left\{ f\left(\frac{X}{X_n}\right) - f\left(\frac{Y}{Y_n}\right) \right\}$$

$$b^* = 200\left\{f\left(\frac{Y}{Y_n}\right) - f\left(\frac{Z}{Z_n}\right)\right\}$$

ただし，$f(t)$ の定義は，3.2.5 項と同様である．また，X_n, Y_n, Z_n は基準とする白色の三刺激値 X, Y, Z の値である．CIE LUV と同様に，クロマ C_{ab}^* と色相角 h_{ab} が定義される．

$$C_{ab}^* = \sqrt{(a^*)^2 + (b^*)^2}$$

$$h_{ab} = \tan^{-1}\frac{b^*}{a^*}$$

また，二つの色を CIE LAB 表色系で表したものを (L_1^*, a_1^*, b_1^*), (L_2^*, a_2^*, b_2^*) とすると，これらの 2 色の色差は

$$\Delta E_{ab}^* = \sqrt{(L_1^* - L_2^*)^2 + (a_1^* - a_2^*)^2 + (b_1^* - b_2^*)^2}$$

で与えられる．

3.2.7 sRGB

ディスプレイやスキャナ，デジタルカメラなどの画像入力用機器では，機種ごとに固有の発色，測色機構を持つため，機種ごとに色が異なる．一方，CIE XYZ などは絶対的な色を表す表色系であり，色を厳密に扱うには CIE XYZ のような機種非依存の表色系を，例えばディスプレイ表示用の機種依存の表色系に変換する必要がある．

ディスプレイ表示用の表色系として，国際電気標準会議 (International Electrotechnical Commission; IEC) によって定められた **sRGB** (standard RGB) がある．CIE XYZ と sRGB の間の変換は次式により行われる．

$$\begin{bmatrix} R_{sRGB} \\ G_{sRGB} \\ B_{sRGB} \end{bmatrix} = \begin{bmatrix} 3.2410 & -1.5374 & -0.4986 \\ -0.9692 & 1.8760 & 0.0416 \\ 0.0556 & -0.2040 & 1.0570 \end{bmatrix} \begin{bmatrix} X \\ Y \\ Z \end{bmatrix}$$

また，一般的なディスプレイは非線形の特性を持っているため，補正するために次式により非線形変換する．

$$R'_{sRGB} = \begin{cases} 1.055 R_{sRGB}^{(1.0/2.4)} - 0.055, & R_{sRGB} > 0.00304 \\ 12.92 R_{sRGB}, & R_{sRGB} \leq 0.00304 \end{cases}$$

$$G'_{sRGB} = \begin{cases} 1.055 G_{sRGB}^{(1.0/2.4)} - 0.055, & G_{sRGB} > 0.00304 \\ 12.92 G_{sRGB}, & G_{sRGB} \leq 0.00304 \end{cases}$$

$$B'_{sRGB} = \begin{cases} 1.055 B_{sRGB}^{(1.0/2.4)} - 0.055, & B_{sRGB} > 0.00304 \\ 12.92 B_{sRGB}, & B_{sRGB} \leq 0.00304 \end{cases}$$

これらの値を 255 倍することで 0 から 255 の 8 ビットでエンコードすることができる．このように機器に依存しないように色を変換することをカラーマネジメントと呼ぶ．

3.2.8 そのほかの表色系

これまで，色彩を厳密に扱うための表色系について述べてきたが，実際に画像を扱う際にはデジタルカメラなどで得られる赤 (R)，緑 (G)，青 (B) の信号をそのまま入力信号とし，RGB表色系として扱う場合も多い．その場合にも，画像認識や画像符号化など目的に応じて表色系を変換することで効率良い処理が実現できる．ここではそのような表色系をいくつか紹介する．

(1) HSV/HSL

HSV 表色系は，マンセル表色系のように色を色相 (Hue)，彩度 (Saturation)，明度 (Value) で表したものである．

$$H = \begin{cases} 未定義, & Max = Min \\ 60 \times \dfrac{G-B}{Max-Min}, & Max = R \\ 60 \times \dfrac{B-R}{Max-Min} + 120, & Max = G \\ 60 \times \dfrac{R-G}{Max-Min} + 240, & Max = B \end{cases}$$

$$S = \begin{cases} 0, & Max = 0 \\ \dfrac{Max - Min}{Max}, & Max \neq 0 \end{cases}$$

$$V = Max$$

ただし，

$$Max = \max(R, G, B)$$
$$Min = \min(R, G, B)$$

である．色相 H はマンセル表色系の色相環に対応しており，0° から 360° までの角度で表す．したがって，上式の値が負になる場合には 360 を加える．赤が 0°，緑が 120°，青が 240° となる．$Max = Min$ のときには無彩色となり色相は意味を持たないため H は未定義である．彩度 S は R, G, B の最大値と最小値の差を最大値で正規化したもので，0 から 1 の値をとる．明度 V は R, G, B の最大値である．図 3.13 に示すように，**HSV 表色系**は円柱座標で表されることが多い．同図に RGB 表色系の直交座標も合わせて示してある．

画像処理において色を用いて領域を分割したり画像中の物体を探したりするような場合には，明るさが変化しても同じ色と見なせるよう，色相を用いて処理を行うことが多い．そのような場合には，RGB から簡単に変換できる HSV の色相 H が用いられることがある．

なお，HSV の明度 V は R, G, B の最大値としているため，赤や青の純色の明度と白の明度が同じ値になってしまう．これは直感に反するので，明度を V ではなく

$$L = \frac{1}{2}(Max + Min)$$

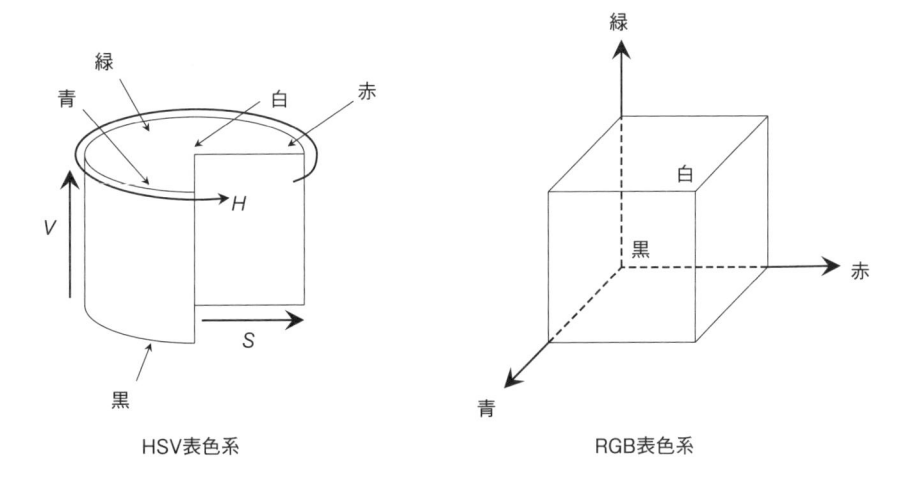

図 3.13 HSV 表色系と RGB 表色系

で定義した HSL 表色系（L は Lightness）が用いられることもある．

(2) YIQ/YCbCr

YIQ は NTSC 方式のカラーテレビで用いられる表色系である．NTSC 方式は，日本ではアナログ放送の時代に用いられていた．Y は輝度成分であり，I は黄赤−青方向，Q は紫−緑方向の色差成分を表す．RGB から YIQ への変換は次式で表される．

$$\begin{bmatrix} Y \\ I \\ Q \end{bmatrix} = \begin{bmatrix} 0.299 & 0.587 & 0.114 \\ 0.596 & -0.274 & -0.322 \\ 0.211 & -0.523 & 0.312 \end{bmatrix} \begin{bmatrix} R \\ G \\ B \end{bmatrix}$$

人間の目は輝度変化に敏感であり，輝度以外の色差の変化に鈍感であることが知られており，輝度と輝度以外の成分を分離することにより効率のよい伝送を実現できる．I と比較して Q はさらに人間の目に鈍感であることから，NTSC 方式では Y, I, Q のデータ量を $Y : I : Q = 4 : 1 : 0.5$ に変換して伝送している．

YCbCr も YIQ と同様に映像で用いられる表色系である．DVD やデジタルテレビなどで採用されており，YIQ と同様に輝度成分と輝度以外の色差成分に分けている．Y は YIQ と同様に輝度を表す．Cb は Y と青成分 B の差を，B の係数が 0.5 となるよう定数倍したものである．Cr は Y と赤成分 R の差を，R の係数が 0.5 となるよう定数倍したものである．RGB から YCbCr の変換式は，標準画質映像では

$$Y = 0.299R + 0.587G + 0.114B$$
$$Cb = (B - Y)/1.772 = -0.169R - 0.331G + 0.500B$$
$$Cr = (R - Y)/1.402 = 0.500R - 0.419G - 0.081B$$

が用いられ，高精細度映像では

$$Y = 0.2126R + 0.7152G + 0.0722B$$
$$Cb = (B-Y)/1.8556 = -0.1146R - 0.3854G + 0.5000B$$
$$Cr = (R-Y)/1.5748 = 0.5000R - 0.4542G - 0.0458B$$

が用いられる．YCbCr では通常，輝度成分 Y と輝度以外の色差成分 Cb, Cr の解像度を変えることで効率の良い映像符号化を実現している．

(3) 正規化 RGB

CIE XYZ 表色系から xy 色度図を得たように，明るさの情報を排除して色合いのみを考えるために，RGB を正規化して次式により得られる r, g, b を用いるのが正規化 RGB である．

$$r = \frac{R}{R+G+B}$$
$$g = \frac{G}{R+G+B}$$
$$b = \frac{B}{R+G+B}$$

$r+g+b=1$ の関係があるので，r と g の値が決まれば b の値も決まる．したがって，r, g, b のうち二つの値のみを用いればよい．

演習問題

設問 1 人間の視細胞の種類とその働きについて述べよ．

設問 2 マンセル表色系における色の 3 属性を説明せよ．

設問 3 PCCS の特徴を述べよ．

設問 4 三刺激値が $(X, Y, Z) = (20, 30, 50)$ のとき，xy 色度座標および $u'v'$ 均等色度座標を求めよ．

設問 5 CIE LAB 表色系において，基準白色の三刺激値が $(X_n, Y_n, Z_n) = (95.04, 100.00, 108.88)$ で与えられるとき，$(X_1, Y_1, Z_1) = (30, 50, 60)$ の L^*, a^*, b^* の値を求めよ．また，(X_1, Y_1, Z_1) と $(X_2, Y_2, Z_2) = (60, 100, 90)$ の CIE LAB 表色系での色差を求めよ．

参考文献

[1] 高木幹雄，下田陽久 監修：『新編 画像解析ハンドブック』東京大学出版会 (2004)
[2] 財団法人日本色彩研究所 編：『デジタル色彩マニュアル』クレオ (2004)

[3] 篠田博之，藤枝一郎：『色彩工学入門』森北出版 (2007)

[4] 畑田豊彦ほか：『眼・色・光　より優れた色再現を求めて』日本印刷技術協会 (2007)

[5] 城一夫，渡辺明日香，高橋淑恵：『徹底図解 色のしくみ』新星出版社 (2013)

[6] Stockman, A. and Sharpe, L. T.: The spectral sensitivities of the middle- and long-wavelength-sensitive cones derived from measurements in observers of known genotype, *Vision Research*, Vol.40, No.3, pp.1711–1737 (2000)

第4章
領域処理

□ 学習のポイント

我々が日常的にデジタルカメラなどを使用するとき，カメラの内部では撮影された画像からノイズを取り除いたり，画像をより鮮明にしたりする処理が行われているが，普段それらの処理を意識することはほとんどない．

領域処理は画像処理の入門編に位置づけられることが多いが，上記の例からもわかるように「縁の下の力持ち」であり，領域処理について学ぶことは，さらに発展的な画像処理を学ぶための重要な基礎となる．また，領域処理の目的（画像のノイズ除去処理や鮮鋭化や補間，領域分割など）それ自体も，現在にいたるまで途切れることなく研究が続けられている分野である．

本章では，領域処理における種々の手法の目的と実際の処理過程について学ぶ．具体的には，以下のことを学習する．

- 空間および周波数領域フィルタリングの基礎とその応用を学ぶ
- 画像補間の一般的な手法とそれらの性能について理解する
- テクスチャ解析や領域分割といった画像処理の基礎を理解する

□ キーワード

空間フィルタリング，周波数フィルタリング，平均値フィルタ，ガウシアンフィルタ，バイラテラルフィルタ，最近傍補間，双線形補間，双三次補間，統計的テクスチャ特徴量，k-平均法

4.1 空間フィルタリング

画像 f に対する**空間フィルタリング** (spatial filtering) は，注目している画素 $f(x,y)$ とその近傍（通常は注目画素を中心とする矩形）の画素の全画素値の集合を入力とする何らかの関数の出力を注目位置 (x,y) の出力画像 g の画素値 $g(x,y)$ とする手法全体を指す手法である．処理に用いる関数は一般に**空間フィルタ**と呼ばれている．

空間フィルタ処理が以下の式

$$g(x,y) = \sum_{s=-a}^{a} \sum_{t=-b}^{b} w_{(x,y)}(s,t) f(x+s, y+t) \tag{4.1}$$

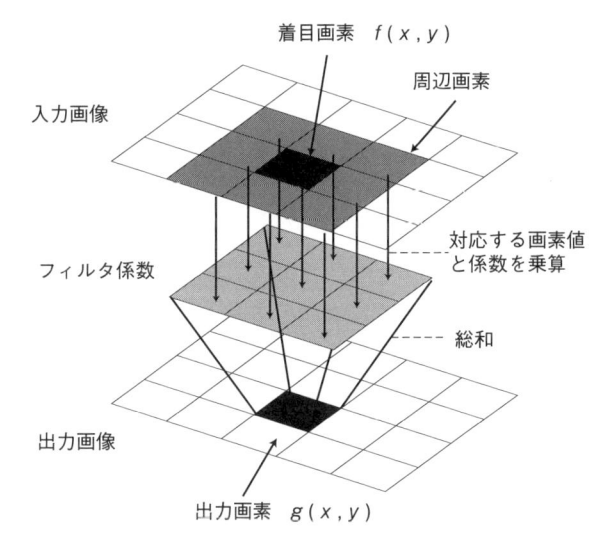

図 4.1 空間線形フィルタリングの模式図

のように書ける場合は，このようなフィルタは**線形フィルタ** (linear filter) と呼ばれ，それ以外の場合は**非線形フィルタ** (nonlinear filter) と呼ばれる．ここで，$w_{(x,y)}(s,t)$ は**フィルタ係数** (filter coefficient) と呼ばれており，上記の例ではフィルタのサイズ（フィルタサイズ）は $(2a+1) \times (2b+1)$ である．なお，一般に線形フィルタと呼ばれるものは，フィルタ係数 $w_{(x,y)}(s,t)$ が位置 (x,y) に依存しないという特別な性質を持つ場合が多い．そのような場合は，フィルタ係数を単に $w(s,t)$ と書く．

図 4.1 は $a=1, b=1$ の場合の 3×3 線形フィルタの処理の模式図である．空間フィルタは，フィルタサイズやフィルタ係数を適切に設定することで，さまざまな用途に用いることができる．次項以降では，その具体例について解説する．

4.1.1 平滑化

デジタルカメラなどで撮影した画像（観測画像）にはノイズが含まれる場合がある．このような観測画像 f は以下のようにモデル化できる．

$$f(x,y) = \hat{f}(x,y) + n(x,y) \tag{4.2}$$

ここで，$\hat{f}(x,y)$ は画素位置 (x,y) における真の（ノイズの無い）画像（原画像）の画素値であり，これにノイズ $n(x,y)$ が加算された観測画像の画素値 $f(x,y)$ が得られていると仮定している．なお，加算されるノイズの性質は多くの場合ガウス分布で近似できるため，そのようなノイズ（ガウシアンノイズ）の存在を仮定することが一般的となっている．

画素値として 0 から 255 までの値をもつ輝度画像を原画像 $\hat{f}$ とし，これに標準偏差 15 のガウス分布に従うガウシアンノイズを付加した観測画像 f の一例を図 4.2 に示す．

このとき，観測画像 f からノイズを取り除く処理を**平滑化** (smoothing) と呼んでおり，以下

(a) 原画像 $\hat{f}$　　　　(b) 観測画像 f

図 4.2　原画像 $\hat{f}$ と観測画像 f の例

3 × 3　　5 × 5

図 4.3　平均値フィルタのフィルタ係数

で述べる空間フィルタが主に用いられている．

平均値フィルタ

　平滑化を目的とした最も単純な線形フィルタは，近傍領域での画素値の算術平均を出力するものであり，**平均値フィルタ** (average filter) あるいはボックスフィルタ (box filter) と呼ばれている．フィルタサイズが 3 × 3 および 5 × 5 のときの具体的な係数の値を図 4.3 に示す．任意のフィルタサイズの平均値フィルタによる平滑化処理は，以下のように表せる．

$$g(x,y) = \frac{\sum_{s=-a}^{a}\sum_{t=-b}^{b} f(x+s, y+t)}{(2a+1)(2b+1)} \tag{4.3}$$

a, b の値はフィルタサイズによって異なる．フィルタサイズ 5 × 5 であれば $a = 2, b = 2$ となる．平均値フィルタを用いることで，観測画像 f に含まれるノイズを取り除いた出力画像 g が得られるが，それに伴い原画像がもっていたエッジ（画素値の急激な変動）が失われる．このような劣化は画像のボケと呼ばれている．

重み付き平均値フィルタとガウシアンフィルタ

　平均値フィルタでは，注目画素の近傍領域のフィルタ係数をすべて同一にしていた．これに対して，フィルタ係数を中心からの距離に応じて変化させるフィルタを**重み付き平均値フィルタ** (weighted average filter) と呼ぶ．

　自然画像の画素値は着目画素の付近では類似した値を持つことが多いが，その傾向は注目画素から空間的に離れるに従い急速に失われることがわかっている．そこで，フィルタ係数を中

心付近では大きな値とし，中心から遠ざかるに従って小さい値とすることで，平滑化後の画像のボケを抑制することが可能となる．そこで，平均 0, 分散 σ_s^2 の 2 次元ガウス分布に由来する値を，総和が 1 になるように正規化した

$$w(s,t) = \frac{\exp\left(-\frac{s^2+t^2}{2\sigma_s^2}\right)}{\sum_{i=-a}^{a}\sum_{j=-b}^{b}\exp\left(-\frac{i^2+j^2}{2\sigma_s^2}\right)} \tag{4.4}$$

をフィルタ係数とする**ガウシアンフィルタ** (Gaussian filter) が考案された．これにより，平均値フィルタと比較すると出力画像のボケをある程度抑制できることが知られている．なお，ガウシアンフィルタを用いるためには，フィルタサイズだけでなくガウス分布の分散 σ_s^2 を決定する必要がある．

バイラテラルフィルタ

これまでに解説した平均値フィルタおよびガウシアンフィルタはいずれも線形フィルタであり，これらのフィルタではノイズを平滑化する際に原画像がもっていたエッジなどの重要な特徴も同時に失われてしまう可能性があった．そこで，式 (4.4) を拡張し，注目画素の画素値と，入力画素の画素値の差による重みを付加した以下の式

$$w^f_{(x,y)}(s,t) = \exp\left(-\frac{s^2+t^2}{2\sigma_s^2}\right)\exp\left(-\frac{(f(x,y)-f(x+s,y+t))^2}{2\sigma_p^2}\right) \tag{4.5}$$

を正規化したものを係数として用いるフィルタ処理

$$g(x,y) = \frac{\sum_{s=-a}^{a}\sum_{t=-b}^{b}w^f_{(x,y)}(s,t)f(x+s,y+t)}{\sum_{i=-a}^{a}\sum_{j=-b}^{b}w^f_{(x,y)}(i,j)} \tag{4.6}$$

が提案された．これを**バイラテラルフィルタ** (bilateral filter) [3,4] と呼ぶ．フィルタサイズを決定するパラメータ a, b や，フィルタの空間方向への広がりを表す σ_s^2，ならびに画素値の差をどの程度重視するかを定める σ_p^2 は，対象画像やノイズの強さに応じて使用者が適切に設定する必要がある．

バイラテラルフィルタのフィルタ係数は入力画像の画素値に依存しており，フィルタ処理が線形演算にならないことから，このフィルタは非線形フィルタの一種であるといえる．バイラテラルフィルタはエッジなどの原画像の特徴をよく保存しつつノイズを取り除くことができることが知られており，広く応用されている [4]．

その一方で，フィルタ係数 $w^f_{(x,y)}$ が観測画像に依存しているため，観測画像に付加されたノイズの量によっては，正しいフィルタ係数を求めることが困難であり，実際にはパラメータを変化させながら数回バイラテラルフィルタを適用するなどの処理が行われる．

平滑化手法の比較

図 4.4 に，図 4.2 (b) の観測画像 f を入力としたときの平均値フィルタ，ガウシアンフィルタ，バイラテラルフィルタの結果画像を示す．これらの画像より，ガウシアンフィルタでは平

平均値フィルタ	ガウシアンフィルタ	バイラテラルフィルタ
($a=b=2$)	($a=b=2$, $\sigma_s^2=1$)	($a=b=5$, $\sigma_s^2=4$, $\sigma_p^2=50$)

図 4.4　画像平滑化手法の比較

均値フィルタと比較して画像のボケが小さく抑えられることや，バイラテラルフィルタがこれらの線形フィルタと比較して極めて高い性能を持つことがわかる．

4.1.2　鮮鋭化

平滑化とは逆に，画像のエッジを強調するフィルタ処理を**鮮鋭化** (sharpening) と呼ぶ．鮮鋭化は，画像の画素値の空間方向の 2 次微分を求める**ラプラシアンフィルタ** (Laplacian filter) の出力結果を入力画像から差し引くことで行われる．ここで，ラプラシアンフィルタのフィルタ係数は図 4.5(a) のように与えられるが，これは以下の計算による．

画像の水平方向の隣接画素における 1 次微分と 2 次微分は，差分を用いて

$$\frac{\partial}{\partial x}f(x,y) \approx f(x+1,y) - f(x,y) \tag{4.7}$$

$$\frac{\partial^2}{\partial x^2}f(x,y) \approx f(x-1,y) - 2f(x,y) + f(x+1,y) \tag{4.8}$$

と近似できる．したがって，（垂直方向にも同様の処理を行うと考えれば）ラプラス作用素 Δ：

$$\Delta f(x,y) = \nabla \cdot (\nabla f(x,y)) = \frac{\partial^2}{\partial x^2}f(x,y) + \frac{\partial^2}{\partial y^2}f(x,y) \tag{4.9}$$

を画像 f に適用した出力画像 g の位置 (x,y) における画素値は

$$g(x,y) = f(x-1,y) - 2f(x,y) + f(x+1,y) + f(x,y-1) - 2f(x,y) + f(x,y+1) \tag{4.10}$$

によって与えられる．式 (4.10) の係数を集めたものが，図 4.5(a) のフィルタ係数と一致していることを確認されたい．これが，当該フィルタがラプラシアンフィルタと呼ばれる理由である．

このラプラシアンフィルタの出力画像 g を入力画像 f から差し引くことによって鮮鋭化された画像 s が得られる．すなわち，

$$s(x,y) = f(x,y) - g(x,y) \tag{4.11}$$

0	1	0
1	−4	1
0	1	0

0	−1	0
−1	5	−1
0	−1	0

(a) ラプラシアンフィルタ   (b) 鮮鋭化フィルタ

図 4.5　ラプラシアンフィルタと鮮鋭化フィルタのフィルタ係数

原画像 f（再掲）　　　　　鮮鋭化フィルタの結果画像

図 4.6　画像鮮鋭化の結果

となり，フィルタ係数は図 4.5(b) のようになる．このようなフィルタ係数を持つ空間フィルタを **鮮鋭化フィルタ** と呼ぶ．これにより，画像のエッジが強調された画像が得られることとなる．

図 4.6 に図 4.5 (b) の鮮鋭化フィルタを図 4.2 (a) の原画像 f に適用したときの結果画像を示す．これにより，エッジの強調が実現できていることがわかる．

4.2　周波数フィルタリング

前節では，用途に応じたさまざまな空間フィルタについて解説したが，その特性を評価するためには，周波数領域でのフィルタリング処理（**周波数フィルタリング**）を考えることが有効である．

サイズ $W \times H$ [画素] の画像 f の 2 次元 **離散フーリエ変換** (DFT, Discrete Fourier Transform) は以下のように定義される．

$$F(u,v) = \frac{1}{WH} \sum_{y=0}^{H} \sum_{x=0}^{W} f(x,y) \exp\left(-i\frac{2\pi xu}{W}\right) \exp\left(-i\frac{2\pi yv}{H}\right) \quad (4.12)$$

このようにして得られた **DFT 係数** F を用いると，元の画像 f の画素値を **三角関数の重ねあわせ** として以下のように表現できる．

$$f(x,y) = \sum_{v=0}^{H} \sum_{u=0}^{W} F(u,v) \exp\left(i\frac{2\pi xu}{W}\right) \exp\left(i\frac{2\pi yv}{H}\right) \quad (4.13)$$

これを 2 次元 **離散フーリエ逆変換** (IDFT, Inverse DFT) と呼ぶ．DFT 係数 $F(u,v)$ の絶対値の 2 乗 $|F(u,v)|^2$ は，空間周波数 (u,v) の三角波が画像 f にどの程度含まれているかを示し

| 平均値フィルタ | ガウシアンフィルタ | 鮮鋭化フィルタ |

図 4.7　各種線形フィルタのパワースペクトルの比較

ており，**パワースペクトル**と呼ばれる．F と f の間に上記のような DFT と IDFT を介した関係があることを短く $F = \mathcal{F}(f), f = \mathcal{F}^{-1}(F)$ と書く．

前節で述べた空間フィルタのフィルタ係数を $w(s,t)$ を反転させたものを新たに $h(s,t) = w(-s,-t)$ とおくと，式 (4.3) は以下のように書き換えられる．

$$g(x,y) = \sum_{s=-a}^{a} \sum_{t=-b}^{b} h(s,t) f(x-s, y-t) \tag{4.14}$$

この演算は一般に**畳み込み** (convolution) と呼ばれている．このとき，以下の式が成り立つことが知られている．

$$G(u,v) = F(u,v) H(u,v) \tag{4.15}$$

ここで，$G = \mathcal{F}(g)$，$H = \mathcal{F}(h)$ である．この関係は応用上きわめて有用であり，**畳み込み定理** (convolution theorem) と呼ばれている．

畳み込み定理より，空間フィルタ h の DFT 係数を H とするとき，空間フィルタ処理は，画像 f の DFT 係数 $F(u,v)$ に $H(u,v)$ を**要素ごとに乗算**し，逆 DFT 変換を行うことで空間フィルタ後の画像 g を得られることがわかる．また，フィルタ係数 h の DFT 係数 H はフィルタ操作が画像 f の各空間周波数をどの程度減少，あるいは増加させるかを表しており，このことは線形フィルタを設計するうえで大きな指針となる．

図 4.7 は前節で解説した線形フィルタのパワースペクトルを示す．この図は，平均値フィルタやガウシアンフィルタが画像の低周波に対応する中央部を保存しつつ周辺の高周波を除去していることや，鮮鋭化フィルタが高周波を強調していることなどを可視化しているものといえる．

4.3　画像の補間

一般に，デジタル画像の各画素は格子状に等間隔に配置されている．いま，手元に一枚のデジタル画像があると仮定すると，画素を構成する格子点上の画素値はすべて与えられているといえる．このとき，格子点**以外の任意の位置**の画素値を，既知の（格子点上の）画素値から推

定することを画像の**補間** (interpolation) と呼ぶ．このような操作は，画像の拡大・縮小や，次章で解説する幾何変換において処理後の画素値を求める際に必要となる．

本節では画像処理で用いられる代表的な補間法について解説を行う．以下では，画像内の位置を示す座標が水平・垂直ともに**整数**になる場合 ($(x,y) \in \mathbb{Z}^2$) のみ画素値が既知であるものと仮定し，このような座標を**格子点**と呼ぶ．これに対し，補間処理によって画素値を得ようとしている座標を**補間点**と呼ぶ．補間点の座標は一般に実数値となる ($(x,y) \in \mathbb{R}^2$)．

4.3.1 さまざまな画像補間法

最近傍補間

最近傍（ニアレストネイバー）補間 (nearest neighbour interpolation) は，最も単純な補間法であり，補間点から最も距離の近い格子点の画素値をそのまま補間点の画素値として用いる手法であり，1次元のデータ点補間に一般的に用いられる区分定数（零次ホールド）補間を水平方向および垂直方向に施す処理をさしている．すなわち，座標 $(x,y) \subset \mathbb{R}^2$ における画素値 $f(x,y)$ は，以下の式

$$f(x,y) = f(\lfloor x+0.5 \rfloor, \lfloor y+0.5 \rfloor) \tag{4.16}$$

により補間される．ここで，床関数 $\lfloor x \rfloor \in \mathbb{Z}$ は $x \in \mathbb{R}$ を超えない最も小さい整数を返す関数である．

最近傍補間は比較的単純な処理のみで実現できるため，高速な補間処理が求められる場面で多く利用されているが，生成される画像の質は高いとはいえない．

双線形補間

最近傍補間が最も近い1点のみの格子点から補間点の画素値を得ていたのに対し，**双線形（バイリニア）補間** (bilinear interpolation) では補間点の周囲の4点の格子点の画素値を用いることで推定精度の向上をはかっている．

記述の簡略化のため，画像 f 全体を空間的に $(+\lfloor x \rfloor, +\lfloor y \rfloor)$ だけシフトさせた画像 f' と座標 $(x', y') = (x - \lfloor x \rfloor, y - \lfloor y \rfloor)$ を考えると，求める $f(x,y) = f'(x - \lfloor x \rfloor, y - \lfloor y \rfloor) = f'(x', y')$ は

$$f(x,y) = \begin{pmatrix} 1-y' & y' \end{pmatrix} \begin{pmatrix} f'(0,0) & f'(1,0) \\ f'(0,1) & f'(1,1) \end{pmatrix} \begin{pmatrix} 1-x' \\ x' \end{pmatrix} \tag{4.17}$$

によって与えられる．この式は，画素値 $f'(0,0)$ と $f'(1,0)$ から位置 $f'(x',0)$ の画素値を単純な線形補間によって行い，次に同様の線形補間で $f'(x',1)$ を得たあとに，得られた $f'(x',0)$ と $f'(x',1)$ との間で再度線形補間を行うことで $f'(x',y') = f(x,y)$ を得る操作を表している．双線形補間の手法名は，このように線形補間を水平，垂直方向に施すことに由来している．

双三次補間

これまで解説した最近傍補間と双線形補間は，それぞれ区分定数補間と線形補間を水平・垂直方向に施したものであった．これを発展させ，各方向の補間に3次（キュービック）スプラインを用いる

手法を**双三次（バイキュービック）補間** (bicubic interpolation) と呼ぶ．双三次補間では $f(x,y)$ 近傍の 16 格子点の画素値を補間に使用する．双線形と同様に記述を簡略化するため，f を空間的に $(+\lfloor x \rfloor - 1, +\lfloor y \rfloor - 1)$ だけシフトさせた画像 f' と座標 $(x', y') = (x - \lfloor x \rfloor + 1, y - \lfloor y \rfloor + 1)$ を考えると，求める $f(x,y) = f'(x - \lfloor x \rfloor + 1, y - \lfloor y \rfloor + 1) = f'(x', y')$ は以下のように補間される．

$$f(x,y) = \mathbf{h}_y^T \begin{pmatrix} f'(0,0) & f'(1,0) & f'(2,0) & f'(3,0) \\ f'(0,1) & f'(1,1) & f'(2,1) & f'(3,1) \\ f'(0,2) & f'(1,2) & f'(2,2) & f'(3,2) \\ f'(0,3) & f'(1,3) & f'(2,3) & f'(3,3) \end{pmatrix} \mathbf{h}_x \tag{4.18}$$

ここで，ベクトル $\mathbf{h}_x, \mathbf{h}_y$ は

$$\mathbf{h}_x = \begin{pmatrix} h(x') \\ h(x'-1) \\ h(2-x') \\ h(3-x') \end{pmatrix}, \quad \mathbf{h}_y = \begin{pmatrix} h(y') \\ h(y'-1) \\ h(2-y') \\ h(3-y') \end{pmatrix} \tag{4.19}$$

であり，3 次スプライン関数 $h(t)$ としては

$$h(t) = \begin{cases} |t|^3 - 2|t|^2 + 1 & (|t| \leq 1) \\ -|t|^3 + 5|t|^2 - 8|t| + 4 & (1 < |t| \leq 2) \\ 0 & (2 < |t|) \end{cases} \tag{4.20}$$

が一般に用いられている．

4.3.2　画像補間法の比較

図 4.2 (a) の原画像の一部（35×35 [画素]）を前項までで解説した各画像補間法で 30 倍に拡大した画像（1050×1050 [画素]）を図 4.8 に示す．この図より，最近傍補間はほかの 2 手法と比較して曲線の滑らかさや輝度の緩やかな変化が表現できていない一方で，直線のエッジ

最近傍補間　　　　　　　双線形補間　　　　　　　双三次補間

図 **4.8**　画像補間法の結果画像の比較

は最もはっきりとしていることがわかる．また，双線形補間と双三次補間とを比較すると，双線形補間では不自然な水平・垂直方向の直線が生じており，双三次ではより自然な補間を実現できていることがわかる．処理に必要な計算量は解説した順序で大きくなるため，画質と計算量のトレードオフを考慮して応用ごとに適切な手法を選択する必要がある．

4.4 テクスチャ解析

画像の持つ重要な特徴の一つとして，石の表面やタイルのように類似したパターンが繰り返される**テクスチャ** (texture) が挙げられる．テクスチャは画像処理の分野において，顕微鏡画像からの生体組織の分類や，航空・衛星写真からの地形，植生や水面などの領域分類などに広く利用されている．

このように与えられた画像内部から同一のテクスチャをもつ領域を抽出するタスクを計算機に行わせるためには，画像の画素値からテクスチャの特徴を示す何らかの数値を求めることが必要となる．このような数値を**テクスチャ特徴量**と呼ぶ．次項では，テクスチャのもつ統計的な特徴を抽出する**統計的テクスチャ特徴量** [5] について解説する．

4.4.1 統計的テクスチャ特徴量

本項では，一般に広く利用されている統計的テクスチャ特徴量について解説を行う．いま，L 段階の輝度値の段階（グレイレベル）[1]を画素値としてもつサイズ $W \times H$[画素]のグレイスケール画像 f が与えられたとする．このとき，**グレイレベル同時生起行列** (GLCM, Gray Level Co-occurence Matrix) V の i 行 j 列目の成分を V_{ij} $(i, j \in \{0, \cdots, L-1\})$ とすると，これは以下のように計算される．

$$V_{ij} = \frac{\sum_{x,y \in \Omega} (\delta(i - f(x,y))\delta(j - f(x+\Delta x, y+\Delta y)))}{|\Omega|} \quad (4.21)$$

ここで，変位ベクトル $(\Delta x, \Delta y)$ は注目画素 (x, y) からどの程度離れた位置の画素値を見るかを表しており，集合 Ω は変位後の位置 $(x + \Delta x, y + \Delta y)$ が画素値の定義されている領域を逸脱しないような (x, y) を集めたものである．デルタ関数 $\delta(\cdot)$ は，0 が入力されたときのみ 1 を返し ($\delta(0) = 1$)，それ以外の場合は 0 を返す関数である．同じ画像であっても，異なる変位ベクトル $(\Delta x, \Delta y)$ によって異なる GLCM が得られるため，変位ベクトルは用途に応じて適切に選ぶ必要がある．得られた GLCM V に対して，

$$P_{ij} = \frac{V_{ij} + V_{ji}}{2\sum_{i,j=0}^{L-1} V_{ij}} \quad (4.22)$$

により得られる行列 P を**正規化対称 GLCM** と呼ぶ．これを用いて，統計的テクスチャ特徴量は以下のように定義できる．

---

[1] 8 [bit] グレイスケール画像の場合は輝度値は 0 ～ 255 であるが，テクスチャ解析では輝度値を量子化して $L = 8$ などのグレイレベルへと変えてから用いることが多い

$$\text{エネルギー:} \quad F_1 = \sum_{i,j=0}^{L-1} (P_{ij})^2 \tag{4.23}$$

$$\text{エントロピー:} \quad F_2 = \sum_{i,j=0}^{L-1} P_{ij} \log P_{ij} \tag{4.24}$$

$$\text{コントラスト:} \quad F_3 = \sum_{i,j=0}^{L-1} (i-j)^2 P_{ij} \tag{4.25}$$

$$\text{相関性:} \quad F_4 = \sum_{i,j=0}^{L-1} P_{ij} \frac{(i-\mu)(j-\mu)}{\sigma^2} \tag{4.26}$$

$$\text{一様性:} \quad F_5 = \sum_{i,j=0}^{L-1} \frac{P_{ij}}{1+(i-j)^2} \tag{4.27}$$

ここで，$\mu = \sum_{i,j=0}^{L-1} i P_{ij}$，$\sigma^2 = \sum_{i,j=0}^{L-1} P_{ij}(i-\mu)$ である．

入力画像 f から上記の 5 種類のテクスチャ特徴量を求めることは，任意の画像を 5 次元実ベクトル空間へと写像する操作であると考えることができる．写像先の空間において，クラス分類やクラスタリング処理を行うことで画像内のテクスチャに着目したさまざまな画像処理が可能となる．

4.4.2 そのほかのテクスチャ解析手法

テクスチャ情報の解析というタスクに対しては，前述の統計的テクスチャ特徴量のほかに，フラクタル次元に着目するもの，モルフォロジ演算を用いるものや，マルコフランダム場などを用いてテクスチャの生成モデルを近似するもの，離散フーリエ変換やガボール変換などの変換領域で解析を行うものなど，非常に幅広いアプローチから数多くの手法が提案されている．

4.5 領域分割

われわれヒトは，その物体認識能力によって図 4.2 (a) の画像を，「コートを着た人間」，「三脚に乗っているカメラ」，「空」などの**領域**へと容易に分割することができる．このように，画像内の複数の被写体を分離する処理を画像の**領域分割** (segmentation) と呼ぶ．現在までに，**クラスタリング** (clustering) にもとづく手法 [6] や，**グラフカット**を利用した手法 [8] など，数多くの領域分割の手法が検討されてきたが，本節ではこれらの手法の中から，単純な処理で高い性能が得られ，ほかの問題への応用も容易なクラスタリングを用いた手法について解説する．

4.5.1 クラスタリングと k-平均法

いま，m 次元実ベクトル空間上に n 個の**データ点** $\mathbf{d}_i \in \mathbb{R}^m (i \in \{1, \cdots, n\})$ が与えられていると仮定し，すべてのデータ点 $\mathbf{d}_i$ に対して $\{1, \cdots, k\}$ の元（ラベルと呼ぶ）を一つ割り当てる処理を考えよう．この割り当てを，同じラベルが割り当てられたデータ点が「何らかの共通

点」を持つように行うことをクラスタリングと呼ぶ．

クラスタ数 k を，使用者が用途に応じてあらかじめ決めている場合の代表的なアルゴリズムとしては，以下の手順からなる k-平均法が挙げられる．

1. 全データ点にラベルをランダムに割り当てる．
2. 任意のラベル $l \in \{1, \cdots, k\}$ が割り当てられている全データ点の重心を求め，これを当該ラベル l のクラスタ代表点 $\mathbf{c}_l \in \mathbb{R}^m$ とする．
3. 任意のデータ点 $\mathbf{d}_i$ について，最近傍ラベル $l^\star = \arg\min_{l \in \{1, \cdots, k\}} ||\mathbf{c}_l - \mathbf{d}_i||_2$ を求め，これを新たなラベルとして割り当てる（$||\cdot||_2$ はユークリッド距離を表す）．
4. 収束の条件を満たしていれば終了．そうでなければ 2. へ戻る．

ここで，収束の条件としては，「反復回数が閾値をこえる」，「代表点の移動距離の総和が閾値を下回る」などが用いられる．

4.5.2 クラスタリングによる画像領域分割

画像内の画素のもつ情報のうち，被写体の区別に有用であると思われるもの（画素の位置や色などの画素値，当該画素を中心とする画像ブロックのテクスチャ特徴量など）を画素ごとにまとめたものをデータ点とし，前述のクラスタリング処理を行えば，得られた各クラスタが各被写体と対応していることが期待できる．これがクラスタリングよる画像の領域分割である．なお，k-平均法をより頑健にしたクラスタリング手法である mean shift を用いた画像分割の結果画像は文献 [6,7] に掲載されているので，興味のある読者は参照されたい．

演習問題

設問 1 以下の図に示す対象画像 f の外周より **1 画素内側**の 3×3 画素に対して，平均値フィルタを施した結果を求めよ．（ヒント：全画素値から 162 を差し引いたあとに平均値フィルタ処理を施し，最後に 162 を足し戻すと計算が楽になる）

171	180	171	180	171
162	171	171	171	171
171	162	171	162	162
171	162	207	162	162
180	162	180	171	162

対象画像 f

設問 2 $n \times n$ 画素の画像に対して $m \times m$ の線形フィルタをかける計算を，空間フィルタとして行った場合と，畳み込み定理を用いて周波数領域で行った場合の乗算の回数を比較せよ．ただし，$m \leq n$ とする．また，$n \times n$ の 2 次元 DFT/IDFT の計算には高速フーリエ変換 (fast Fourier transform) とその逆変換を使うものとし，乗算回数はそれぞれ $2n^2 \log_2(n)$ とする．

設問 3 設問 2 で得られた結果を用いて，$n = 512$, $m = 31$ のときの乗算回数を求めよ．

設問 4 格子点上の画素値 $f'(0,0) = 3$, $f'(1,0) = 4$, $f'(0,1) = 5$, $f'(1,1) = 7$ とするとき，座標 $(x', y') = (0.3, 0.4)$ の画素値を最近傍補間ならびに双線形補間で求めよ．

3	4
5	7

格子点上の画素値 f' の配置

参考文献

[1] Gonzalez, R. C. and Woods, R. E.: *Digital Image Processing*, Prentice Hall, third edition (2007)

[2] 奥富正敏ほか：『ディジタル画像処理』CG-ARTS 協会 (2012)

[3] Paris, S., Kornprobst, P., Tumblin, J. and Durand, F.: Bilateral Filtering: Theory and Applications, *Foundations and Trends in Computer Graphics and Vision*, Vol.4, No.1, 1–73 (2009)

[4] Szeliski, R.（玉木 徹ほか 訳）：『コンピュータビジョン―アルゴリズムと応用―』共立出

版 (2013)

[5] Haralick, R. M., Shanmugam, S. and Dinstein, I.: Textural features for image classification, *IEEE Trans. on Syst., Man and Cybern.*, Vol.3, No.6, pp.610–621 (1973)

[6] Comaniciu, D. and Meer, P.: Mean shift: A robust approach toward feature space analysis, *IEEE Trans. Pattern Anal. and Machine Intell.*, Vol.24, No.5, pp.603–619 (2002)

[7] 八木康史, 斎藤英雄 編：『コンピュータビジョン 最先端ガイド 2 — CVIM チュートリアルシリーズ』アドコム・メディア株式会社 (2010)

[8] Shi, J. and Malik, J.: Normalized cuts and image segmentation, *IEEE Trans. Pattern Anal. and Machine Intell.*, Vol.22, No.8, pp.888–905 (2000)

第5章
幾何学的変換

□ 学習のポイント

　画像の幾何学的変換とは，画像の形状や大きさを変化させることである．例えば，拡大・縮小，回転などの変形や平行移動を行う基本的な変換から，複雑な変換まで，さまざまなものがある．そして，座標変換を，図形を構成する点の座標に対して適用し，変換前の座標の画素値を変換後の座標の画素値として与えることによって，図形の変形や平行移動などを実現する．本章では，基本的な変換として，線形変換，および，線形変換に平行移動を加えたアフィン変換について説明する．

　通常，基本となる変換をいろいろと組み合わせた合成変換によって，図形の変形や移動を行う．まず，同次座標での表記について触れ，同次座標でのアフィン変換，および，さまざまな変換を組み合わせるための合成変換について説明する．次に，さらに複雑な図形の変形を可能とする平面射影変換について説明する．

　最後に，幾何学的変換における再標本化について説明する．変換前の座標値は整数であるが，変換後の座標は通常実数値をもつため，再標本化が必要となる．つまり，変換後の周囲の標本点を参照して補間処理（内挿法）によって再標本化する画素値を求めることになる．

- 基本的な座標変換として，拡大・縮小，回転などの線形変換について理解する．
- 線形変換に平行移動を加えたアフィン変換について理解する．
- 同次座標を用いたアフィン変換やその合成変換，さらに複雑な変形を可能とする平面射影変換について理解する．
- 標本点を並べ直す再標本化と基本的な内挿法について理解する．

□ キーワード

　幾何学的変換，座標変換，線形変換，アフィン変換，逆変換，同次座標，合成変換，平面射影変換，再標本化，最近隣内挿法，共1次内挿法，3次たたみ込み内挿法

5.1 線形変換

　画像の幾何学的変換 (geometric transformation) とは，画像の形状や大きさを変化させることである．幾何学的変換の前提として，座標変換，すなわち変換の式や座標変換行列を理解することが重要である．この座標変換を，画像を構成するすべての画素の座標に対して適用し，

変換前の座標の画素値を参照して変換後の画素値として与えていく．

本章では，座標変換を，入力画像上の座標 (x, y) から出力画像上の座標 (x', y') への変換（順変換）として考える．ただし，画像上の座標系は，画像左上を原点とし，水平右方向に x 軸，鉛直下方向に y 軸をとることにする．

基本的な座標変換として線形変換 (linear transformation) が挙げられる．線形変換は一般的に式 (5.1) で表現される．

$$\left. \begin{array}{l} x' = ax + by \\ y' = cx + dy \end{array} \right\} \tag{5.1}$$

また，式 (5.2) のように行列で表現することもできる．

$$\begin{bmatrix} x' \\ y' \end{bmatrix} = \begin{bmatrix} a & b \\ c & d \end{bmatrix} \begin{bmatrix} x \\ y \end{bmatrix} \tag{5.2}$$

ここで，式中の 2×2 行列を座標変換行列と呼ぶ．

以下に，主な線形変換について，個別にとりあげていき，画像に適用した場合について例示する．

(1) 拡大・縮小

拡大・縮小 (scaling) は，座標系の原点を中心として，画像を x 軸方向に s_x 倍，y 軸方向に s_y 倍する変換であり，式 (5.3) で表現される．ただし，$s_x > 0, s_y > 0$ である．

$$\left. \begin{array}{l} x' = s_x x \\ y' = s_y y \end{array} \right\} \tag{5.3}$$

具体的には，x 軸方向へ拡大する場合は $s_x > 1$，縮小する場合は $0 < s_x < 1$ とし，y 軸方向へ拡大する場合は $s_y > 1$，縮小する場合は $0 < s_y < 1$ とする．

図 5.1 に x 軸方向へ縮小し，y 軸方向へ拡大した例を示す．

(a) 原画像

(b) 変換後
（x 軸方向へ縮小，y 軸方向へ拡大）

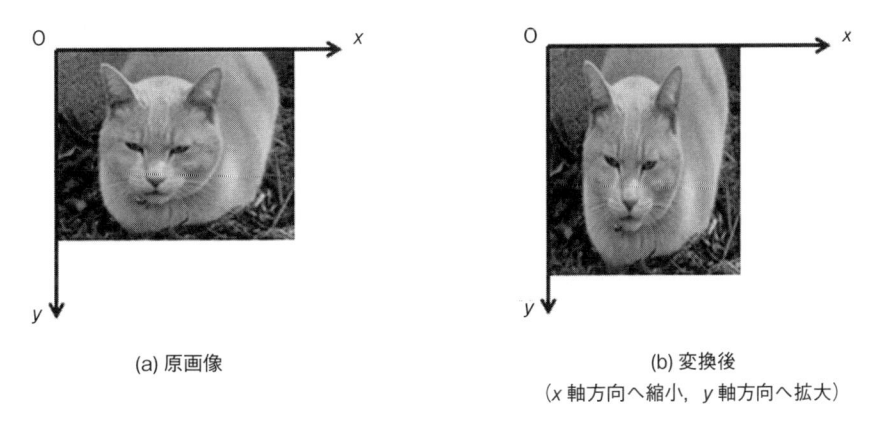

図 **5.1** 拡大・縮小

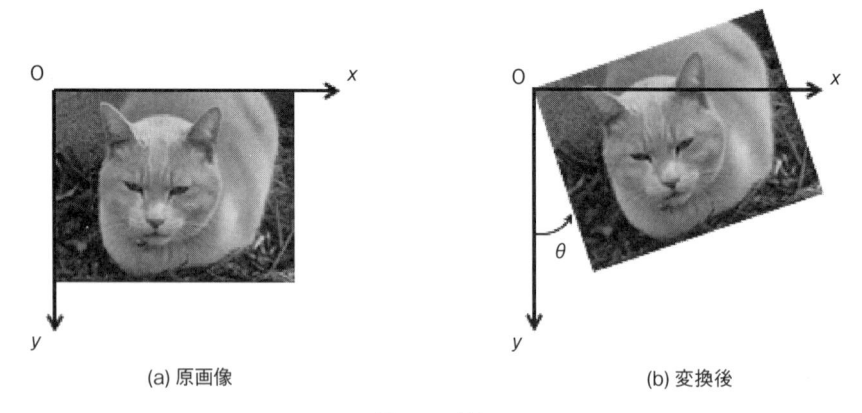

図 5.2 回転

(2) 回転

回転 (rotation) は，原点を中心にして，画像を角度 θ だけ回転させる変換である．反時計まわりを正方向の回転とした場合，式 (5.4) で表現される．

$$\left.\begin{array}{l} x' = x\cos\theta + y\sin\theta \\ y' = -x\sin\theta + y\cos\theta \end{array}\right\} \tag{5.4}$$

図 5.2 に $\theta\,(>0)$ だけ回転した例を示す．この場合，変換後の画像が $y<0$ の側へはみだしてしまっているが，実際にはデータを格納する画像メモリ内におさまるように，画像メモリを十分にとるか，はみでた部分を除いてしまうか，あるいは後述する平行移動と組み合わせてはみでないように注意する必要がある．

(3) 反転（鏡映）

反転 (inverse) は，画像をある直線やある点に関して対称な位置に移動する変換である．とくに，ある直線に関する反転を鏡映 (reflection) と呼ぶ．例えば，y 軸に関する反転は式 (5.5) で表現される．これは，y 軸について線対称となっている．

$$\left.\begin{array}{l} x' = -x \\ y' = y \end{array}\right\} \tag{5.5}$$

x 軸に関する反転は式 (5.6) で表現される．これは，x 軸について線対称となっている．

$$\left.\begin{array}{l} x' = x \\ y' = -y \end{array}\right\} \tag{5.6}$$

原点に関する反転は式 (5.7) で表現される．これは，原点について点対称となっている．

$$\left.\begin{array}{l} x' = -x \\ y' = -y \end{array}\right\} \tag{5.7}$$

(a) 原画像　　　　　　　　　(b) 変換後

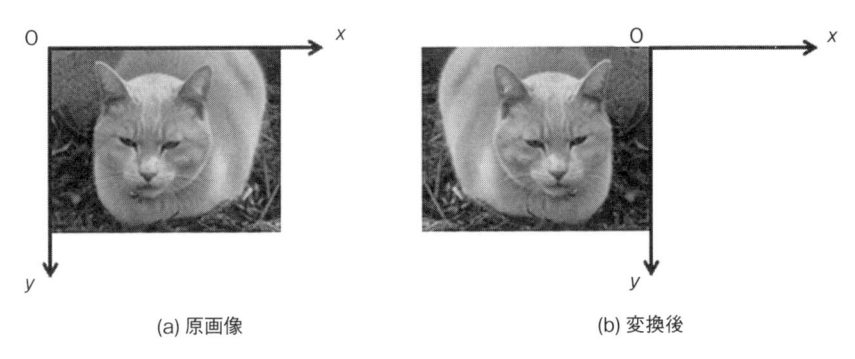

図 **5.3**　反転（鏡映）

図 5.3 に y 軸に関する反転を行った例を示す．変換後の画像が $x < 0$ の側に移動しているため，実際には，後述する平行移動と組み合わせるなどの工夫が必要である．

(4) スキュー（せん断）

スキュー (skew) は，画像を長方形から平行四辺形になるようにつぶす変換である．せん断 (shear) ともいう．

(a) 原画像

(b) 変換後
（x 軸方向へ変形）

(c) 変換後
（y 軸方向へ変形）

(d) 変換後
（x, y 軸方向へ変形）

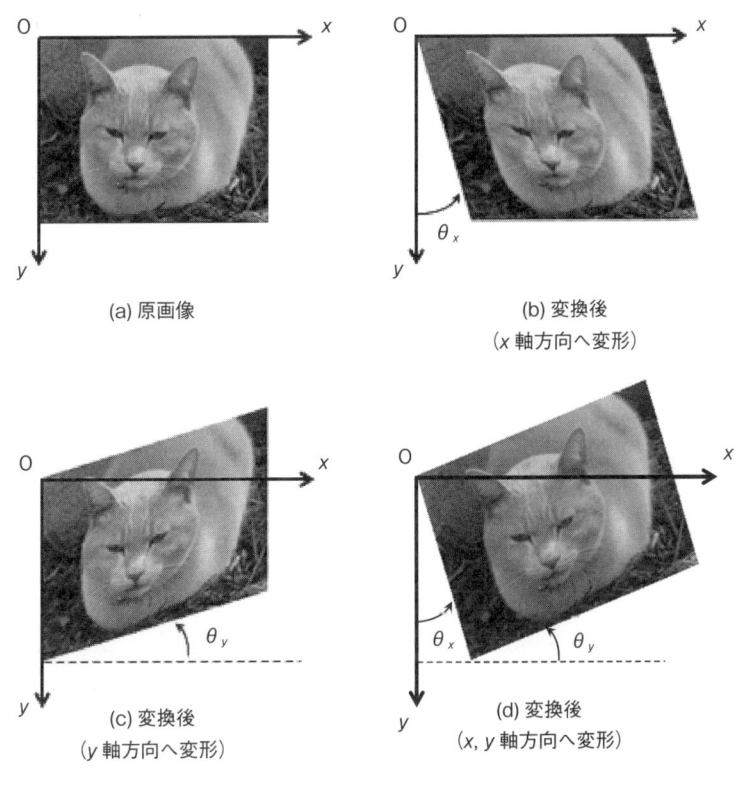

図 **5.4**　スキュー（せん断）

x 軸方向に角度 θ_x だけ傾けるスキューは式 (5.8) で，y 軸方向に角度 θ_y だけ傾けるスキューは式 (5.9) で表現される．図 5.4(b)(c) にスキューを行った例を示す．なお，角度は，回転の場合と同様に，反時計まわりを正方向としている．

$$\left.\begin{aligned} x' &= x + y\tan\theta_x \\ y' &= y \end{aligned}\right\} \tag{5.8}$$

$$\left.\begin{aligned} x' &= x \\ y' &= -x\tan\theta_y + y \end{aligned}\right\} \tag{5.9}$$

また，x 軸方向に角度 θ_x，y 軸方向に角度 θ_y だけ同時にスキューを行うことを考える場合には，式 (5.8)，(5.9) をまとめて式 (5.10) のように表現できる．図 5.4(d) に例を示す．

$$\left.\begin{aligned} x' &= x + y\tan\theta_x \\ y' &= -x\tan\theta_y + y \end{aligned}\right\} \tag{5.10}$$

5.2 アフィン変換

アフィン変換 (affine transformation) は正則な線形変換（つまり逆変換が存在する線形変換）と平行移動の合成変換である．まず，平行移動について説明し，次にアフィン変換について説明する．

(1) 平行移動

平行移動 (translation) は，画像を x 軸方向に t_x，y 軸方向に t_y だけ移動する変換であり，式 (5.11) で表現される．

$$\left.\begin{aligned} x' &= x + t_x \\ y' &= y + t_y \end{aligned}\right\} \tag{5.11}$$

図 5.5 に平行移動を行った例を示す．

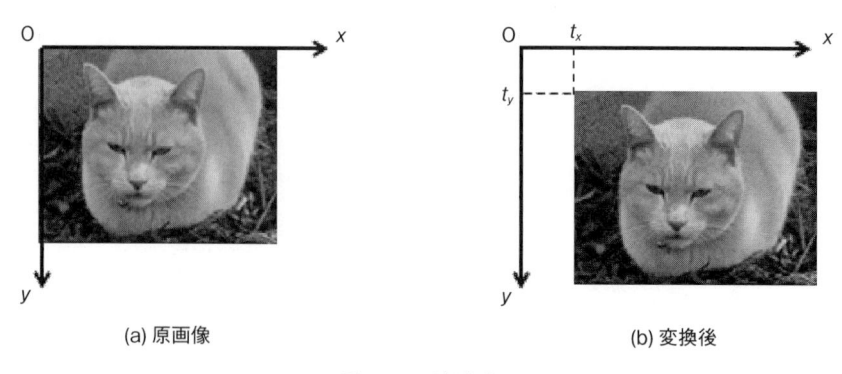

(a) 原画像   (b) 変換後

図 **5.5** 平行移動

(2) アフィン変換

アフィン変換は，線形変換の一般式に平行移動の要素を加え式 (5.12) で表現される．

$$\left.\begin{aligned} y' &= ax + by + t_x \\ x' &= cx + dy + t_y \end{aligned}\right\} \tag{5.12}$$

また，行列で表現すると，式 (5.13) のようになる．

$$\begin{bmatrix} x' \\ y' \end{bmatrix} = \begin{bmatrix} a & b \\ c & d \end{bmatrix} \begin{bmatrix} x \\ y \end{bmatrix} + \begin{bmatrix} t_x \\ t_y \end{bmatrix} \tag{5.13}$$

ここで，線形変換部が逆変換を持つための条件は，

$$\text{行列式} \begin{vmatrix} a & b \\ c & d \end{vmatrix} \neq 0 \tag{5.14}$$

なので，$ad - bc \neq 0$ となる．このとき，アフィン変換の逆変換は，式 (5.13) を変形して式 (5.15) のように求めることができる．

$$\begin{bmatrix} x \\ y \end{bmatrix} = \begin{bmatrix} a & b \\ c & d \end{bmatrix}^{-1} \begin{bmatrix} x' - t_x \\ y' - t_y \end{bmatrix} = \frac{1}{ad - bc} \begin{bmatrix} d & -b \\ -c & a \end{bmatrix} \begin{bmatrix} x' - t_x \\ y' - t_y \end{bmatrix} \tag{5.15}$$

逆変換の式は，入力画像上の座標 (x, y) から出力画像上の座標 (x', y') を求める順変換に対して，出力画像上の座標 (x', y') から入力画像上の座標 (x, y) を求める演算となっている．

5.3 同次座標

同次座標 (homogeneous coordinates) は，(x, y) に関して要素を一つ増やし，(X, Y, w) と表現したもので，式 (5.16) の関係が成り立つ．

$$\left.\begin{aligned} x &= \frac{X}{w} \\ y &- \frac{Y}{w} \end{aligned}\right\} \tag{5.16}$$

イメージ的には，3 次元空間を 2 次元平面に投影したようなものであり，$w = 1$ のとき $x = X$，$y = Y$ となり，$w = 0$ のときは点 (x, y) は無限遠点ととらえることができる．通常，$w = 1$ としてもよい．

(1) 同次座標でのアフィン変換

座標 (x, y) から座標 (x', y') へのアフィン変換は同次座標では同次座標 $(x, y, 1)$ から同次座標 $(x', y', 1)$ への変換と考えられ，式 (5.17) で表現される．

$$\begin{bmatrix} x' \\ y' \\ 1 \end{bmatrix} = \begin{bmatrix} a & b & t_x \\ c & d & t_y \\ 0 & 0 & 1 \end{bmatrix} \begin{bmatrix} x \\ y \\ 1 \end{bmatrix} \tag{5.17}$$

このように同次座標でアフィン変換を表現すると，式 (5.13) では行列の積と和が混在していたが，式 (5.17) のように行列の積だけの形にでき，線形変換と見なせる．式中の 3×3 行列を座標変換行列と呼ぶ．

例えば，拡大・縮小の変換行列は，

$$S_c(s_x, s_y) = \begin{bmatrix} s_x & 0 & 0 \\ 0 & s_y & 0 \\ 0 & 0 & 1 \end{bmatrix} \tag{5.18}$$

回転の変換行列は，

$$R(\theta) = \begin{bmatrix} \cos\theta & \sin\theta & 0 \\ -\sin\theta & \cos\theta & 0 \\ 0 & 0 & 1 \end{bmatrix} \tag{5.19}$$

反転（鏡映）の変換行列はそれぞれ

$$I = \begin{bmatrix} -1 & 0 & 0 \\ 0 & 1 & 0 \\ 0 & 0 & 1 \end{bmatrix}, \begin{bmatrix} 1 & 0 & 0 \\ 0 & -1 & 0 \\ 0 & 0 & 1 \end{bmatrix}, \begin{bmatrix} -1 & 0 & 0 \\ 0 & -1 & 0 \\ 0 & 0 & 1 \end{bmatrix} \tag{5.20}$$

スキュー（せん断）の変換行列は，

$$S_k(\theta_x, \theta_y) = \begin{bmatrix} 1 & \tan\theta_x & 0 \\ -\tan\theta_y & 1 & 0 \\ 0 & 0 & 1 \end{bmatrix} \tag{5.21}$$

また，平行移動の変換行列は，

$$T(t_x, t_y) = \begin{bmatrix} 1 & 0 & t_x \\ 0 & 1 & t_y \\ 0 & 0 & 1 \end{bmatrix} \tag{5.22}$$

と表現できる．

このように，式 (5.17) の変数を決定してもよいが，先に変換後の形状を決めたい場合もある．このような場合は式 (5.17) の未知数は $a \sim d$, t_x, t_y の 6 個なので，3 組の対応点の座標を与えればこれらの未知数を求めることができる．

(2) 合成変換

前述したように同次座標の行列で座標変換の式を表現することによって，複数の座標変換を一つの合成変換 (composite transformation) としてまとめることができる．合成変換として，まとめることができれば，一つの座標変換ごとに多くの画素に対して処理を繰り返す必要がなくなるため，計算時間を短縮できる．

合成変換を求めるために，まず二つの変換を順に行うことを考えてみる．例えば，変換行列

A によって座標 (x, y) が座標 (x', y') に変換される式は，

$$\begin{bmatrix} x' \\ y' \\ 1 \end{bmatrix} = A \begin{bmatrix} x \\ y \\ 1 \end{bmatrix} \tag{5.23}$$

で表現されるので，変換行列 B によって座標 (x', y') が座標 (x'', y'') に変換される式は，

$$\begin{bmatrix} x'' \\ y'' \\ 1 \end{bmatrix} = B \begin{bmatrix} x' \\ y' \\ 1 \end{bmatrix} = B \left(A \begin{bmatrix} x \\ y \\ 1 \end{bmatrix} \right) = (BA) \begin{bmatrix} x \\ y \\ 1 \end{bmatrix} \tag{5.24}$$

のようになる．つまり，座標 (x, y) を座標 (x'', y'') への合成変換行列は BA と考えることができる．同様に，複数の座標変換を変換行列 $M_1, M_2, \ldots, M_n$ の順に n 回変換を行うことを考えると，合成変換行列 M は，式 (5.25) のようにできる．

$$M = M_n \cdot M_{n-1} \cdots M_2 \cdot M_1 \tag{5.25}$$

この逆行列 M^{-1} は，式 (5.26) となる．

$$M^{-1} = M_1^{-1} \cdot M_2^{-1} \cdots M_{n-1}^{-1} \cdot M_n^{-1} \tag{5.26}$$

5.4 平面射影変換

アフィン変換は，基本的な変換を組み合わせた合成変換としてさまざまな組み合わせが考えられるが，変換前に平行な直線は変換後も平行となるといった平行性を保つ．例えば，長方形を台形の形状へ変形することはできない．しかし，射影変換 (projective transformation, homography) を行うことによって，より自由度の高い形状の変形が可能となる．ここでは，立体からではなく平面から平面へと幾何学的変換を行う平面射影変換（ホモグラフィともいう）について説明する．平面射影変換は，式 (5.27) で表される．

$$\begin{bmatrix} x' \\ y' \\ 1 \end{bmatrix} \approx \begin{bmatrix} a & b & c \\ d & e & f \\ g & h & i \end{bmatrix} \begin{bmatrix} x \\ y \\ 1 \end{bmatrix} \tag{5.27}$$

ここで，「$\approx$」は同値関係を意味しており，

$$\begin{bmatrix} X' \\ Y' \\ w \end{bmatrix} = \begin{bmatrix} a & b & c \\ d & e & f \\ g & h & 1 \end{bmatrix} \begin{bmatrix} x \\ y \\ 1 \end{bmatrix} \tag{5.28}$$

と表現してもよい．式 (5.16) による (x', y') と (X', Y', w) との関係に式 (5.28) から得られる w を代入すると，式 (5.29) が得られる．

(a) 原画像　　　　　　　　　　　(b) 変換後

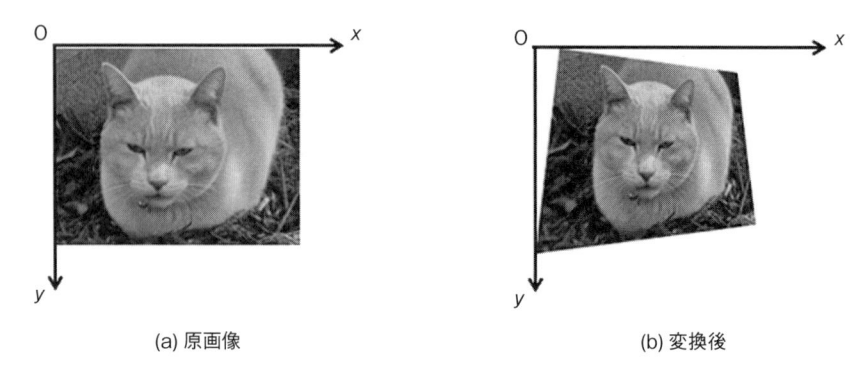

図 5.6　平面射影変換

$$\left.\begin{array}{l}x' = \dfrac{ax+by+c}{gx+hy+1} \\ y' = \dfrac{dx+ey+f}{gx+hy+1}\end{array}\right\} \quad (5.29)$$

同様に，逆変換も平面から平面への変換なので，式 (5.30) と表現できる．

$$\left.\begin{array}{l}x = \dfrac{a'x'+b'y'+c'}{g'x'+h'y'+1} \\ y = \dfrac{d'x'+e'y'+f'}{g'x'+h'y'+1}\end{array}\right\} \quad (5.30)$$

さらに，式 (5.30) の分母を払って，整理すると，式 (5.31) が得られる．

$$\left.\begin{array}{l}x = a'x'+b'y'+c'-g'x'x-h'y'x \\ y = d'x'+e'y'+f'-g'x'y-h'y'x\end{array}\right\} \quad (5.31)$$

式 (5.31) は未知数が $a', b', \ldots, h'$ の 8 個なので，4 組の対応点の座標が与えられれば未知数を求めることができる．例えば，式 (5.29) によって変換前の図形の 4 組の角点の座標から変換先のそれぞれの座標を求めれば 4 組の対応点の座標として利用できる．

図 5.6 に平面射影変換を行った場合を示す．

5.5　再標本化

画像の画素は，格子状配列に配置され，その中心に標本点があると見なせる．入力画像について座標変換をすべての座標に対して適用した場合，必ずしも画素の中心に変換されずに元の標本点からずれてしまうことがある．そのため，元の標本点に画素値を与えることを再標本化 (resampling) と呼ぶ．

例えば，図 5.7 の順変換を見ると変換前の座標値は整数であるが，変換後は整数とは限らない．とくに，図 5.8 のように画像を拡大するような変換では，変換後の座標の間にすき間があいてしまう．

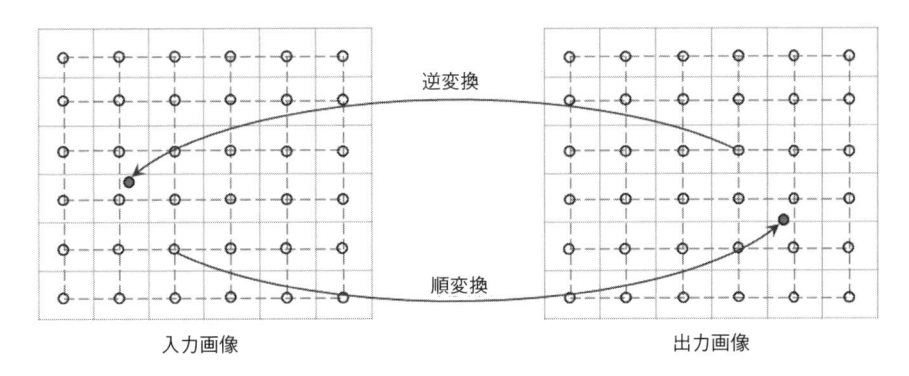

図 5.7 順変換と逆変換

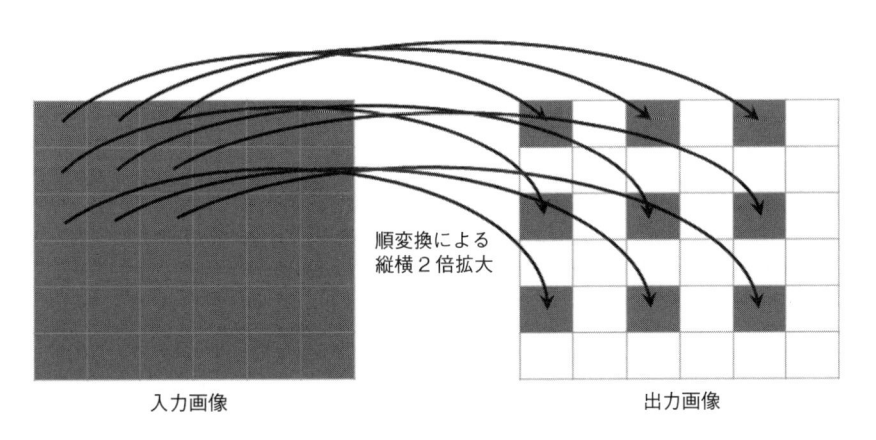

図 5.8 順変換による拡大

そこで，変換後の出力画像にすき間があかないように，逆変換を用いた内挿法（補間法）によって実現するのが一般的である．

具体的には，出力画像の座標 (x', y') を，図 5.7 に示すように逆変換することによって，変換前の座標 (x, y) を求める．この場合も，出力画像の座標値は整数であるが，座標 (x, y) は整数とは限らないので，その周囲の標本点画素値 f を参照することによって，座標 (x, y) における画素値 $d(x, y)$ を内挿（補間）して求め，出力画像の座標 (x', y') の画素値として与える．

内挿法に関しては，4.3 節でも説明されているが，改めて，最近隣内挿法，共 1 次内挿法，3 次たたみ込み内挿法について説明する．

(1) 最近隣内挿法（ニアレストネイバー法）

最近隣内挿法 (nearest neighbor interpolation) は，座標変換をした座標に最も近い標本点の座標の画素値を与える．ニアレストネイバー法ともいう．

例えば，図 5.9(a) の例では，逆変換して得られた (x, y) に最も近い標本点の座標はその左上の $([x], [y])$ となる．図中，白丸が変換前の標本点を表している．ただし，[ ] はガウス記号を表し，例えば正の実数ならば，小数点以下を切り捨てて整数化することを意味する．

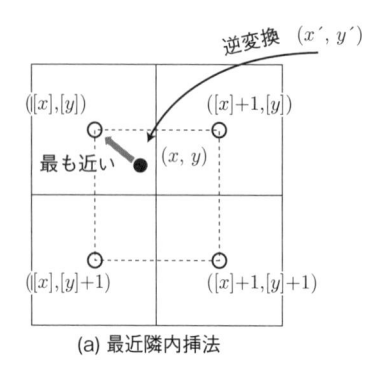

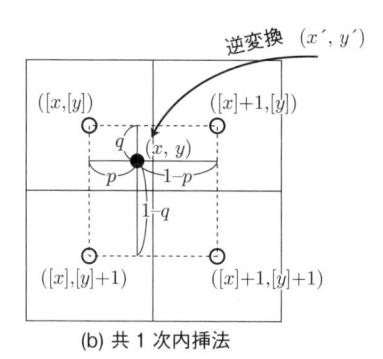

図 5.9 最近隣内挿法と共 1 次内挿法

この操作は，式 (5.32) のように表現することができる．

$$d(x,y) = f([x+0.5], [y+0.5]) \tag{5.32}$$

最近隣内挿法は，元の画素値を壊さずにそのまま変換先へ与えるため処理が高速に行えるという利点を持っているが，位置誤差が最大 1/2 画素生じてしまう．

(2) 共 1 次内挿法（バイリニア法）

共 1 次内挿法 (bi-linear interpolation) は，座標変換をした座標の周囲 4 点の標本点の画素値を参照して線形補間を行うことによって補間する．バイリニア法，線形補間法ともいう．

図 5.9(b) に示すように，$p = x - [x]$, $q = y - [y]$ のようにおくと，この補間は，式 (5.33) のように表現できる．

$$\begin{aligned}d(x,y) =& (1-q)\{(1-p)f([x],[y]) + pf([x]+1,[y])\} \\ &+ q\{(1-p)f([x],[y]+1) + pf([x]+1,[y]+1)\}\end{aligned} \tag{5.33}$$

行列を用いると，式 (5.34) のようになる．

$$d(x,y) = \begin{bmatrix} 1-q & q \end{bmatrix} \begin{bmatrix} f([x],[y]) & f([x]+1,[y]) \\ f([x],[[y]+1) & f([x]+1,[y]+1) \end{bmatrix} \begin{bmatrix} 1-p \\ p \end{bmatrix} \tag{5.34}$$

共 1 次内挿法は，周囲 4 点の画素値を線形補間しているため，平滑化の効果が得られるが，元の画素値を壊してしまう．

(3) 3 次たたみ込み内挿法

3 次たたみ込み内挿法 (cubic convolution interpolation) は，周囲 16 点の参照点を参照し，sinc 関数の 3 次近似を利用して補間する．sinc 関数の近似式としては，式 (5.35) がよく用いられる．

$$h(t) = \begin{cases} 1 - 2|t|^2 + |t|^3 & \dots \quad 0 \leq |t| < 1 \text{ のとき} \\ 4 - 8|t| + 5|t|^2 - |t|^3 & \dots \quad 1 \leq |t| < 2 \text{ のとき} \\ 0 & \dots \quad \text{それ以外のとき} \end{cases} \tag{5.35}$$

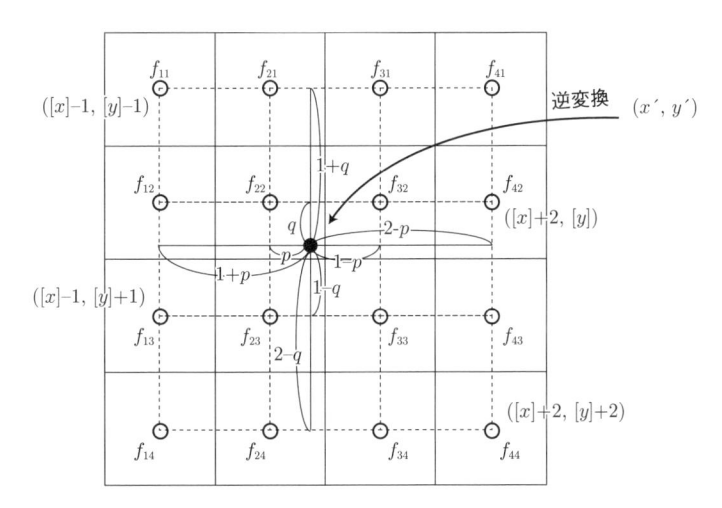

図 5.10 3次たたみ込み内挿法

3次たたみ込み内挿法は，図 5.10 に示すように，$p = x - [x]$, $q = y - [y]$ のようにおき，標本点の画素値を $f_{11} \sim f_{44}$（例えば，$f_{22} = f([x], [y])$）とすると，式 (5.35) を用いて式 (5.33) のように表現できる．

$$d(x,y) = \begin{bmatrix} h(1+q) & h(q) & h(1-q) & h(2-q) \end{bmatrix} \begin{bmatrix} f_{11} & f_{21} & f_{31} & f_{41} \\ f_{12} & f_{22} & f_{32} & f_{42} \\ f_{13} & f_{23} & f_{33} & f_{43} \\ f_{14} & f_{24} & f_{34} & f_{44} \end{bmatrix} \begin{bmatrix} h(1+p) \\ h(p) \\ h(1-p) \\ h(2-p) \end{bmatrix}$$
(5.36)

ここで，計算上，画素値が負の値や最大値（例えば 1 画素当たり 8 bit の画像なら 255）より大きくなることがあるため注意が必要である．

3次たたみ込み内挿法は，画像の平滑化と同時に鮮鋭化の効果が得られるが，元の画素値を壊してしまう．

この 3 次たたみ込み内挿法と同様に周囲 16 点の参照点を参照する共 3 次内挿法 (bi-cubic interpolation) や，多項式関数近似を利用したラグランジュ補間（参照する標本点は関数の次数による）などがある．これらは最近隣内挿法や共 1 次内挿法に比べ計算時間がかかることから，用途に応じて画質か処理速度のどちらを重視するかによって適切な内挿法を選択することが重要である．

(4) 内挿法の比較

図 5.11 において，最近隣内挿法と共 1 次内挿法，3 次たたみ込み内挿法を比較する．すべて同図 (a) の白枠内を拡大した結果である．

最近隣内挿法では，位置誤差が生じているため，ギザギザ（ジャギー）が目立つ結果となっている．一方，共 1 次内挿法では，ジャギーのない滑らかな画像になっているがぼやけたようになっている．3 次たたみ込み内挿法ではやはり滑らかに表現できており，共 1 次内挿法より

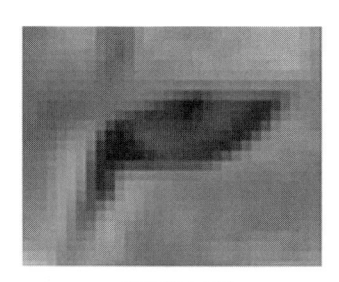

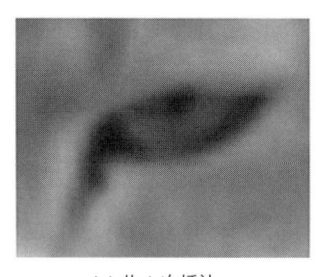

(a) 原画像（白枠内）　　(b) 最近隣内挿法

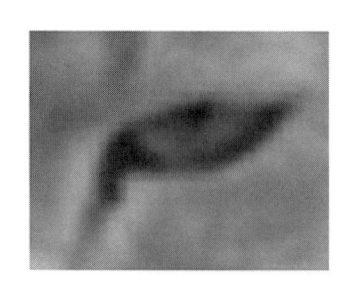

(c) 共 1 次挿法　　(d) 3 次たたみ込み内挿法

図 5.11　内挿法の比較

もぼやけた感じを抑えられている．

したがって，これらの内挿法の中では，拡大する幾何学的変換に対して画質を優先した場合，3 次たたみ込み内挿法が最も効果的であると言える．

演習問題

設問 1　拡大・縮小，回転，反転，スキューの逆変換を表す式を求めよ．

設問 2　式 (5.1) の線形変換において，$ad - bc = 0$ の場合，どのような図形に変換されるか検討せよ．

設問 3　アフィン変換の逆変換の式を，式 (5.1) のような形式で求めよ．

設問 4　直線 $y = x$ に関して反転を行う 2×2 の座標変換行列を求めよ．

参考文献

[1] 藤代一成，奥富正敏ほか：『ビジュアル情報処理―CG・画像処理入門―』CG-ARTS 協会 (2004)

[2] 末松良一，山田宏尚：『画像処理工学』コロナ社 (2000)

[3] 荒屋真二：『明解 3 次元コンピュータグラフィックス』共立出版 (2003)

[4] 井上誠喜，八木伸行ほか：『C 言語で学ぶ実践画像処理』オーム社 (2008)

[5] 昌達慶仁：『詳解 画像処理プログラミング』ソフトバンククリエイティブ (2008)

[6] 高木幹雄，下田陽久 監修：『新編 画像解析ハンドブック』東京大学出版会 (2004)

第6章
2値画像処理

―□ 学習のポイント ――――

2値画像処理は，画像処理の中でも重要な処理として位置づけられる．例えば，文字といった白黒だけで表現可能なものや，直線や曲線，それらで囲まれる領域から構成される図面を扱う場合や，同じ濃さや色をもつ領域，あるいは動きのある領域を画像から切り出したい場合など，いったん2値画像にしてから処理することがよく行われる．

2値化することによって，濃淡画像やカラー画像から冗長な情報を削減できるため，データ量が小さくなり，目的に応じた処理を高速に行うことが可能となる．

- 2値化処理として，基本的なしきい値処理について理解する．
- 2値画像中の領域を考える上での基本的な画素同士の連結性について理解する．
- 2値画像中の複数の領域を区別するためのラベリング処理について理解する．
- 2値画像処理の基本となるモルフォロジ演算，細線化，輪郭線追跡について理解する．

―□ キーワード ――――

2値化，しきい値，連結，近傍，ラベリング，輪郭線追跡，チェーン符号，特徴量，モルフォロジー演算，膨張・収縮，骨格化，細線化

6.1　2値化

画素値1，および画素値0となる画素からなる画像を2値画像 (binary image) といい，濃淡画像やカラー画像などから2値画像に変換する処理を2値化 (binarization) という．

通常，画像処理の対象となる図形の領域が画素値1となるように2値化を行い，それ以外を背景として，画素値0を割り当てる．そして，2値画像上で，図形領域は白画素（画素値1），背景は黒画素（画素値0）となるように描画する．ただし，これは割り当て方次第なので，それぞれ黒画素（画素値1），白画素（画素値0）とする場合や白画素（画素値0），黒画素（画素値1）とする場合もある．

2値化の例を挙げると，カラー画像が入力となる場合には，いったん白黒濃淡画像に変換してから濃度値に対して2値化を行う．輪郭線が重要な特徴であれば，エッジ抽出を行ってから

エッジ強度や勾配方向に対して2値化を行う．動きのある領域を検出したい場合であれば，濃度値などの時間方向の変化量に対して2値化を行う．

このように2値化を行う際に，白画素にするか黒画素にするかの境界値として用いる値をしきい値 (threshold value) といい，しきい値を決定する処理をしきい値処理 (thresholding) という．このしきい値処理まで含めて2値化と呼ぶこともある．

座標 (x, y) の画素値 $f(x, y)$ から2値画像 $g(x, y)$ へのしきい値 t による2値化は，式 (6.1) のように表現される．

$$g(x) = \begin{cases} 1 & f(x) \geq t \text{のとき} \\ 0 & \text{それ以外のとき} \end{cases} \tag{6.1}$$

目的や対象によっては，式 (6.2) とする．

$$g(x) = \begin{cases} 1 & f(x) \leq t \text{のとき} \\ 0 & \text{それ以外のとき} \end{cases} \tag{6.2}$$

プログラミングでは，1画素当たり8 bit の画像メモリを用いる場合，描画を考慮して画素値1の代わりに255を用いることもある．

しきい値は，画像処理の目的に応じてできるだけ望ましい2値画像となる値を決定することが重要である．

多くの場合，画像処理システムの導入前に予備実験を行うことによって，しきい値を決定することが行われる．しかし，目的や対象，環境などに応じて最適なしきい値を決定するのは大変手間がかかる作業である．そのため，目的や対象，環境などに応じて，自動的にしきい値を決定するしきい値処理が望まれる．

以下に，基本的なしきい値処理について説明する．

(1) モード法

モード法 (mode method) は，図 6.1(a) に示すように，画素値に関するヒストグラムの頻度が双峰性をもち，明確な谷を一つもつ場合に有効であり，その谷の位置を示す画素値をしきい値として決定する．例えば，文字や図面などもともと白黒で描かれた画像などが対象となる．

しかしながら，ヒストグラムにおいて図のような明確な谷がない場合や局所的な谷が複数あるような画像には適用が難しい．

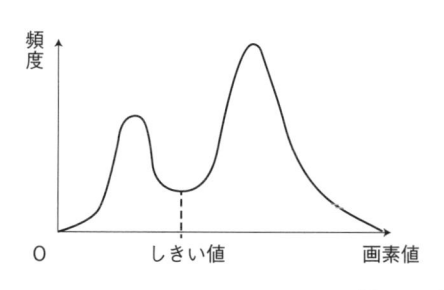

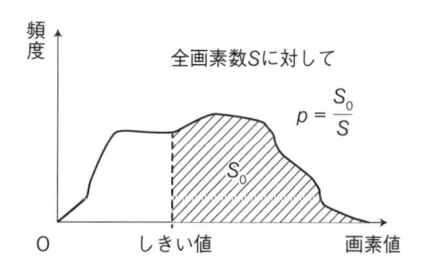

図 6.1 しきい値処理の例

(2) P-タイル法

P-タイル法 (p-tile method) は，図 6.1(b) に示すように，切り出したい図形の割合 p が，全画素数（全体の面積 S）に対してある程度わかっている場合に有効であり，画素値が最大となる側から累積頻度が $S_0 (= S \times p)$ となる画素値をしきい値として決定する．

P-タイル法は，モード法に比べ必ずしもヒストグラムの双峰性や明確な谷を必要としない．撮像環境の明るさが変化した場合にも安定してしきい値を決定することができる．

しかし，図形の大きさがある程度既知であることが必要であり，その大きさが未知であったり変動するような場合には適用が難しい．

(3) 判別分析法

判別分析法 (discriminant analysis method) は，統計的な考え方に基づいた方法で，提案者の名前から大津の方法とも呼ばれる．しきい値処理を自動化する場合，一般的によく用いられる方法である．

まず，画素を二つのグループ（統計的にはクラスという）に分けることを考えると，グループ内では特徴がよく似ている方がよく，グループ間では特徴が異なっている方がよい．

その特徴量として画素値を用いると，グループ内で特徴がよく似ているということは，グループ内の画素値の分散（クラス内分散 σ_W^2）が小さいことに相当し，グループ間で特徴が異なっているということは，グループ間の画素値の分散（クラス間分散 σ_B^2）が大きいことに相当する．

そこで，二つのグループ $i (i = 1, 2)$ をしきい値 t で分けることにすると，それぞれの画素数を n_i，画素値の平均値を μ_i，分散値を σ_i^2 とすると，クラス内分散 σ_W^2，クラス間分散 σ_B^2 はそれぞれ式 (6.3), (6.4) で表現される．

$$\sigma_W^2 = \frac{n_1 \sigma_1^2 + n_2 \sigma_2^2}{n_1 + n_2} \tag{6.3}$$

$$\sigma_B^2 = \frac{n_1 (\mu_1 - \mu)^2 + n_2 (\mu_2 - \mu)^2}{n_1 + n_2} \tag{6.4}$$

ただし，μ は全画素の画素値の平均であり，

$$\mu = \frac{n_1 \mu_1 + n_2 \mu_2}{n_1 + n_2} \tag{6.5}$$

とできる．また，全画素の画素値の分散 σ^2 は，

$$\sigma^2 = \sigma_W^2 + \sigma_B^2 \tag{6.6}$$

として求まる．式 (6.5) を式 (6.4) に代入すると，

$$\sigma_B^2 = \frac{n_1 n_2 (\mu_1 - \mu_2)^2}{(n_1 + n_2)^2} \tag{6.7}$$

が得られる．

クラス内分散 σ_W^2 は小さく，クラス間分散 σ_B^2 は大きくなる方がよいので，分離度を σ_B^2 / σ_W^2

(a) 原画像

(b) 2値画像

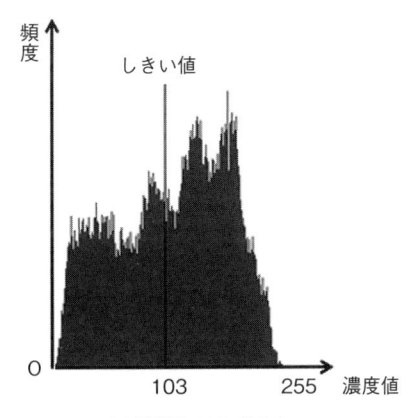

(c) 濃度ヒストグラム

図 **6.2** 判別分析法による 2 値化の例

と定義すると，この分離度が最大となればよい．

式 (6.6) から分離度は，式 (6.8) のように求めることができる．

$$\frac{\sigma_B^2}{\sigma_W^2} = \frac{\sigma_B^2}{\sigma^2 - \sigma_B^2} \tag{6.8}$$

分母の全画素の画素値の分散 σ^2 は定数と見なせるので，分離度を最大にすることは，式 (6.7) で計算されるクラス間分散 σ_B^2 を最大にすることと等価である．さらに，式 (6.7) の分母も全画素数の 2 乗となっているので一定と見なせる．

したがって，判別分析法は，式 (6.7) の分子の $n_1 n_2 (\mu_1 - \mu_2)^2$ が最大となるしきい値 t を求める方法である．

図 6.2 に判別分析法によって求めたしきい値による 2 値化の例を示す．

6.2 連結性

2 値画像処理では，ある一つの画素に注目し，その画素のまわりとの関係を調べることによって操作を行う処理が多い．このある一つの画素を注目画素と呼ぶことにする．

そして，画像を走査することによって，注目画素をすべての画素についてあてはめ，注目画素とそのまわりの画素に関する処理を繰り返し行う．

そのため，2 値画像処理では，注目画素とそのまわりの画素との関係性が重要になる．

(1) 連結と近傍

まず，近傍 (neighbor) について説明する．図 6.3 に示すように，中央のより濃い色の画素を注目画素とすると，同図 (a) のように注目画素の上下左右の四つの画素の位置関係を 4 近傍といい，(b) のように 4 近傍にななめ方向も加えた八つの画素の位置関係を 8 近傍という．

(a) 4近傍　　(b) 8近傍

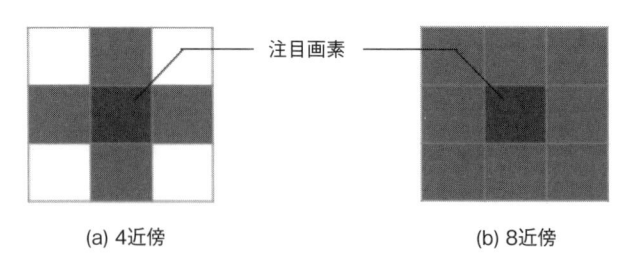

図 6.3　注目画素と近傍

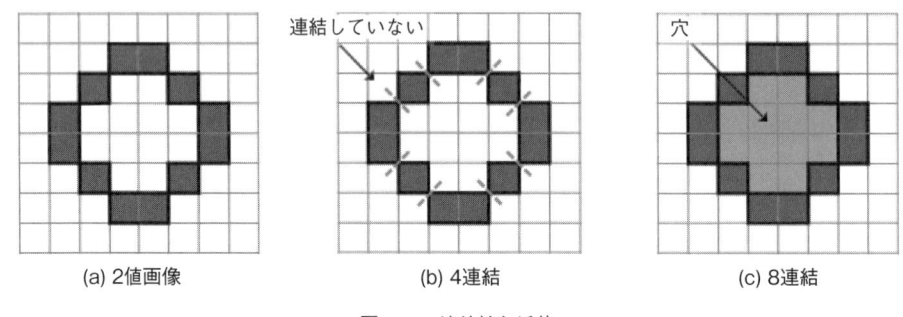

(a) 2値画像　　(b) 4連結　　(c) 8連結

図 6.4　連結性と近傍

なお，以降の説明図では，とくに断りのない限り，図形を黒画素（画素値 1），背景を白画素（画素値 0）で表現している．

次に，連結性 (connectivity) について説明する．2 値画像処理では，画素同士の連結性から，図形を意味のあるつながった領域と見なし，同一の色かどうかで判断する．例えば，黒画素同士，または白画素同士といった具合である．注目画素が，画素値 1 の場合，4 近傍に画素値 1 となる画素が存在すれば，4 連結 (4-connected) といい，8 近傍に画素値 1 となる画素が存在すれば，8 連結 (8-connected) という．また，連結した画素の集まりを連結成分 (connected component) や図形成分 (figured component) という．4 連結で見るか 8 連結で見るかによって連結性が変わり，それに伴い，画像中の連結成分の個数が変わることもある．

(2)　穴（孔）

連結成分がほかの色の連結成分によって完全に囲まれた場合，その連結成分を穴（孔）と呼ぶ．例えば，図 6.4(a) の黒画素に関して，4 連結で見た場合，(b) のようにななめの位置にある黒画素同士の間（破線を入れた箇所）では連結していないため，穴を持たない．

つまり，黒画素に囲まれた内側の白画素の領域は穴ではない．8 連結で見た場合，(c) のように内側の白画素からなる領域（うすく塗った箇所）は，ほかの色の連結領域に囲まれた穴となる．

一方，白画素に着目してみると，(b) では，内側の白画素が穴となっていないということは，外側の白画素とつながっていると考えることができる．そのため，白画素同士は 8 連結と見なせる．(c) では，内側の白画素は外側の白画素とはつながっていないと考えることができるた

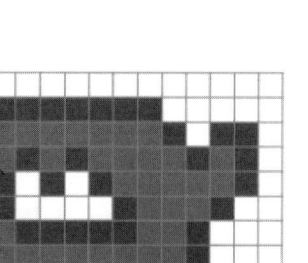

図 6.5 輪郭線（境界線）

(a) 4連結 　　　　(b) 8連結

め，白画素同士は 4 連結と見なせる．このように，黒画素を 4 連結で見れば白画素は 8 連結，黒画素を 8 連結で見れば白画素は 4 連結になるといった双対の関係がある．

なお，連結成分が穴を含まない場合，これを単連結成分と呼び，穴を一つでも含む場合，多重連結成分と呼ぶ．

(3) 輪郭線（境界線）

2 値画像の図形領域は，背景に接する境界点と背景に接していない内部点の連結成分からなる．図形領域の例を図 6.5 に示す．図中，図形領域は色を塗って黒画素として表現している．

黒画素に関して 4 連結でみた場合には，8 近傍に白画素がないのが内部点であり，8 近傍に少なくとも一つの白画素があるのが境界点である．一方，8 連結でみた場合には，4 近傍に白画素がないのが内部点であり，4 近傍に少なくとも一つの白画素があるのが境界点である．この境界点の集まりを輪郭線 (contour line) や境界線 (border line) と呼ぶ．図 6.5 で，輪郭線は，より濃い色の画素として表現している．ここで，図形領域に穴がある場合には，外側の輪郭線だけでなく，内側の輪郭線も考えることができる．

6.3 ラベリング

ラベリング (labeling) は，図形領域（連結成分）ごとに固有の名前（ラベル）を付ける処理である．通常，ラベリングは，同じ図形領域の画素には同一の番号を 1 から順番にラベル番号として付けていく．なお背景の画素値は 0 である．この処理によって，個々の図形領域を区別して扱うことができるようになり，図形領域ごとの特徴を調べることができる．

ラベリングのアルゴリズムは，再帰を用いる方法とルックアップテーブルを用いる方法に大別できる．

(1) 再帰を用いる方法

再帰的な呼び出しを用いたラベリングのアルゴリズムの手順を以下に説明する．

Step 1 ラスタ走査により，ラベルの付けられていない画素を見つけ注目画素とし，新しい

ラベル番号を付ける．

Step 2 注目画素に連結する画素があれば注目画素と同じラベル番号を付け，新たな注目画素とする．

Step 3 Step 2 を注目画素と連結する画素がみつからなくなるまで再帰的に繰り返す．

Step 4 画像全体の走査が終わるまで Step 1 に戻る．終われば終了する．

上記の Step 2, 3 において，注目画素と連結する画素が 4 連結か 8 連結かでラベリングの結果が変わることがある．

この方法は，例えば C 言語などのプログラミング言語で簡単に記述できるが，メモリを大量に必要とし，処理時間もかかる．

(2) ルックアップテーブルを用いる方法

ルックアップテーブル (lookup table: LUT) を用いる方法は，画像を 2 回ラスタ走査する．再帰を用いる方法に比べ，必要なメモリ量も大きくなく，処理時間も短い．

まず，1 回目の走査 (1-pass) で仮のラベルを付け，同一の連結領域内で異なる仮のラベルが付けられた場合に，それらの接続関係を LUT に記録する．次に，2 回目の走査 (2-pass) で LUT を参照して同一の連結領域内のラベルが一つになるように更新する．

以下に具体的な手順について説明する．

Step 1 ラスタ走査でラベルの付けられていない画素を注目画素として見つけ，f_0 に新しいラベル番号を与え，次の注目画素へ移る．

Step 2 図 6.6 の f_i（4 連結なら f_1, f_2，8 連結なら $f_1 \sim f_4$）のすべてが 0（背景画素）のとき，f_0 に新しいラベルを与える．0 以外に 1 種類のラベル番号がついている場合は，f_0 に同じラベル番号を与える．2 種類以上のラベル番号がついている場合は，その中で最も小さいラベル番号を f_0 に与え，これらが同じ連結成分であることを LUT に記録しておく．次の注目画素に移る．

Step 3 Step 2 を繰り返し (1-pass)，最後まで走査が終わったら，LUT において同一連結領域として統合されて未使用になるラベル番号を除去し，空き番号にならないように番号をつめて更新する．

Step 4 左上から 2 回目の走査を行い，LUT を参照して一つの連結成分に同一のラベルとなるようにラベル番号を付け直す (2-pass)．

(a) 4 連結   (b) 8 連結

注目画素へ

図 6.6 ラベリングで用いる近傍

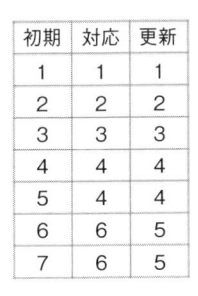

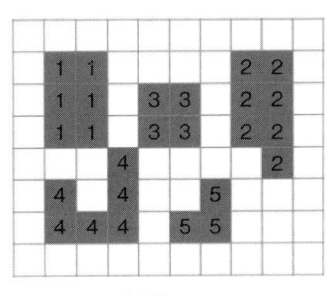

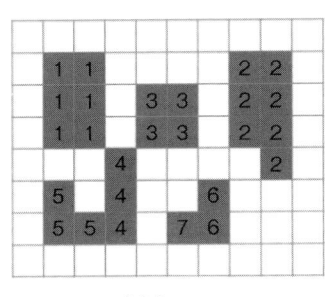

図 6.7 ラベリング（4 連結）

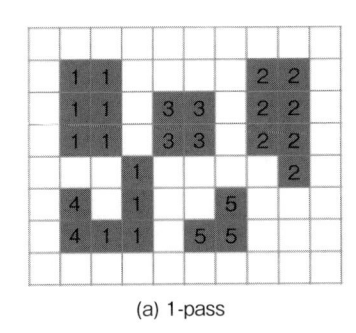

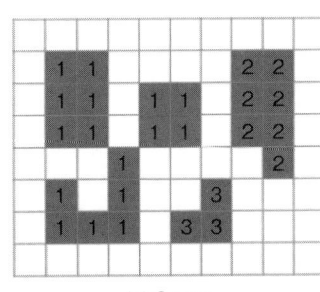

図 6.8 ラベリング（8 連結）

図 6.7, 6.8 にそれぞれ 4 連結成分，8 連結成分に関してのラベリング例を示す．なお，実際のプログラミングでは，作業用に上下左右に 1 ラインずつ増やした画像メモリ（端は画素値 0 で初期化）を用いるとよい．後述する輪郭線追跡などでも同様である．

6.4 輪郭線追跡

輪郭線追跡 (contour tracking)，または境界線追跡 (border following) とは，前述した輪郭線（境界線）を抽出する処理である．ここでは黒画素（画素値 1）の連結領域の輪郭線を抽出するものとする．

さらに，輪郭線追跡した結果を記述するために，チェーン符号がよく用いられるので，チェーン符号化についても説明する．

(1) 輪郭線追跡

具体的な輪郭線追跡の手順について説明する．

Step 1 ラスタ走査で輪郭線となっていない黒画素を見つけ，輪郭線追跡の開始点として選び，注目画素（境界点）とする．ここで，開始点の左隣りは白画素である．また，開始点がみつからなければ終了する．

Step 2 図 6.9 のように注目点の近傍を反時計回りに探索し，背景画素（具体的には前の境

(a) 4連結

(b) 8連結

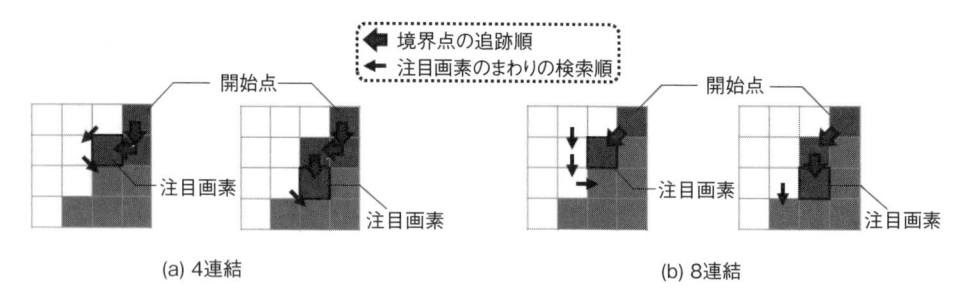

図 **6.9** 次の境界点の検索

(a) 4連結

(b) 8連結

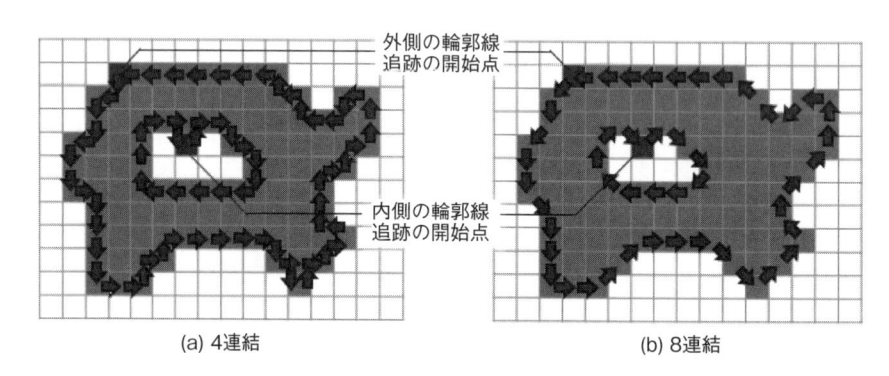

図 **6.10** 輪郭線追跡

(a) 2値画像

(b) 輪郭線

図 **6.11** 輪郭線追跡の例

界点からの方向から反時計まわりに二つ目の位置にある背景画素）から始めて黒画素に変わったときの黒画素を次の注目画素（境界点）とする．ただし，孤立点の場合は，Step 1 に戻る．

Step 3 Step 2 を繰り返し，注目画素が開始点となったときに Step 1 に戻る．

図 6.10 に輪郭線追跡（矢印）の例を示す．外側の輪郭線は，反時計回りに追跡され，内側の輪郭線は時計回りに追跡される．

図 6.11 に，輪郭線追跡の例を示す．ただし，(a) の 2 値画像では画素値 1 を白画素，(b) では輪郭線を白画素で描画している．

(2) チェーン符号化

チェーン符号化 (chain coding) は，画素の並びを，座標ではなく，図 6.12 に示すような方

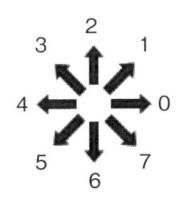

図 6.12 チェーン符号

向コードで表現したチェーン符号 (chain code) を用いて記述することをいう．

チェーン符号で，図6.10(b) の外側の輪郭線を次のように記述できる．

開始点の座標 $(3, 1)$
チェーン符号：$5\ 6\ 5\ 6\ 6\ 7\ 6\ 6\ 0\ 0\ 1\ 1\ 0\ 0\ 0\ 7\ 7\ 1\ 1\ \ldots$

チェーン符号は，境界点の座標の並びで記述するよりデータ量が少なくてすみ，始点の位置を変えるだけで，図形全体が移動できる．また，輪郭線の隣り合う境界点の方向を表しているため，図形の形状の傾向を調べることができる．

上記のチェーン符号は，符号0を右方向に固定して基準としているため，絶対チェーン符号ともいう．一方，前の境界点からの方向を基準として，図6.12の方向0をあてはめて，相対的な方向コードを記述する相対チェーン符号がある．相対チェーン符号では，図6.10(b) の外側の輪郭線を次のように記述できる．

相対チェーン符号：$5\ 1\ 7\ 1\ 0\ 1\ 7\ 0\ 0\ 2\ 0\ 1\ 0\ 7\ 0\ 0\ 7\ 0\ 2\ 0\ \ldots$

相対チェーン符号は，図形の回転に不変となる．ここで，チェーン符号は，0～8の3ビットであり，2進表記すると，絶対チェーン符号は，次のように0,1の並びに書き直せる．

絶対チェーン符号：101 110 101 110 110 111 $\ldots$

そのため，11.4節で説明されるハフマン符号化などとあわせて使うことによって，より高い圧縮効果が期待できる．

6.5 2値画像の特徴量

2値画像における図形領域（4連結成分，8連結成分）に関しての特徴を数値化した特徴量を挙げる．一般に，ラベリングによって図形領域を区別してから，各領域ごとに特徴量を求める．

(1) 面積・長さ

図形領域の面積は，その領域に含まれる画素数である．長さに関しては，まず，2画素間の距離（長さ）を表す尺度を定義する．2画素の座標をそれぞれ (x_1, y_1), (x_2, y_2) とし，以下のように定義する．

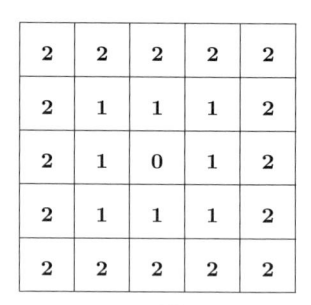

$\sqrt{8}$	$\sqrt{5}$	2	$\sqrt{5}$	$\sqrt{8}$		4	3	2	3	4		2	2	2	2	2
$\sqrt{5}$	$\sqrt{2}$	1	$\sqrt{2}$	$\sqrt{5}$		3	2	1	2	3		2	1	1	1	2
2	1	0	1	2		2	1	0	1	2		2	1	0	1	2
$\sqrt{5}$	$\sqrt{2}$	1	$\sqrt{2}$	$\sqrt{5}$		3	2	1	2	3		2	1	1	1	2
$\sqrt{8}$	$\sqrt{5}$	2	$\sqrt{5}$	$\sqrt{8}$		4	3	2	3	4		2	2	2	2	2
(a) ユークリッド距離						(b) 4 近傍距離						(c) 8 近傍距離				

図 6.13　中心画素からの距離

- **ユークリッド距離**　ユークリッド空間における実際の 2 点間の距離である．

  $\sqrt{(x_2 - x_1)^2 + (y_2 - y_1)^2}$

- **4 近傍距離（市街地距離，マンハッタン距離）**　一方の画素から上下左右方向の画素への移動を繰り返してもう一方の画素へ到達するための最小回数である．

  $|x_2 - x_1| + |y_2 - y_1|$

- **8 近傍距離（チェス盤距離，チェビシェフ距離）**　一方の画素から上下左右斜め方向の画素への移動を繰り返してもう一方の画素へ到達するための最小回数である．

  $\max(|x_2 - x_1|, |y_2 - y_1|)$

ここで，$\max()$ は，引数の二つの数値のうち大きい値を返す関数とする．

図 6.13 に中心画素からの距離の例を示す．

(2)　周囲長・円形度・複雑度

周囲長とは，図形の周囲の長さであり，輪郭線である境界点の数として与えられる．ただし，8 連結でみた場合には，斜めに連結している画素間の距離を $\sqrt{2}$ 倍にする．

輪郭線追跡における上下左右方向への矢印の個数を n_1，斜め方向の矢印の個数を n_2 とおくと，周囲長 l は，式 (6.9) のようになる．

$$l = n_1 + \sqrt{2}\, n_2 \tag{6.9}$$

ただし，4 連結でみた場合には，$n_2 = 0$ となる．

図形の形状の特徴を表すものとして，円形度と複雑度が挙げらる．両方とも円に近いかどうかを異なる観点から表している．そこでまず円について考えてみると，円の半径を r とすると，面積は πr^2，円周の長さ（周囲長）は $2\pi r$ となる．このとき円の（周囲長）^{2} は面積の 4π 倍となっている．次に，図形領域の面積を S，周囲長を l として，この円の面積と周囲長の関係にあてはめることによって，円形度 f を式 (6.10) のように定義する．

$$f = 4\pi \frac{S}{l^2} \tag{6.10}$$

また，複雑度 e を式 (6.11) のように定義する．

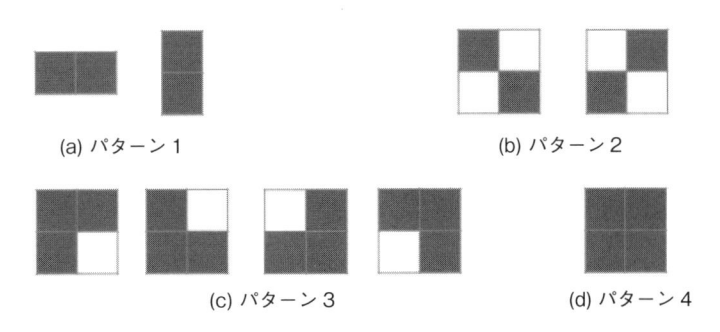

図 6.14 オイラー数の導出に用いるパターン

$$e = \frac{l^2}{S} \tag{6.11}$$

円形度は，図形が円に近いほど 1 に近づき，扁平になるほど小さくなる．複雑度は，円に近いほど 4π に近づき，輪郭線が複雑になるほど大きくなる．なお，図形領域に穴がある場合には，面積は穴の面積も含める必要がある．

(3) オイラー数（示性数）

オイラー数 (Euler number) は，位相幾何学的に図形の位相の変化に対する不変量としての性質をもち，図形や文字の大局的な識別に使われる．示性数 (genus) ともいう．オイラー数は，式 (6.12) のように定義される．

$$(オイラー数) = (連結成分の数) - (穴の数) \tag{6.12}$$

連結成分の数や穴の数は，ラベリングなどによって調べなくとも，図 6.14 に示すように高々 2×2 のパターンの数を調べるだけで，比較的簡単に求めることができる．

図形領域の画素の全個数を S，図 6.14 のパターン $i\,(i=1\sim4)$ の各個数を S_i とすると，式 (6.13) によって計算できる．

$$\left.\begin{aligned} E_4 &= S - S_1 + S_4 \\ E_8 &= S - S_1 - S_2 + S_3 - S_4 \end{aligned}\right\} \tag{6.13}$$

ただし，E_4 は 4 連結でのオイラー数，E_8 は 8 連結でのオイラー数である．

(4) 連結数

連結数は，図形領域について輪郭線追跡をしたとき，ある画素（注目画素）を通過する回数のことである．4 連結，8 連結ともに $0\sim4$ の値となる．

4 連結の場合の連結数 N_4 と 8 連結の場合の連結数 N_8 は式 (6.14) で表現される．

$$\left.\begin{aligned} N_4 &= \sum_{k=1,3,5,7} (f_k - f_k f_{k+1} f_{k+2}) \\ N_8 &= \sum_{k=1,3,5,7} (\bar{f}_k - \bar{f}_k \bar{f}_{k+1} \bar{f}_{k+2}) \end{aligned}\right\} \tag{6.14}$$

f_4	f_3	f_2
f_5	f_0	f_1
f_6	f_7	f_8

図 **6.15** 連結数に使う画素値

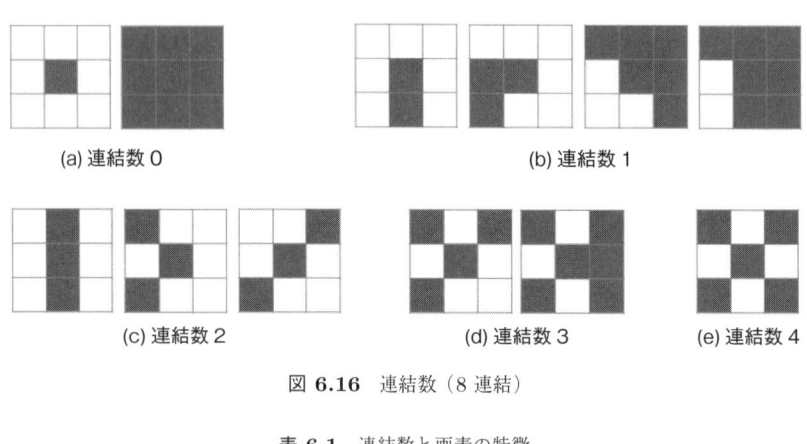

(a) 連結数 0　　(b) 連結数 1

(c) 連結数 2　　(d) 連結数 3　　(e) 連結数 4

図 **6.16** 連結数（8連結）

表 **6.1** 連結数と画素の特徴

連結数	注目画素
0	孤立点または内部点
1	端点または境界点
2	連結点
3	分岐点
4	交差点

ここで，画素値 $f_0 \sim f_8$ ($f_9 = f_1$, $\bar{f}_k = 1 - f_k$, $f_0 = 1$) は図 6.15 の通りであり，f_0 は注目画素の画素値である．

連結数は，f_0 を 0 に置き換えたときのオイラー数の変化分に 1 を加えた値にもなっている．また，連結数によって，表 6.1 のような特徴をもつ点として分類できる．

(5) 消去可能

ある画素を消去した場合に画像全体の連結性が変化しないなら，その画素は消去可能であるという．連結性が変化しないとは，その画素を消去したときに，連結成分が分離したり，結合したりすることや，穴が消滅したり，生成したりすることが起きないことを意味する．前述の連結数が 1 の場合，その注目画素は消去可能である．

6.6 モルフォロジー演算

モルフォロジー演算 (morphological operation) は，簡単に言うと画像中の対象図形の形状を変化させる処理であり，2値画像や濃淡画像に対して構造要素（構造化要素）を適用して近

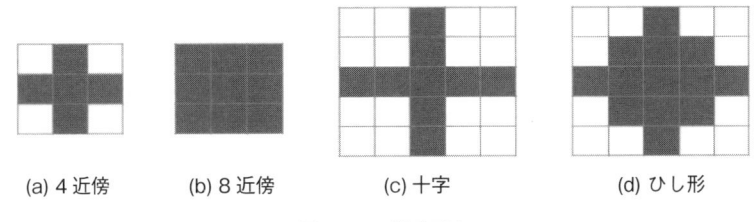

(a) 4近傍   (b) 8近傍   (c) 十字   (d) ひし形

図 **6.17** 構造要素

傍に関して集合算を行い，近傍の形を決める．構造要素は，任意の形状とサイズをもつ 0 と 1 のみで構成される行列で作られ，中心を原点と呼ぶ．図 6.17 に構造要素の例を示す．色が塗られているところが形状を表し，0 または 1 を与える．(a), (b) は単純な 3×3 のサイズであるが，(c), (d) のように 5×5 のようにサイズを大きくし，その形状も (c) では十字，(d) ではひし形となっている．このようにさらにサイズを大きくしたり，任意の形状を指定できる．

ここでは，2 値画像を対象とし，3×3 の構造要素を適用する基本的な処理について以下で説明する．

(1) 膨張・収縮

膨張 (expansion) は，拡張 (dilation) ともいい，注目画素あるいはその近傍の画素のいずれかが画素値 1 となる場合，注目画素の画素値を 1 とする．

収縮 (contraction) は，浸食 (erosion) ともいい，注目画素あるいはその近傍の画素のいずれかが画素値 0 となる場合，注目画素の画素値を 0 とする．

構造要素は，図 6.17(a), (b) に示したように，原点および原点の 4 近傍か 8 近傍で構成し，膨張なら 0 を，収縮なら 1 を設定する．この近傍において，膨張は 2 値画像と構造要素とのミンコフスキー和（論理和）と呼ばれる集合和で定義され，図形（連結領域）を均一に拡大させる演算になる．収縮は 2 値画像と構造要素とのミンコフスキー差（論理積）と呼ばれる集合差で定義され，図形（連結領域）を均一に縮小させる演算になる．

通常，膨張と収縮は，同じ回数ずつ行い，結果の図形の大きさが元の図形の大きさから大きく変化しないようにする．図形に小さな穴があるような場合は，膨張を先に行うことで穴埋めし，収縮を行う．図形以外に小さな領域があるような場合は，収縮を先に行い小さな領域を除去してから，膨張を行う．図 6.18 に膨張・収縮，収縮・膨張の例を示す．図では，図形を画素値 1（白画素），背景を画素値 0（黒画素）として描画している．なお，(a-1) では文字列にノイズとして黒い線を重畳し，(b-1) では背景に細かい白のテクスチャを加えている．(a-3) では黒い線が白で埋められ，(b-3) では白のテクスチャを取り除いた文字列が得られている．

ちなみに，濃淡画像では，注目画素の画素値を，膨張では近傍の最大値，収縮では最小値で置き換えることから，それぞれ最大値フィルタ，最小値フィルタと呼ばれる．

(2) オープニング・クロージング

オープニング（開放，開口）は，収縮を n 回繰り返したあと，膨張を n 回繰り返す処理であ

(a-1) 2値画像

(b-1) 輪郭線

(a-2) 膨張

(b-2) 収縮

(a-3) 膨張・収縮

(b-3) 収縮・膨張

図 6.18　膨張・収縮の例

る．この演算により，小さなとげや単一画素のスパイク雑音のような対象外のものを取り除く効果があり，対象の輪郭が滑らかになる．

クロージング（閉鎖，閉口）は，膨張を n 回繰り返したあと，収縮を n 回繰り返す処理である．この演算により，小さい穴やギャップのような対象内のものを埋める効果があり，対象の輪郭が滑らかになる．

6.7 骨格化

骨格化 (skeletonization) には，まず，図形領域のそれぞれの画素について，背景からの最小距離を求め，それを画素値とする距離変換 (distance transformation) を行う．得られる画像を距離画像という．次に，距離画像の図形領域において，画素値が極大（近傍で最大）となる画素だけを抽出する．抽出された画素を骨格 (skeleton) という．ただし，距離変換で用いる距離の定義や近傍のとり方によって，結果が変わってくる．一般的に，距離には，計算の簡単な4近傍距離や8近傍距離が用いられる．

図 6.19 および図 6.20 に，4近傍距離を用いた距離変換と4近傍についての骨格化の例を示す．図 6.19(a) の図形領域（黒画素）での各画素の数字は背景からの距離を表し，(b) の黒画素のままの画素が骨格になる．図 6.20(a) の2値画像は図形領域を白画素（画素値1），背景を黒画素（画素値0）とし，(b) の距離画像は，最大値が 255（白画素）になるように 8 bit の濃淡画像として描画している．(c) の骨格は，2値化し，骨格を白画素で描画している．

骨格化の特徴は，以下のようなものが挙げられる．

- 元の図形の中心付近に位置する線や点となる．

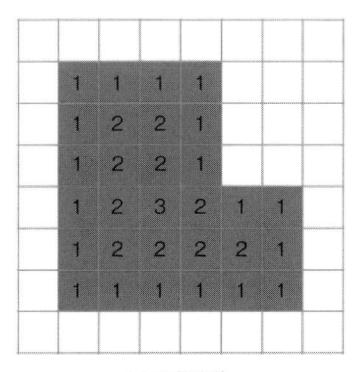

(a) 距離変換

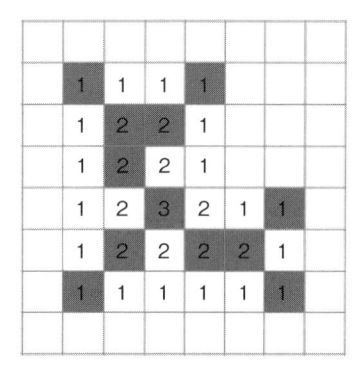

(b) 骨格

図 6.19 骨格化

(a) 2 値画像

(b) 距離画像

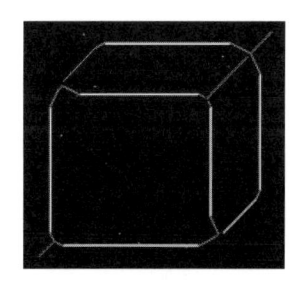

(c) 骨格

図 6.20 骨格化の例

- 元の図形の形状を反映したものとなる．
- 元の図形の復元ができる．
- 連結性は保持されない．
- 線の太さが 1 になるとは限らない．

こうしたことから，図形の形状特徴や重なり合った図形の分離などに用いられたり，画像の圧縮に利用される．

6.8 細線化

細線化 (thinning) は，連結領域を途切れることなく線幅 1 の図形に変換する処理である．連結性での表 6.1 で分類した孤立点や端点，連結点などで，線が消えたり，長さが短くなったり，途切れたりするものは削れない．

細線化の代表的なアルゴリズムとして Hilditch の方法を挙げる．Hilditch の方法では，次の六つの条件を満たす画素を順番に削除し，削除する画素がなくなれば終了となる．

条件 1 図形の一部である．

図形領域内の画素を処理の対象とする．

条件2 輪郭線上の画素である．

細線化のために削除する画素は，輪郭線上の境界点から削除する．

条件3 端点を保存する．

細線化によって，線分が短くならないようにする．

条件4 孤立点を保存する．

孤立点は削除しないようにする．

条件5 連結性を保存する．

連結性を損なわないように消去可能な画素を削除する．

条件6 線幅が2のとき片方を除去する．

連結性を損なわなければ片方の画素を削除する．

以上の条件を満たす画素を図形領域からすべて削除する．そして，この処理を削除対象の画素がなくなるまで繰り返す．

細線化の特徴は，以下のようなものが挙げられる．

- 元の図形の中心付近に位置する線や点となる．
- 元の図形の形状を反映したものとなる．
- 元の図形の復元ができるとは限らない．
- 連結性は保持される．
- 線の太さが1になる．

図 6.21 に，8連結での細線化の例と比較のために8連結での輪郭線と8近傍距離を用いた骨格化の例を示す．

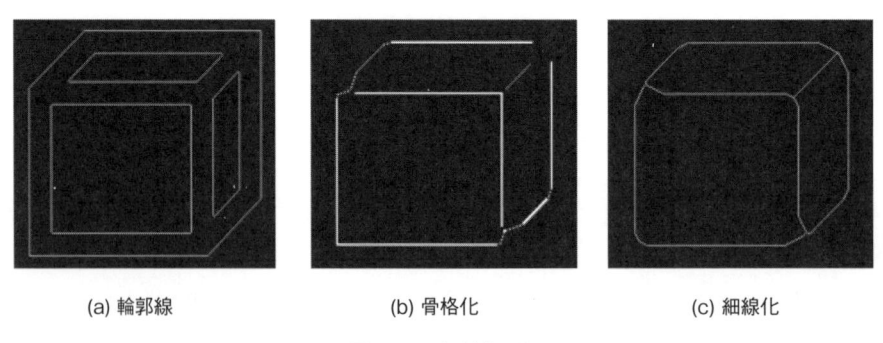

(a) 輪郭線　　　　(b) 骨格化　　　　(c) 細線化

図 **6.21**　細線化の例

> **演習問題**
>
> 設問1 式 (6.5) を式 (6.4) に代入することによって，式 (6.7) を導け．
>
> 設問2 図 6.10(b) の外側の輪郭線について，本文中のチェーン符号，相対チェーン符号をそれぞれ完成させよ．
>
> 設問3 図 6.10(a)，(b) に関して，外側の輪郭線の長さ（周囲長）をそれぞれ求めよ．
>
> 設問4 図 6.4(b)，(c) に関して，式 (6.12)，(6.13) でオイラー数を求め，それぞれ一致することを確認せよ．

参考文献

[1] 末松良一，山田宏尚：『画像処理工学』コロナ社 (2000)

[2] 田村秀行 編著：『コンピュータ画像処理』オーム社 (2002)

[3] 井上誠喜，八木伸行ほか：『C 言語で学ぶ実践画像処理』オーム社 (2008)

[4] 藤岡弘，中前幸治：『画像処理の基礎』昭晃堂 (2002)

[5] 昌達慶仁：『詳解 画像処理プログラミング』ソフトバンククリエイティブ (2008)

第7章
特徴抽出

□ 学習のポイント

　画像解析 (Image Analysis) は，画像中に描出されている対象物の特徴 (Feature) を抽出したり，画像の構造を把握したりすることである．画像上のある領域における特徴とは，ほかとは異なる点である．そこで，ここでは画像における基本的な特徴を記述する方法とその抽出 (Extraction) の仕方について述べる．エッジによって分割される画像の領域が互いにどのように異なっているかが把握できて数学的に記述できれば，逆にその特徴がどこにあるか探すこともできる．これは画像認識として次章で取り扱う．

- 画像の特徴が急激に変化する部分はエッジ (Edge) を形成する．最初にそのエッジを探す手法について理解する．
- エッジの抽出を記述する方法として，空間フィルタについて理解する．
- 次に特徴点の抽出とハフ変換の方法について理解する．

□ キーワード

　エッジ抽出，空間フィルタ，ガウシアンフィルタ，ラプラシアンフィルタ，LoG フィルタ，コーナー検出，SIFT 特徴量，ハフ変換

7.1 エッジ抽出

　画像には，同じ特徴を有する部分が広がっている領域 (Region) と領域同士が隣り合う部分に形成されるエッジが存在する．それが対象物と背景の境界に形成されていれば輪郭 (Contour) とも呼ばれる．エッジは画像の濃度値が大きく変化するところに形成される．エッジを見つけることは，画像の特徴を記述する基本的な方法である．

7.1.1　1次微分

　画像上の濃度の変化点を取り出す方法には，微分処理がある．画像を x（横）- y（縦）平面上に広がる座標点 (x, y) の集合とすれば，x 軸方向の微分と y 軸方向の微分がある．これを別々に用いることもあれば一緒に利用することもある．

　連続量によって微分を記述する場合は，座標点 (x, y) における濃度値を $f(x, y)$ とすると，

$$x\text{ 軸方向の微分}:\frac{\partial f(x,y)}{\partial x} \quad y\text{ 軸方向の微分}:\frac{\partial f(x,y)}{\partial y}$$

で表される．しかし，デジタル画像は，一定の大きさをもつ画素から成り立っているので，離散的に濃度値が存在している．したがって，次のように画素ごとの演算となる．厳密に言えば，微分というより差分ということになる．

$$x\text{ 軸方向の微分}:\Delta_x f(i,j) = f(i+1,j) - f(i,j)$$
$$y\text{ 軸方向の微分}:\Delta_y f(i,j) = f(i,j+1) - f(i,j)$$
$$\text{その両方}:\sqrt{\Delta_x f(i,j)^2 + \Delta_y f(i,j)^2} = \sqrt{\{f(i+1,j)-f(i,j)\}^2 + \{f(i,j+1)-f(i,j)\}^2}$$
$$\text{近似式は，}|f(i+1,j) - f(i,j)| + |f(i,j+1) - f(i,j)|$$
$$\text{または}\quad \text{maximum}\,\{|f(i+1,j) - f(i,j)|, |f(i,j+1) - f(i,j)|\}$$

x 軸方向の微分では画像上で縦方向に，y 軸方向の微分では横方向に現れる濃度変化，すなわちエッジを抽出することができる．

画像は 2 次元なものであるので，勾配 (Gradient) という表現も使われる．勾配 $\nabla f(x,y)$ は，x 軸と y 軸のような互いに直交する 2 方向の 1 次偏微分と単位ベクトル (u_x, u_y) で計算できる．

$$\nabla f(x,y) = \frac{\partial f(x,y)}{\partial x}u_x + \frac{\partial f(x,y)}{\partial y}u_y$$

勾配の大きさは $\nabla f(x,y)$ の絶対値，二つの 1 次偏微分の自乗の和の平方根で表すことができ，エッジの強さになる．勾配の方向は二つの 1 次偏微分の比のアークタンジェント (Arctangent) で表すことができ，エッジの方向と直交する．

このような 1 次微分フィルタをかけると，濃度の変化するところ，すなわち濃度勾配があるところで微分値を大きくすることができる．しかしながら，画像には広い範囲に濃度勾配がある場合もある．たとえば，撮像の際の光の当たり方に不均一さがある場合である．このような場合には，1 次微分の値も勾配の大きさもすべての画素で大きく出てしまうことになる．

7.1.2　2 次微分

画像上の濃度の 2 次の変化点を抽出するのが 2 次微分である．一様な濃度変化がある領域では 1 次微分では一定値になるが 2 次微分ではゼロになる．したがって，その影響のないエッジが抽出できる．x 軸と y 軸の両方向の 2 次微分は次のようになる．

$$\begin{aligned}\Delta f(x,y) &= \nabla_x^2 f(x,y) + \nabla_y^2 f(x,y) \\ &= [\{f(i+1,j) - f(i,j)\} - \{f(i,j) - f(i-1,j)\}] \\ &\quad + [\{f(i,j+1) - f(i,j)\} - \{f(i,j)\quad f(i,j-1)\}] \\ &= f(i+1,j) + f(i-1,j) + f(i,j+1) + f(i,j-1) - 4f(i,j)\end{aligned}$$

7.1.3 空間フィルタによる記述

(1) 1次微分・2次微分

x軸方向の微分とy軸方向の微分をもう一度見てみよう．画像を座標点(x,y)における濃度値を$f(x,y)$とするような二次元平面の点（画素）の集合とすると，

$$x\text{軸方向の微分}：\Delta_x f(i,j) = f(i+1,j) - f(i,j)$$
$$y\text{軸方向の微分}：\Delta_y f(i,j) = f(i,j+1) - f(i,j)$$

は，図7.1のように，1行2列のマトリックス (Matrix) と2行1列のマトリックスで表される1次微分フィルタとなる．ピクセルマトリックスは1×2または2×1である．左はx軸（横軸）方向の微分で，右はy軸（縦軸）方向の微分である．

これは，微分フィルタと呼ぶ空間フィルタ (Spatial Filter) である．マトリックスやフィルタ以外にも，オペレータ (Operator)，ローカルオペレータ (Local Operator)，デジタルフィルタ (Digital Filter) という言い方もある．この微分フィルタを画像というマトリックスに重ね合わせて積和をとる演算をすると，エッジが抽出された画像が得られる．

同じように，2次微分を空間フィルタで表すと図7.2の左のようになる．これは一般には，ラプラシアンフィルタ／オペレータ (Laplacian Filter/Operator) と呼ばれる．ピクセルマトリックスは3×3である．このラプラシアンフィルタは4近傍の空間フィルタであるが，中央を4，近傍4か所を-1にしてもよい．8近傍に拡張すると図7.2の右のようになる．中央を8，近傍8か所を1にしてもよい．

図7.3は，2次微分である4近傍によるラプラシアンフィルタによるエッジ検出の例（白鳥，北海道弟子屈町の屈斜路湖畔・砂湯にて）である．上段左側の原画像に対して，ラプラシアンフィルタによるエッジ検出を行った結果が右である．なお，グレイスケール（濃淡）反転を行っている．描出対象である物体（白鳥）の輪郭が抽出されている．下段左側の画像は原画像にガウシアンノイズを加えている．ノイズが加わると物体の把握がやや難しい．

図7.4に示すマトリックスは，ラプラシアンフィルタによるオーバーシュートとアンダーシュートである．左側の6×6のマトリックスは，ステップエッジと呼ぶエッジを示している．濃度が1から0へ急に変化することを示している．これにラプラシアンフィルタ（図7.2の左）を作用させたとき，右側のマトリックスが得られる．2と-1と言う数字が見えるが，濃度の差は1から3に広がっている．これをオーバーシュート（1より大きい2になること）とアンダーシュート（0より小さい-1になること）と呼ぶ．エッジでは，濃度値の高いところはより高く，低いところはより低くなることを示している．この二つのピークの間にはラプラシ

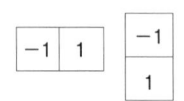

図 7.1 1次微分フィルタ

図 7.2 ラプラシアンフィルタ

図 **7.3** 2 次微分によるエッジ検出の例

0	0	0	0	0	0
1	1	1	0	0	0
1	1	1	0	0	0
1	1	1	0	0	0
1	1	1	0	0	0
1	1	1	0	0	0

−1	−1	−1	0	0	0
1	1	2	−1	0	0
0	0	1	−1	0	0
0	0	1	−1	0	0
0	0	1	−1	0	0
0	1	1	−1	0	0

図 **7.4** ラプラシアンフィルタによるオーバーシュートとアンダーシュート

アン値が 0 になるところ（勾配の極大）があり，そこをエッジの位置とする．これをゼロクロッシング（交差）という．

(2) Prewitt と Sobel のオペレータ

1 次微分フィルタは濃度の変化する画素の部分，2 次微分フィルタは濃度の変化が変化する部分を抽出することになるが，元々の画像にノイズが入っている場合には，そのノイズもエッジとして強調してしまう．そこで，ノイズがあってもエッジを上手く検出するフィルタがある．それは，近傍の画素との平均値の差を使う方法である．ここでは，まず Prewitt（プレヴィット）のオペレータと Sobel（ゾーベル）のオペレータを述べる．

Prewitt のオペレータは，隣り合う 2 画素のデータも使い 3 画素ずつをセットにして濃度の変化点を抽出するものである．x 軸方向と y 軸方向の定義は次の通りである．

$$\Delta_x f(i,j) = \{f(i+1,j-1) + f(i+1,j) + f(i+1,j+1)\}$$
$$- \{f(i-1,j-1) + f(i-1,j) + f(i-1,j+1)\}$$

図 7.5 Prewitt のオペレータ　　　　　図 7.6 Sobel のオペレータ

図 7.7 Sobel のオペレータによるエッジ検出の例

$$\Delta_y f(i,j) = \{f(i-1,j+1) + f(i,j+1) + f(i+1,j+1)\}$$
$$- \{f(i-1,j-1) + f(i,j-1) + f(i+1,j-1)\}$$

これを空間フィルタで書くと図 7.5 のようになる．ピクセルマトリックスは 3×3 である．左は x 軸方向 $\Delta_x f(i,j)$ で，右は y 軸方向 $\Delta_y f(i,j)$ である．

この変形であるが，Sobel のオペレータは中心画素に重みを付けたものである．その x 軸方向と y 軸方向の定義は次の通りである．

$$\Delta_x f(i,j) = \{f(i+1,j-1) + 2f(i+1,j) + f(i+1,j+1)\}$$
$$- \{f(i-1,j-1) + 2f(i-1,j) + f(i-1,j+1)\}$$
$$\Delta_y f(i,j) = \{f(i-1,j+1) + 2f(i,j+1) + f(i+1,j+1)\}$$
$$- \{f(i-1,j-1) + 2f(i,j-1) + f(i+1,j-1)\}$$

これを空間フィルタで書くと図 7.6 のようになる．ピクセルマトリックスは 3×3 である．左は x 軸方向 $\Delta_x f(i,j)$ で，右は y 軸方向 $\Delta_y f(i,j)$ である．空間フィルタによる表現は，このように処理の内容を簡単に表現してくれる．

図 7.7 は，Sobel のオペレータによるエッジ検出の例である．右側は原画像にガウシアンノイズを加えて処理を行っている．図 7.3 と比較してみると検出対象の物体（白鳥）のエッジ検出能が向上していることがわかる．

(3) Laplacian of Gaussian (LoG) フィルタ

画像処理研究者らは，平滑化のガウシアンフィルタと鮮鋭化・エッジ検出のラプラシアンフィルタを組み合わせた Gaussian-Laplacian filter を使ったりする．これを，LoG (Laplacian of

Gaussian) フィルタと呼ぶ．平滑化のガウシアンフィルタの強さを変化させることで，異なるエッジ強調画像を得ることができる．

実は，LoG フィルタの働きは，平滑化の度合いの異なる二つのガウシアンフィルタで処理した画像の差分で近似できる．これを，DoG (Difference of Gaussian) フィルタと呼ぶ．

(4) Robinson と Kirsch のオペレータ

Robinson（ロビンソン）と Kirsch（カーシュ）のオペレータは，画像上のおける濃度変化パターンの方向性を抽出する．隣り合う画素の値の間の微分ないし差分の操作ではなく，最適な当てはめによるエッジの位置と方向の検出法である．

これを空間フィルタとして書くと，図 7.8 のようにそれぞれ八つのマトリックスになる．ピクセルマトリックスは 3 × 3 である．八つのマトリックスを対象となる画像にあてはめて，最も出力値の大きいパターンで類似度が最大になり，その画像における濃度の変化の大きさと方向を示すことになる．

1	2	1	2	1	0	1	0	−1	0	−1	−2
0	0	0	1	0	−1	2	0	−2	1	0	−1
−1	−2	−1	0	−1	−2	1	0	−1	2	1	0
−1	−2	−1	−2	−1	0	−1	0	1	0	1	2
0	0	0	−1	0	1	−2	0	2	−1	0	1
1	2	1	0	1	2	−1	0	1	−2	−1	0

5	5	5	5	5	−3	5	−3	−3	−3	−3	−3
−3	0	−3	5	0	−3	5	0	−3	5	0	−3
−3	−3	−3	−3	−3	−3	5	−3	−3	5	5	−3
−3	−3	−3	−3	−3	−3	−3	−3	5	−3	5	5
−3	0	−3	−3	0	5	−3	0	5	−3	0	5
5	5	5	−3	5	5	−3	−3	5	−3	−3	−3

図 7.8 Robinson のオペレータ（左）と Kirsch のオペレータ（右）

7.2 特徴点抽出

エッジ検出によって画像上の異なる部分，たとえば，対象である人物・物体とその背景が分けられるが，より詳細に対象を解析するために局所的な領域で，濃度値，色，テクスチャなどの特徴量が一様となる部分を見つける方法がある．

より狭い領域で特徴点と呼ばれる点あるいは小さな領域を抽出し，特徴点同士の類似度をもとに領域を特定する方法がある．特徴点としては，SIFT (Scale-Invariant Feature Transform) 特徴量を持つもの，その改良型として SURF (Speed-up Robust Features) 特徴量を持つものが用いられる．

7.2.1 コーナー検出

コーナー (Corner) とはその周辺（局所近傍）に複数の方向に向かうエッジがある特徴点である．そのようなエッジ同士の交点である．

Harris のコーナー検出アルゴリズムとして知られているものは，ある点がコーナーであれば異なる方向を持つエッジがあり，異なる勾配があることである．x 軸方向の微分値と y 軸方向

の微分値から得られる勾配を要素とする行列に，適当なガウス分布で重みを付けた（つまり，ぼかした）あとで固有値解析をおこなって得る．ただ，計算時間の短縮のために不要なコーナーの検出は必要ないので，適当な判別関数を用いて固有値の計算をしないで済ませる．

次に，異なる画像間で検出されたコーナーという特徴点が同じものであるかどうかを考える．その場合，Harrisのコーナー検出器によって検出されたコーナーという特徴を表すベクトル量と，その点の近傍領域同士の輝度値の相互相関が高いかどうかで判定していくことになる．差の自乗和のような別の指標で判定してもよい．

7.2.2 SIFT 特徴量

SIFT 特徴量はスケール不変特徴量変換と訳し，局所的な画像の特徴を記述するディスクリプタとして有用である．SIFTは特徴点の検出と記述からなる．

特徴点の検出には，DoG (Difference of Gaussian) フィルタ関数が使われる．特徴点は，その座標とガウス関数のパラメータ σ によって決まる．この特徴点のSIFTディスクリプタというベクトル量を構成するものは，点の座標，スケール，周辺の勾配の大きさと方向で決める参照方向，および，点の周りに設定された部分領域（普通，$4 \times 4 = 16$ 領域）ごとの8方向の勾配量（計128）である．この特徴ベクトルによって，特徴点の抽出が画像のアフィン変換，すなわち，平行移動，回転，拡大・縮小に対してロバスト（robust，頑健）となる．異なる画像間で特徴点を対応付けるには，最も一致する特徴点への距離の比を使う．両画像間で双方向にこの対応付けを行うとやはりロバストなものになる．

SIFT 特徴ディスクリプタにはさまざまな代替となるもの (Alternatives) が存在する．SURF特徴量もその一つである．

7.3 ハフ変換

エッジの検出によって，物体と背景の境界となる画素が抽出できる．しかし，その方法による物体の輪郭線は，常に明瞭であるとは限らない．物体の抽出には，画素一つ一つの持つ値に注目するだけではなく，境界を形作る多くの画素による図形について注目してみる．ここでは，ハフ (Hough) 変換という方法に注目する．

7.3.1 直線の検出

ハフ変換は，直交座標系（x-y 平面）で表現された図形上の各画素の座標 (x, y) を，極座標系 (ρ, θ) で表現して図形として認識する方法である．画像の中から直線部分を検出する方向に適している方法である．

x-y 平面上の直線は，点 (x, y) を通るとすると，

$$y = a_0 x + b_0$$

と表すことができる．a_0 と b_0 は定数．この直線上に n 個の点 $(x_1, y_1), (x_2, y_2), \ldots, (x_n, y_n)$

があると仮定する．すなわち，

$$y_i = a_0 x_i + b_0 \quad (i = 1, 2, \ldots, n)$$

が成り立つ．この式を変形すると，

$$b_0 = -a_0 x_i + y_i \quad (i = 1, 2, \ldots, n)$$

ここで見方を変えて，a_0 と b_0 を変数と見なして a, b と表すと，

$$b = -x_i a + y_i \quad (i = 1, 2, \ldots, n)$$

となり，これは a-b 平面上の直線の式と見なすことができる．

本来 a_0 と b_0 は定数であるから，$i = 1, 2, \ldots, n$ のすべての直線（n 本）は座標点 (a_0, b_0) を通るはずである．しかし，図7.9の左（データと仮定した直線 $y = a_0 x + b_0$）のように，画像上での計測誤差などの影響で必ずしも点 (a_0, b_0) を通らない．そこで同図中央のように，n 本の直線を a-b 平面上に描いて最も多くの直線が通った点を (a_0, b_0) とする．この操作を投票といい，a-b 平面をパラメータ空間という．a と b は本来直線のパラメータとして定数であるが，それを変数として扱った空間である．

点 $(x_1, y_1), (x_2, y_2), \ldots, (x_n, y_n)$ がすべて直線 $y = a_0 x + b_0$ 上にあって，

$$y_1 = a_0 x_1 + b_0, \quad y_2 = a_0 x_2 + b_0, \ldots, \quad y_n = a_0 x_n + b_0$$

を満たすことは通常はないので，図7.9の中央のように，

$$b = -x_1 a + y_1, \quad b = -x_2 a + y_2, \ldots, \quad b = -x_n a + y_n$$

の直線群を描いている．

しかしながら，$y = a_0 x + b_0$ では，$a_0 \neq 0$ なので，x 軸に垂直な直線を扱うことができない．そこで，極座標表示 (ρ, θ) を使う．

x-y 平面上の直線は，点 (x, y) を通るとすると，

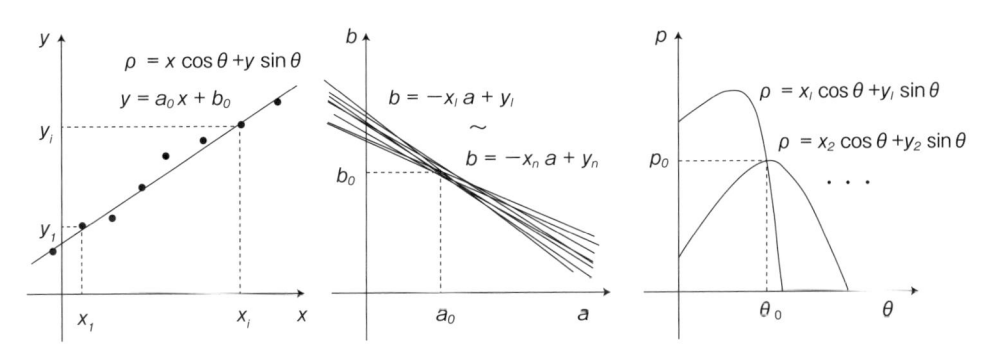

図 7.9 ハフ変換による直線の検出

ρ：原点から直線へおろした垂線の長さ

θ：垂線と x 軸のなす角度

とすると，三平方の定理 $\rho^2 = x^2 + y^2$ という関係から，$\rho = x \times (x/\rho) + y \times (y/\rho)$ となって，

$$\rho = x \cos\theta + y \sin\theta$$

と表される．つまり，極座標変換によって，x-y 平面上の点 (x, y) を通る1本の直線に ρ-θ 面の1点 (ρ, θ) が対応する．

つまり，座標点 (a_0, b_0) を通る直線 $y = a_0 x + b_0$ の代わりに，

$$\rho_0 = x \cos\theta_0 + y \sin\theta_0$$

を用いる．図 7.9 の右が，パラメータ空間 a-b 平面上での (a_0, b_0) を決定しようとしている例である．

7.3.2 円の検出

円の方程式は，

$$(x - a)^2 + (y - b)^2 = r^2$$

で表される．

点 (x_1, y_1) が，この円の上にあるとすると，

$$(x_1 - a)^2 + (y_1 - b)^2 = r^2$$

となる．これを，

$$(a - x_1)^2 + (b - y_1)^2 = r^2$$

と見なすと，a-b 平面と r からなるパラメータ空間上の方程式となる．今，r を一定と考えてみると，r が0より大きいならば，a-b 平面に平行な平面上の円となる．$r = 0$ の場合は，a-b 平面内の1点 $(a, b) = (x_1, y_1)$ となる．したがって，a-b 平面と r からなるパラメータ空間上では，$(a, b, r) = (x_1, y_1, 0)$ を頂点とする円すいとなる．

点 (x_1, y_1) 以外の点をとって考えても同様のように円すいを描くので，その中から最も確からしい (a, b, r) 値を見出す必要がある．

画像中の円の形は，ノイズがあったり，ボケたり，ゆがんだりして，きちんと描出されていない可能性がある．円と思われる輪郭を描いている点列から，このような計算によって最も確からしい円のパラメータを決定すると，その画像の中から円という図形を抽出できることになる．

「車載カメラからの画像で，信号機の青，黄，赤の点灯を検出する」，「同じく，駐車禁止などの丸い道路標識を検出する」，「顕微鏡画像において血球細胞などの丸い細胞の数をカウントする」，「より一般的に丸い物体の数の自動カウント」などへの応用が考えられる．

演習問題

設問1 米国国立衛生研究所 (National Institute of Health) が提供するフリーソフトウエア ImageJ (http://imagej.nih.gov/ij/) をダウンロードし，任意の画像に対し Sobel フィルタによる処理を実行した結果を示せ．

設問2 Sobel のオペレータによるエッジ検出の例を図に示す．左端の画像に比べるとその隣の画像は 5 分の 1 の線量で撮影されている．諧調処理によって 2 枚の画像のコントラストは同等である．ではどのような諧調処理を行えば，これほど線量が異なるのに同等な諧調（コントラストとブライトネス）となるのか．また，そのとき，なぜノイズが高くなるのか．ノイズの強弱に対する Sobel のオペレータの効果を考察せよ．

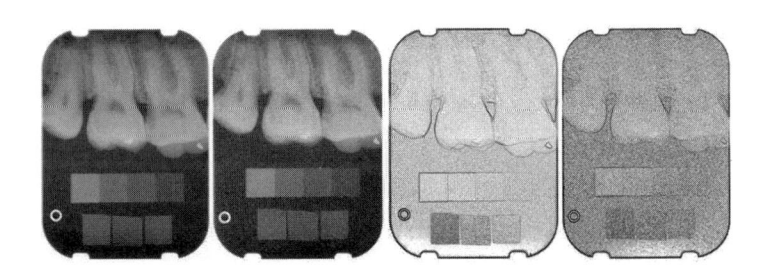

図（設問2用）：Sobel のオペレータによるエッジ検出の例である．上顎大臼歯部の歯と骨の乾燥標本を樹脂に埋め込んだ Quality Assurance のための phantom を被写体としている．左端の画像に比べるとその隣の画像は 5 分の 1 の線量で撮影しているのでノイズが高い．諧調処理によって 2 枚の画像のコントラストは同等である．右側の 2 枚の画像はそれらを Sobel のオペレータで処理してエッジ検出を行ったものである．

参考文献

[1] 塩入諭，大町真一郎:『画像情報処理工学』朝倉書店 (2011)
[2] 村上伸一:『画像処理工学 第 2 版』東京電機大学出版局 (2004)
[3] Sagawa, M., Miyoseta, Y., Hayakawa, Y. and Honda, A.: Comparison of two- and three-dimensional filtering methods to improve image quality in multiplanar reconstruction of cone-beam computed tomography. *Oral Radiology*, Vol.25, No.2, pp.154–158 (2009)
[4] Solem, J. E.（相川愛三 訳）:『実践 コンピュータビジョン』オライリー・ジャパン (2013)
[5] Lowe, D. G.: Distinctive image features from scale-invariant keypoints. *Interna-

tional Journal of Computer Vision, Vol.60, No.2, pp.91–110 (2004)

[6] 林則夫，真田茂，鈴木正行，松浦幸広：頭部 MR 画像を用いた小脳および脳幹部の自動抽出法の検討,『日本放射線技術学会雑誌』Vol.61, No.4, pp.499–505 (2005)

[7] 松田龍英，原朋也，前島謙宣，森島繁生：顔形状の制約を付加した Linear Predictors に基づく特徴点自動検出,『電子情報通信学会論文誌 D』Vol.J95-D, No.8, pp.1530–1540 (2012)

第8章
画像認識

―□ 学習のポイント ――――――――――――――――――――――――――

　画像パターン認識は，画像の中から必要なものを見つけたり，対象とする画像が何を意味するか，あるいは何を含んでいるかについて解析・判断を行ったりする処理である．顔というオブジェクトのパターン認識などは大変身近な技術になっている．さらに，顔の認識は，ただ単にその存在を検出するだけでなく，顔のパーツの検出，動きの検出，表情の分析なども行われている．そして，顔認証による個人識別の技術に発展しようとしている．

　画像パターン認識と学習は，古くからある多変量解析法という統計的処理法の応用で発展してきた．今では，とても手に負えないと考えられてきたような大量のデータによる機械学習を実現することで，検出力・識別能の向上が期待されている．

- 物体認識やその動作の認識の基本として，テンプレートマッチングについて理解する．
- 手のように動くものの3次元空間における認識について理解する．
- 書かれた文字・数字の認識ないし識別などについて理解する．

―□ キーワード ――――――――――――――――――――――――――――

　テンプレートマッチング，パターンマッチング，相関，顔認識，顔パターン認識，モーションキャプチャー，輪郭抽出，クラスタリング，動的輪郭法，SIFT 特徴量，セグメンテーション

　21世紀になるとデジタルカメラに「顔認識 (Face Recognition)」機能が付くようになった．フォーカスをどこに合わせるかという選択を可能にすることにまず利用されたかと思う．現在では，たとえば Facebook に写真をアップロードすると，顔が自動的に検出されて名前をタグ付けできるようになっていたりする．しかも，そこに写っているのが誰であるかがわかっているようなリコメンド (Recommend) も行われる．このような顔認識アルゴリズムも多様かつ高度に発展している．単に顔というものを検出するだけでなく，性別・年齢推定，笑顔などの表情解析，そして，個人識別にまで発展しようとしている．

　顔認識だけでなく，現代はより一般的にいろいろな「画像認識 (Image Recognition) 技術」が身近な時代になってきている．しかし，インターネット上で現在利用できる「テキスト（文字）検索」に比較すると「画像検索」はまだ何だかぎこちない．探したい画像を思い通りに探せるようになるのは近い将来かもしれないが，それにはどのような技術が必要だろうか．そん

なことを本章では考える．

さて，画像認識は，画像の中から必要なものを見つけたり，対象とする画像が何を意味するか，あるいは何を含んでいるかについて解析・判断を行ったりする処理であり，画像パターン認識とも呼ばれる．以下の節では，テンプレートマッチングのあと，統計的パターン認識と構造的パターン認識について述べる．

8.1 テンプレートマッチング

ある特定の 2 次元の形状（パターン，Pattern）と同じものが対象とする画像の中にあるか，あるならばどこにあるかを検出することを，パターンマッチング (Pattern Matching) という．このとき，その形状のことをテンプレート (Template) と呼ぶので，テンプレートマッチングともいう．パターンを画素単位のデータで記述した場合にテンプレートと呼ぶことが多いようである．

対象とする画像の上でテンプレートを移動しながら重ね合わせて，対象とする画像とテンプレートの間で画素の持つ濃度値で相関 (Correlation) を調べることをいう．対象とする画像とテンプレート画像の濃度値分布をそれぞれ $f(x,y)$ と $T(x,y)$ とする．相関はこの二つの濃度値分布が似ているか似ていないかを表す．その間の相関の定義には，次のようにいくつかの種類がある．

$$
\begin{array}{ll}
\text{差分絶対値の最大値} & \text{maximum}|f(x,y) - T(x,y)| \\
\text{差分絶対値の和} & \sum\sum |f(x,y) - T(x,y)| \\
\text{差分の 2 乗和} & \sum\sum \{f(x,y) - T(x,y)\}^2
\end{array}
$$

相関が高ければ両分布は類似度が高いことになり，低ければ相違度が高いことになる．

対象とする画像の上で，テンプレートをラスター走査 (Raster Scanning) のように移動させていったとき，これらの値が最小になったところを記録する．これをマッチングの位置とする．あるいは，テンプレート $T(x,y)$ のマトリックスの上で相関係数ないし正規化相互相関係数を計算して，その値が最大となるところでマッチングすると考える．

これらの計算時間には大きな違いがあると考えられるので，目的に合わせた設定が必要となる．実際には，対象となる画像の中にあってマッチングさせようとしている形状は，いろいろな位置に異なる大きさで存在していると考えられる．したがって，テンプレートの大きさ，すなわちマトリックスサイズを変更したり，スキャン開始点を変えたりして対応していく．

計算量が多くなってしまう場合には，計算を高速化する方法がある．たとえば，残差逐次検定法 (SSDA, Sequential Similarity Detection Algorithm) は，差分絶対値の和ないし差分の 2 乗和を計算する際に，その時点における最大値を超えた場合に計算を打ち切る方法である．また，粗密検索はピラミッド構造化法とも言われ，低解像度の画像にして大まかなマッチング位置を推定し，その部分だけを高解像な画像でスキャニングする方法である．

図 8.1 にテンプレートマッチングの 1 例を示す．これは web カメラから入力された動画像（毎秒 30 フレーム）で「瞬きカウンタ」を作った例である．連続的に取り込まれる各フレーム

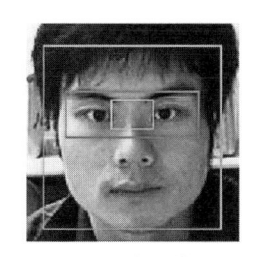

眉毛部分のテンプレート

大きなフレームは顔認識アルゴリズム
で捉えられた顔領域. その中で, 眼と
眉間の領域を推定

図 **8.1** テンプレートマッチングの 1 例（北見工業大学情報システム工学科・早川吉彦研究室提供）.

画像において顔の位置が多少変化しても，眉間（みけん）の位置をテンプレートマッチングで素早く探して，眼の位置を見失わないようにするテクニックである．動画像の最初のフレームで顔の位置を認識したあと，眼と眉間の位置を決める．そのあとの動画像において顔が少し動いてもその位置を見失わないように，眉間のテンプレートでパターンマッチングを次々と素早く行うのである．

8.2 統計的パターン認識と学習

8.2.1 顔の検出・認識

インテル社が開発して無料で提供している OpenCV ライブラリでは，対象となる画像の中にある顔という物体 (Object) を検出・認識するための Haar 分類器 (Haar-Like Classifier) を提供している．そこにあるのは，

エッジ (Edge) 特徴（4 種類）

ライン (Line) 特徴（8 種類）

センターサラウンド (Center-surround) 特徴（2 種類）

である．Haar-like 特徴量 (Haar-Like Features) の実物をここには書かないが，参考文献 (Viola P. and Jones M., 2001) には掲載されているうえ，インターネット検索でも容易に見つけることができる．設問 1 にも取り上げたので探して欲しい．これらの Haar-like 特徴量をテンプレートとし，これと類似する特徴量を含む領域とそうでない領域をテンプレートマッチングにより分類するものである．

図 8.2 は，ソーシャルネットワーク Facebook に写真を掲載したときに各人物の顔が自動認識された様子である．3 名の顔部分が自動認識され，白いスクエアフレームで表示されている．サングラスやメガネの着用は認識を邪魔しないようである．最近では，個々の人物が誰であるか，候補者が表示されることもある．ここでは個々の人物の名前を入力するかどうか，すなわち，画像の特定の領域に紐付けて，名前というテキストデータをタグ (Tag) としてここに置くかどうかが尋ねられている．このような特徴量を使ったテンプレートマッチングが使われてい

図 8.2 Facebook に写真をアップロードした際の顔認識とタグ付けの例（北見工業大学情報システム工学科・早川吉彦研究室提供）．

ると考えられる．

　Haar-Like 特徴量はそれほど多くない数で，かつ極めて単純な特徴の組み合わせからなっている．これを単にカスケード状に並べることで検出処理の高速化が図られている．このような Haar-Like 特徴量を用いるような場合を，カスケード型分類器 (Cascade Classifier) による自動画像認識と呼ぶ．

　ここで用いられる顔を検出するための Haar-Like 特徴量は，大量の学習用画像（顔の実例画像）によって作成され，かつ顔を認識できるかできないかという点で性能アップ（ブースティング，Boosting）された識別器である．学習を済ませた分類器は，新たな入力顔画像に適用され，同じオブジェクト（顔）を見つけたらそのことを出力するわけである．このように，単純な識別器もいくつかを複合させると分類器としてのオブジェクト検出機能を果たすわけであるが，そのためのブースティング技法にもいくつかの種類が知られている．

8.2.2 手の検出・認識

　次に，画像に写る手を検出・認識し，3 次元空間におけるその動きを捉えることを考える．人の体の動きを捉える Kinect（Microsoft 社），Xtion PRO LIVE（ASUS 社）あるいは Leap Motion（Leap Motion 社）は，コンピュータに対する人からの入力をタッチレスで可能にするインタフェースである．そこには，ヒトの手というオブジェクトを捉えて，位置や動きを追跡する技術がある．

　まず，顔認識と同じように手を検出・認識したい場合は，そのためのカスケードファイルと呼ばれるもの作らなくてはならない．たとえば，ジャンケンのグー，チョキ，パーの形を含めて 7000 通りほどのパターンを用意して，読み込ませて，手の特徴量とその分類方法を学習さ

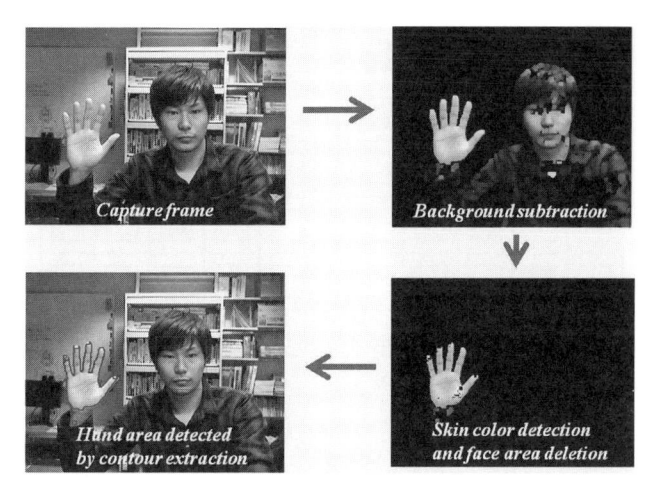

図 8.3 ジェスチャーモーションキャプチャーとしての手の検出と認識（北見工業大学情報システム工学科・早川吉彦研究室，宮中大君と千葉優輝君のデータ）．

せる．単純な特徴量は一つでは識別能は低いかもしれないが，複数を組み合わせて（つまりカスケード状に並べてというのであるが）識別能を上げるのである．そのあとのプロセスは，図8.3に示す．webカメラで撮った動画像の中から1枚の画像をキャプチャーして，そのあとの計算時間の節約のためにバックグラウンド（背景部分）を削除する．肌色検出処理で，手と顔に絞ったあとで，顔を除去する．ここで，学習で作ったカスケードファイルを使って，特徴量によるパターン認識を働かせる．最後の画像では，手の輪郭抽出が行われている．

こうして検出した手を，ヒトとマシンのタッチレスインタフェースとして活用するには，手の3次元的な位置情報が高精度で得られる必要がある．それには，手以外が検出されることを排除する処理（動的な背景差分処理，オプティカルフロー，あるいは肌色検出のパラメータの変更），さらに，ステレオキャリブレーション，距離マップの作成などの画像処理が必要である．これらの説明の多くは第9章「動画像処理」と第10章「3次元画像処理」にある．

8.3 構造的パターン認識

8.3.1 特徴ベクトルと特徴空間

手書きで書かれた文字を自動パターン認識 (Pattern Recognition) する方法を考えてみる．図8.4のように，5×5のマトリックスに黒の四角でカタカナの「ア」と「イ」を描いてみた．黒の四角を文字，白の四角をバックグラウンドとする．これは，白と黒による2色しかないように量子化された二値画像といえる．また，5×5のマトリックス上には25個の画素があると言える．「ア」と「イ」は，そのうちの8か所で色が異なり17か所は共通である．

5×5のマトリックスによる手書き文字の標本化は粗いものであるが，この二値化処理によってもパターンの数は膨大なものになる．相異なる2値化画像は，2の25乗通りとなり，33,554,432通り，約3300万のパターンが存在することになる．

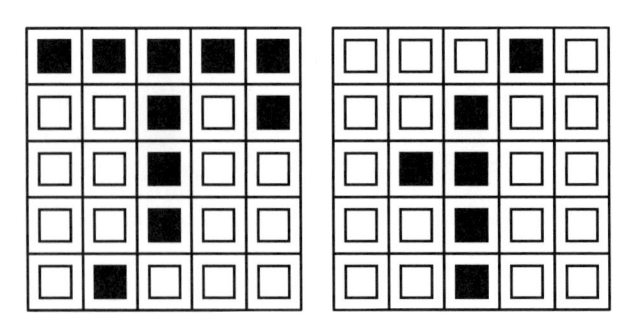

図 8.4　5 × 5 のマトリックスに黒の四角で描いてみたカタカナの「ア」と「イ」．

「ア」と認識するのが最も適切なパターンも，「イ」と認識するのが最も適切なパターンもたくさんある．カタカナは，濁音，反濁音などを除くと 48 文字存在する．したがって，すべての入力パターンを 48 通りに分けると認識ができたことになる．この 48 通りはあらかじめ定めた概念であるので，これのどれかに当てはめることをクラスタリング (Clustering) という．

この 48 文字を自動認識しようとすると，いちばん簡易には，約 3300 万のパターンを 48 文字のどれかと紐付けしておけばよい．そのような識別辞書 (Classification Dictionary) を用意し，入力画像というパターンがどれに相当するかというリファレンステーブル (Reference Table) を用意すればいい．こうすると，任意の入力画像パターンは，辞書の中のいずれかのパターンと一致するので，それに紐づけられた文字を出力することになる．もちろん，パターンの中には，どの文字とも紐付けできないようなものもあるので，リジェクトクラス (Reject Class) も 49 番目のクラスとして用意しておく．

つまり，この識別システムは，任意の入力画像パターン（約 3300 万！）を 25 次元空間内で 48 個の集団を作っている要素と照らしわせて，所属するクラスを識別するものである．これは，識別辞書さえできあがってしまえば簡単そうであるが，約 3300 万のパターンを 48 文字のどれかと紐付けする作業は大変である．

任意の入力画像パターンの一つ一つは，25 次元空間の特徴ベクトル (Feature Vector) となる．

$$\vec{x} = (x_1, x_2, \ldots, x_{25})^t$$

量子化レベル 2 の二値化画像であるので，x_i ($i = 1, 2, \ldots, 25$) は 1（画像上の黒，文字）か，0（画像上の白，背景）の値をとる．図 8.5 は，25 次元の特徴空間における入力画像パターン（特徴ベクトル）の分布である．ある特徴ベクトル $\vec{x} = (x_1, x_2, \ldots, x_{25})^t$ がクラスター cl_1 に入ることを示している．48 文字は，この特徴空間において 48 個のクラスターを形成すると考えられる．「ア」は「カ」，「マ」あるいは「フ」と，「イ」は「ノ」や「メ」と，この仮想的な空間内で近接した位置にクラスターを形成するであろうことは容易に想像できる．つまり，空間内での互いの距離が近いということである．図 8.5 は，特徴ベクトル $\vec{x} = (x_1, x_2, \ldots, x_{25})^t$ を表す点・が，クラスター cl_1 に入っていることを示している．どのクラスターにも入ってない空間がリジェクトクラスの領域である．

しかし，5 × 5 というマトリックスでは，どうも文字認識としては極めて粗い標本化である．

```
25 次元空間のベクトル
vector x on 25-dimension
$\vec{x} = (x_1, x_2, \ldots, x_{25})^t$
r : 転置 (transposition)
$\vec{x}$ : 特徴ベクトル
   (feature vector)
クラスター (cluster) :
 each set on feature space
class : $cl_1, cl_2, \ldots, cl_c$
c: a total number of
        classes = 48
```

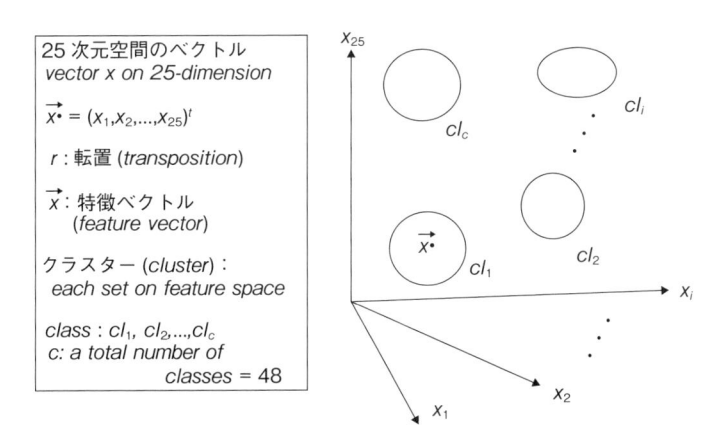

Pattern distribution in feature space domain

図 8.5　25 次元の特徴空間における入力画像パターン（特徴ベクトル）の分布.

もっとマトリックスサイズを増やさないと現実的な文字認識はできないであろう．メッシュを細かくしたり，2 値画像ではなく 4 値，8 値画像というふうに濃淡を考慮すると，識別辞書は天文学的な量になってしまい，それを用意することは困難であろう．

しかも，ここではカタカナを取り上げたが，日本語の世界だけを考えても，ひらがな，カタカナ，漢字，数字あるいは外国語文字が混在して使われているという複雑さがある．ここまで説明したマトリックス上のドットパターンだけでは識別能の向上は難しいだろう．

したがって，実際の文字認識では個々の入力画像パターンで d 次元の特徴ベクトル

$$\vec{x} = (x_1, x_2, \ldots, x_d)^t$$

を作るとしても，線の集まりで表される文字について，x_1 はその傾き，x_2 は幅，x_3 は曲率，x_4 は面積，x_5 はループの数，$\ldots$，x_d は***のような線分構造解析や幾何学的特徴解析によって得られる二値画像の特徴量を次元のパラメータにする方法が用いられる．このような線画の構造特徴量で識別が行われる．

画像の構造的特徴の解析では，既に第 6 章「2 値画像処理」で解析法を紹介している．対象となる画像からエッジや特徴点を抽出してその構造をグラフ化する．そのグラフの類似性から複数画像間での同一性の判定をする．これは構造マッチングである．線分構造解析ならば複数の線分の隣接関係，幾何学的特徴解析ならばグラフの分岐点における特徴量に注目してマッチングを行う．

8.3.2　プロトタイプと最近傍則

膨大な識別辞書は現実的には作れないかもしれない．あるいは，識別に要する時間が長くかかってしまう．そのことを解決するのが，プロトタイプ (Prototype) を決める方法である．各クラスを代表するようなパターンをプロトタイプとして記憶するのである．

図 8.6 は特徴空間における入力画像パターン（特徴ベクトル）の分布であるが，これを p 点

```
d 次元空間のベクトル
vector x on 25-dimension
$\vec{x} = (x_1, x_2, ..., x_d)^t$
  r：転置 (transposition)
  $\vec{x}$：特徴ベクトル
      (feature vector)
クラスター (cluster)：
  each set on feature space
class：$cl_1, cl_2, ..., cl_c$
c：a total number of
         classes = 48
Prototype：$p_1, p_2, ..., p_c$
```

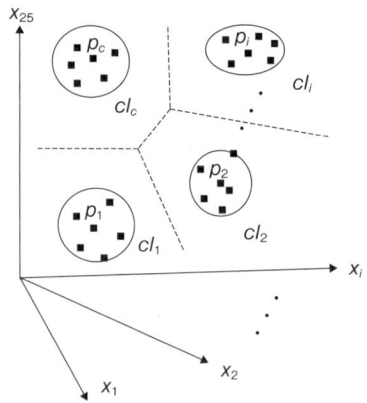

Prototype and nearest neighbor rule

図 8.6 特徴空間における入力画像パターン（特徴ベクトル）の分布．

として示した．d 次元特徴空間の特徴ベクトル $\vec{x} = (x_1, x_2, \ldots, x_d)^t$ で表される任意の入力画像パターンは，この特徴空間上でどのプロトタイプと近いかが計算される．そして，最も近い距離（最近傍, Nearest Neighbor）にあるプロトタイプが代表するクラスに所属することになる．距離の定義はユークリッド距離でよい．これは d 次元の仮想特徴空間であるが，この空間で接近しているクラスはその特徴解析の結果も似ていると考えられる．これは最近傍則 (Nearest Neighbor Rule, NN rule) という．この最近傍則を先ほどのカタカナ文字の認識に適用させると，3300 万ではなく，高々 48 文字のプロトタイプの識別辞書を作成すればよいことになる．

さて，図 8.6 にある点線は何か．これはクラス間の境界である．通常これはボロノイ分割 (Voronoi Diagram / Partition) で描く．d 次元の仮想特徴空間上で隣り合うプロトタイプ（母点）間を結ぶ直線に垂直二等分線を引き，各プロトタイプに一番近くなる領域に分割する方法である．このボロノイ分割を描くことによって，各クラスの分離状況がわかるだろう．これは各クラスターのプロトタイプをどのように設定したかによる．各クラス間の分離をよくするには，各プロトタイプをそのクラスの重心と一致させればいいわけではない．学習 (Learning) によって識別関数 (Discriminant Function) を求めて，最適なプロトタイプを決定していく必要がある．自動画像認識システムでは，学習によって識別関数を求めていくための入力画像パターンを学習パターン (Learning Pattern)，あるいは訓練パターン (Training Pattern) と呼ぶ．

では，学習パターンによって識別関数を賢くするのはどうしたらよいかを考える．パターン認識を学ぶと，学習の規則，そして区分的線形識別関数を学ぶが，この識別関数がニューラルネットワークと等価なものである．フィードフォワード型マルチレイヤーニューラルネットワークが用いられることが多いと思うが，誤差逆伝搬法 (Back Propagation Method) がその学習方法である．そこでは，中間層の数やユニット数がパラメータになる．認識の境界領域の精度を上げることができると考えられている．詳細はニューラルネットワークの解説書を参照していただきたい．

次に，ベイジアンネットワーク (Bayesian Network) について簡単に述べる．識別部の設計が高度化しても，特徴抽出に使う特徴量自体に有用さがなければ識別能はよくならない．つまり，有用な特徴量は，多次元特徴空間上で，クラス間の分離をよくし（分散が大きい），クラス内の分散を小さくするようなものである．識別器がそのような特徴量を使っているかどうかが検証されなくてはならない．しかしながら，どうしても各クラスにおける特徴ベクトルの分布には重なりが生じてしまう．図 8.6 は仮想的な特徴空間という「宇宙」に星団・星雲がはっきり別々に存在するかのように書いているが，実際には各クラスは近接あるいは重なり合っている．クラスタリングには起こりうる誤り確率があり，これを最小化するのがベイズ決定則 (Bayes Decision Rule) である．ベイズ決定則を実現するのがベイズ識別関数である．詳細はベイジアンネットワークの解説書を参照していただきたい．

このような確率論的な画像パターン認識が，人工知能の一分野として研究と応用が行われている．

8.4 さまざまな認識法

画像によるパターン認識には枚挙に暇がないほどの手法が開発されている．

8.4.1 色情報を利用する方法

RGB 画像の場合，赤 (R)，緑 (G)，青 (B) をそれぞれ 8 ビット 256 諧調で表現した場合，画素 (pixel) あたり 24 ビット，1677 万色の画像になる．特定の色分布を表すヒストグラムのパターンを用いれば，対象とするカラー画像との間で類似度の計算できて，テンプレートマッチングが行える．

たとえば，動画像中で特定の色の服を着た人物を追跡（トラッキング）したい場合，MeanShift 法や CamShift 法が知られている．MeanShift 法では，追跡対象領域における RGB の各ヒストグラムに着目し，現フレームの画像中で追跡対象のヒストグラム特徴により近くなる位置にシフトしていく．そして，シフトの移動量が一定以下になるか，繰り返し回数が上限に達するまで処理を繰り返すことで対象領域の現在の位置を追跡する．CamShift 法では，色相値のヒストグラムを利用することで，色情報が動的に変化する動画像に対してより安定した追跡を実現する．図 8.7 は，動的輪郭法（Snake 法）で追跡対象となる人物を捉え，そのあとを CamShift 法でトラッキングしている様子である．夜の室内で輪郭追跡を邪魔しそうな物体を手前に置いてある．

8.4.2 特徴点を利用する方法

SIFT (scale-invariant feature transform) 特徴量は，特徴点を利用したオブジェクト抽出である．探索したい形状を持つ画像から特徴点を抽出し，対象となる画像上で類似度の高い部分を抽出する．8.1 節のテンプレートマッチングで使われるほどの広さのある領域ではなく，ごく小さな特徴量，たとえば小さな丸，尖った先端などが特徴点になる．画像のアフィン変換（平

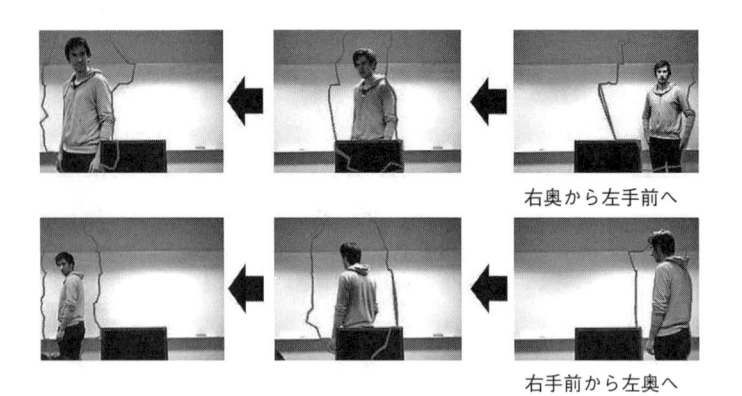

図 8.7 動的輪郭法（Snake 法）で人物を捉え，CamShift 法でトラッキングする例（北見工業大学情報システム工学科・早川吉彦研究室，宮森正幸君と Lukasz Haratym 君のデータ）．

行移動，回転，拡大縮小）に頑健であるため，画像間での特徴量比較，物体領域の特定・追跡に有用である．

8.4.3 テクスチャーによるセグメンテーション

図 8.8 は，人体を撮影した磁気共鳴 (MRI) 画像におけるセグメンテーションを示している．顎関節とその周囲組織，脳などが描出されている．右側は MR 画像（プロトン密度強調画像）である．顎関節と脳を含む周囲組織である．左側は，下顎頭 (condyle) などを 3 次元構築して，2 次元スライスに重ね合わせた画像である．mandibular fossa は下顎窩，lateral pterygoid muscle は外側翼突筋，disc は関節円板および retrocondylar tissue は後部結合組織である．つまり，左側のような一般的な 2 次元スライス画像から，ビジブルな組織をセグメンテーションする．下顎頭，下顎窩，外側翼突筋などの解剖学的部位が異なるテクスチャーで描出されているので，それらの輪郭を抽出して，3 次元像をボリュームレンダリング法で再構築する．右側

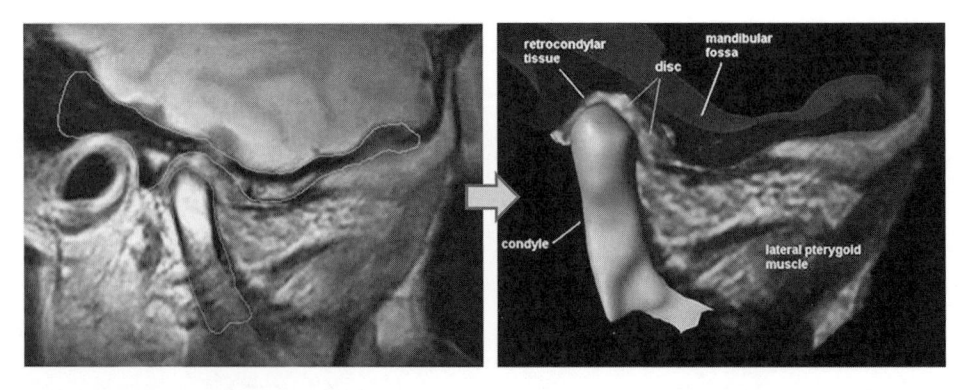

図 8.8 人体を撮影した磁気共鳴 (MRI) 画像におけるセグメンテーション．Dr. Cornelia Kober (Hamburg University of Applied Sciences, Germany) のデータである（北見工業大学情報システム工学科・早川吉彦研究室提供）．

では，それを 1 枚の 2 次元スライス像に重ね合わせている．

演習問題

設問 1 21 世紀になって，画像における物体自動検出・認識技術が長足の進歩を見せているが，そのきっかけになった報告は，参考文献 [3] にも挙げた，Viola P, Jones M: Rapid object detection using a boosted cascade of simple features, *IEEE Computer Society Conference on Computer Vision and Pattern Recognition CVPR2001* (2001) であろう．この報告はインターネット上でフリーダウンロードが可能である．この報告の最後のところで，Simple Features を使った Object Detection 系の性能を ROC Curve を描いて評価している．そこで，この ROC Curve はどのように描くか調べてみよ．

設問 2 図 8.3 では，ジェスチャーモーションキャプチャーとしての手の検出と認識を説明している．手を認識している画像を得るために，少なくとも，(1) 動的な背景差分処理，(2) オプティカルフロー処理，(3) 肌色検出処理，(4) ステレオキャリブレーション，および (5) 距離マップの作成を行っている．これらの画像処理の方法を調査せよ．

設問 3 図 8.6 は，特徴空間における入力画像パターン（特徴ベクトル）の分布を示し，プロトタイプと最近傍則を説明している．d 次元の仮想特徴空間上に描かれているボロノイ分割が描かれている．ところで，このようなボロノイ図の各領域（ボロノイ領域）には一つずつの特定の点（プロトタイプ，母点）がある．どの二つのボロノイ領域についても，それが隣接ボロノイ領域ならば母点同士を結び，隣接していない場合は結ばないという操作を行うとする．平面なら三角形の集まりにある．これをドロネー三角分割 (Delaunay Diagram / Triangulation) という．ボロノイ分割とドロネー分割はどのような関係といえるか．

参考文献

[1] Lao S.-H., 山口修: 実利用が進む顔画像処理とその応用事例, 前編 顔画像処理技術の動向, 『情報処理』, Vol.50, No.4, pp.319–326 (2009), 後編 顔画像処理の応用事例, Vol.50, No.5, pp.436–443 (2009)

[2] 阿部恒介, 董建, 早川吉彦: 瞬き波形を検出するための画像処理による VDT 作業時における瞬き回数の計測, *Medical Imaging Technology*（日本医用画像工学会雑誌）, Vol.30, No.2, pp.65–72 (2012)

[3] Viola P. and Jones M.: Rapid object detection using a boosted cascade of sim-

ple features. *IEEE Computer Society Conference on Computer Vision and Pattern Recognition CVPR2001* (2001)
DOI: 10.1109/CVPR.2001.990517

[4] Lienhart R. and Maydt J.: An extended set of Haar-like features for rapid object detection. *IEEE International Conference on Image Processing 2002*, **1**: 900–903 (2002)
DOI:10.1109/ICIP.2002.1038171

[5] C. M. ビショップ（元田 浩ほか 監訳）:『パターン認識と機械学習：ベイズ理論による統計的予測（上・下）』丸善出版 (2012)

[6] Kober, C., Hayakawa, Y., Kinzinger, G., Gallo, L. M., Otonari-Yamamoto, M., Sano, T. and Sader, R. A.: 3D-visualization of the temporomandibular joint with focus on the articular disc based on clinical T1-, T2-, and proton density weighted MR images. *International Journal of Computer Assisted Radiology and Surgery*（コンピュータ支援放射線医学外科学会雑誌）Vol.2, No.3&4, pp203–210 (2007).

第9章
動画像処理

□ 学習のポイント

動画像は，短い時間間隔で連続的に取り込まれた静止画像の集合であり，その時間的変化に基づき，画像中の動きの分布を把握したり，移動物体を抽出したりすることができる．また，動画像を時空間画像と捉えることにより，2次元画像処理を用いて動きの解析を行うことができる．半導体技術の進歩に伴い，動画像処理は，監視や計測などさまざまな分野で利用されるようになり，その応用範囲はさらに広がりつつある．本章では，基本的な動画像処理として，オプティカルフローの算出手法，移動物体の抽出手法，時空間画像について説明を行う．

- オプティカルフローを求める手法であるブロックマッチング法と勾配法について理解する．
- 差分画像を用いた移動物体抽出手法として，背景画像との差分画像を用いる手法とフレーム間差分画像を用いる手法について理解する．
- 動画像を3次元信号と捉えた時空間画像とその時空間断面画像の特徴と意味を理解する．

□ キーワード

動画像，フレーム，オプティカルフロー，速度ベクトル，移動ベクトル，ブロックマッチング法，差分絶対値和，差分2乗和，相関係数，探索範囲，全探索，残差逐次検定法，階層的探索法，勾配法，移動物体抽出，差分画像，背景画像，フレーム間差分画像，時空間画像，時空間断面画像

9.1 オプティカルフロー

短い時間間隔で連続的に取り込まれた静止画像の集合を**動画像** (moving picture, motion picture, video) という．また，動画像を構成する個々の静止画像のことを**フレーム** (frame) と呼ぶ．図9.1は，動画像の概念を示した図である．動画像には，明るさの情報だけをもつグレースケール動画像やカラーの情報をもつカラー動画像などがあるが，とくに断わらない限り，本章ではグレースケール動画像を取り扱うこととし，これを $f(x, y, t)$ のように3次元信号で表す．

今，例として，カメラに対して相対的に運動する物体を撮影することを考えてみる．この物体は，動画像の各フレームにおいて異なる位置に映るはずであり，このフレームごとの位置の変化が，動画像において見かけの動きを生じさせることになる．このような動画像画面に対す

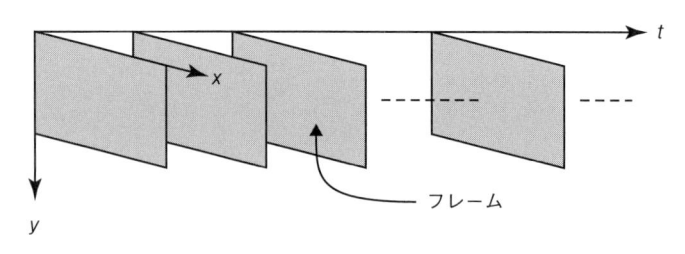

図 9.1 動画像

る見かけの動きの分布のことを**オプティカルフロー** (optical flow) という．ここで，動きは，大きさと向きをもつベクトルであり，一般に，オプティカルフローは，単位時間当たりの変位を示す**速度ベクトル**や，フレーム間での変位を示す**移動ベクトル** (displacement vector) の分布として表される．

以下では，オプティカルフローを求める方法としてよく知られているブロックマッチング法と勾配法について説明する．

9.1.1 ブロックマッチング法

図 9.2 に示すように，時刻 t のフレームにおける座標 (x, y) の画素が，時刻 $t + \Delta t$ のフレームおいて座標 $(x + \Delta x, y + \Delta y)$ に移動したものとする．この二つのフレーム間における当該画素の変位は $(\Delta x, \Delta y)$ であり，これが移動ベクトルである．すなわち，時刻 t のフレームにおける点が，時刻 $t + \Delta t$ のフレームのどの点に対応しているのかを決定することができれば，当該画素の移動ベクトルを決定することができる．

ブロックマッチング法(block matching method) では，このような対応点の決定を，

(a) 時刻 t のフレームおける座標 (x, y) の画素を注目点とするとき，この画素を中心とした大きさ $(2M + 1) \times (2N + 1)$ のブロックを考える．

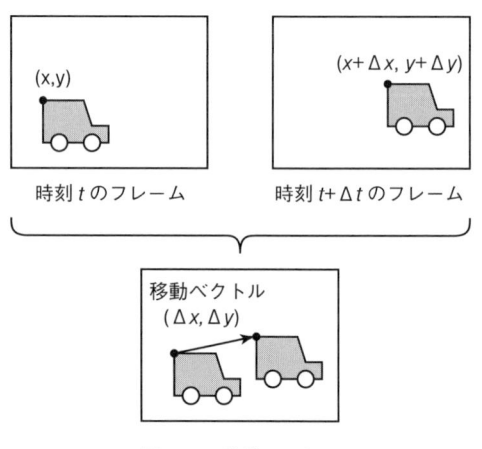

図 9.2 移動ベクトル

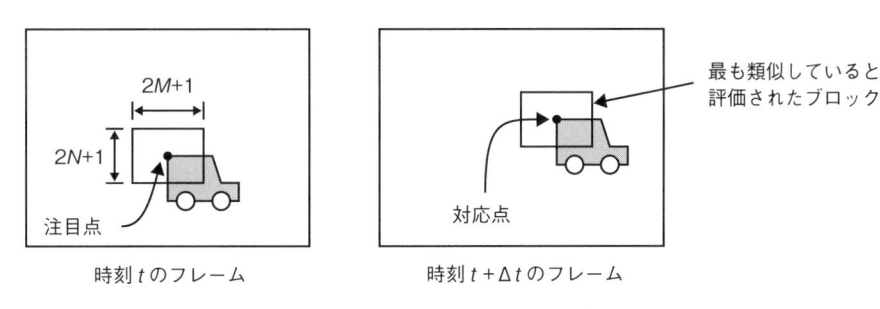

図 9.3 ブロックマッチング法

(b) 上記ブロックに最も類似していると評価される同サイズのブロックを，時刻 $t + \Delta t$ のフレームの中から求める．

(c) 最も類似していると評価されたブロックの中心画素を，注目点に対する対応点とする．

という手順で実現する．ブロックマッチング法の概要を図 9.3 に示す．

上記 (b) におけるブロックが類似しているか否かの評価にはさまざまな指標が用いられている．代表的な指標の例として，**差分絶対値和** (sum of absolute difference)，**差分 2 乗和** (sum of squared difference)，**相関係数** (correlation coefficient) を次に示す．

(1) 差分絶対値和

時刻 t のフレームにおける座標 (x, y) の画素と時刻 $t + \Delta t$ のフレームにおける座標 $(x + \Delta x, y + \Delta y)$ の画素を中心とした大きさ $(2M + 1) \times (2N + 1)$ のブロック間の差分絶対値和は，

$$d_1^{(x,y,t)}(\Delta x, \Delta y, \Delta t) = \sum_{m=-M}^{M} \sum_{n=-N}^{N} |f(x+m, y+n, t) - f(x+\Delta x+m, y+\Delta y+n, t+\Delta t)| \quad (9.1)$$

と定義される．差分絶対値和は，二つのブロックが完全に一致したときに 0 となり，値が小さいほど二つのブロックは類似していると評価される．

(2) 差分 2 乗和

同様に，差分 2 乗和は，

$$d_2^{(x,y,t)}(\Delta x, \Delta y, \Delta t) = \sum_{m=-M}^{M} \sum_{n=-N}^{N} \{f(x+m, y+n, t) - f(x+\Delta x+m, y+\Delta y+n, t+\Delta t)\}^2 \quad (9.2)$$

と定義される．差分 2 乗和は，二つのブロックが完全に一致したときに 0 となり，値が小さいほど二つのブロックは類似していると評価される．

(3) 相関係数

時刻 t のフレームにおける座標 (x,y) の画素を中心とした大きさ $(2M+1)\times(2N+1)$ のブロックの平均値を

$$F_{x,y,t} = \frac{1}{(2M+1)(2N+1)} \sum_{m=-M}^{M} \sum_{n=-N}^{N} f(x+m, y+n, t) \tag{9.3}$$

で表し，これを用いて，

$$L_{x,y,t} = \sqrt{\sum_{m=-M}^{M} \sum_{n=-N}^{N} \{f(x+m, y+n, t) - F_{x,y,t}\}^2} \tag{9.4}$$

と表すことにする．また，

$$\begin{aligned} & P_{x,y,t;x+\Delta x, y+\Delta y, t+\Delta t} \\ &= \sum_{m=-M}^{M} \sum_{n=-N}^{N} \{f(x+m, y+n, t) - F_{x,y,t}\} \\ & \quad \cdot \{f(x+\Delta x+m, y+\Delta y+n, t+\Delta t) - F_{x+\Delta x, y+\Delta y, t+\Delta t}\} \end{aligned} \tag{9.5}$$

と表すことにすると，相関係数は，

$$r^{(x,y,t)}(\Delta x, \Delta y, \Delta t) = \frac{P_{x,y,t;x+\Delta x, y+\Delta y, t+\Delta t}}{L_{x,y,t} \cdot L_{x+\Delta x, y+\Delta y, t+\Delta t}} \tag{9.6}$$

と定義される．相関係数は，二つのブロックの各画素値から当該ブロックの平均値を引いた値を成分とする二つの $(2M+1)\times(2N+1)$ 次元ベクトルを $\boldsymbol{u}$, $\boldsymbol{v}$ で表すとき，$\boldsymbol{u}$, $\boldsymbol{v}$ のなす角の余弦

$$\cos\theta = \frac{\boldsymbol{u} \cdot \boldsymbol{v}}{\|\boldsymbol{u}\|\|\boldsymbol{v}\|} \tag{9.7}$$

である．相関係数は，-1 以上 1 以下の値をとり，値が大きいほど二つのブロックは類似していると評価される．

また，上記 (b) における最も類似しているブロックを求めるための評価を行う範囲を**探索範囲**といい，探索範囲内に存在するすべての同サイズのブロックに対して類似性の評価を行って最も類似しているブロックを求める方法のことを**全探索** (full search) という．探索範囲の概念を図 9.4 に示す．

対象となるフレーム全体を探索範囲とすれば，当該フレームにおける最も類似しているブロックを求めることができることは言うまでもない．しかしながら，動画像中の対応点を決定するために使用される二つのフレームの時間間隔は小さいため，通常は移動ベクトルの成分の大きさをあらかじめ

$$-H \leq \Delta x \leq H, \quad -V \leq \Delta y \leq V \tag{9.8}$$

などのように仮定して，限られた探索範囲内において探索を行う．

図 **9.4** 探索範囲

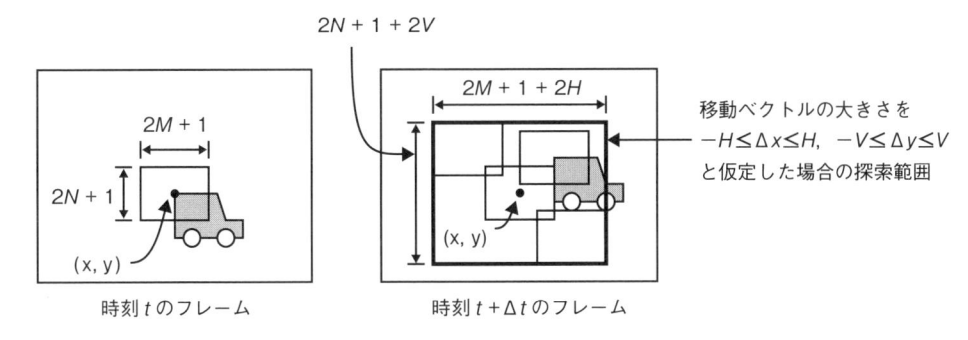

全探索の場合には，探索範囲内に存在する (2H+1)×(2V+1) 個のブロックに対して類似性の評価を行うことになる．

ブロックマッチング法は，使用する評価指標にかかわらず，一般に多くの計算量を必要とする．そのため，少ない計算量で結果を得るための手法が数多く提案されている．このような計算量削減手法は，おおまかに二つの手法に分類することができる．一方は，計算量を削減しつつ，全探索と全く同じ移動ベクトルを得ることができる手法であり，もう一方は，全探索と全く同じ結果を得ることができる保証はないが，計算量を大幅に削減することができる手法である．前者の代表的な手法には残差逐次検定法 (sequential similarity detection algorithm; SSDA) などがあり，後者の代表的な手法には階層的探索法などがある．

9.1.2 勾配法

勾配法 (gradient method) は，各画素の値の空間的勾配と時間的勾配の関係を用いて移動ベクトルを決定する手法である．

今，時刻 t のフレームにおける座標 (x, y) の画素が，時刻 $t + \Delta t$ のフレームにおいて座標 $(x + \Delta x, y + \Delta y)$ に移動したものとする．この間，当該画素の値は不変であると仮定すると，

$$f(x, y, t) = f(x + \Delta x, y + \Delta y, t + \Delta t) \tag{9.9}$$

である．右辺をテイラー展開して 1 次の項までの近似をとると，

$$\begin{aligned}&f(x + \Delta x, y + \Delta y, t + \Delta t) \\ &\approx f(x, y, t) + \frac{\partial f(x, y, t)}{\partial x} \Delta x + \frac{\partial f(x, y, t)}{\partial y} \Delta y + \frac{\partial f(x, y, t)}{\partial t} \Delta t\end{aligned} \tag{9.10}$$

であるので，式 (9.9)，(9.10) より，

$$\frac{\partial f(x, y, t)}{\partial x} \Delta x + \frac{\partial f(x, y, t)}{\partial y} \Delta y + \frac{\partial f(x, y, t)}{\partial t} \Delta t = 0 \tag{9.11}$$

を得る．さらに，式 (9.11) の両辺を Δt で割り，$\Delta t \to 0$ として，

$$\frac{\partial f(x, y, t)}{\partial x} \frac{dx}{dt} + \frac{\partial f(x, y, t)}{\partial y} \frac{dy}{dt} + \frac{\partial f(x, y, t)}{\partial t} = 0 \tag{9.12}$$

を得る．ここで，$\partial f(x,y,t)/\partial x$，$\partial f(x,y,t)/\partial y$，$\partial f(x,y,t)/\partial t$ は，時刻 t のフレームにおける座標 (x,y) の画素値の x，y，t 方向の傾きであり，式 (9.12) は速度ベクトルの成分である dx/dt と dy/dt の二つの未知数をもつ 1 次方程式である．この 1 次方程式を用いて，速度ベクトルを求める方法を勾配法という．

式 (9.12) は未知数が二つの 1 次方程式であるので，速度ベクトルを一意に定めるためには，少なくとも二つ以上の方程式が必要である．そのため，局所的な領域における複数の画素に対してそれぞれ方程式を求めて，これらを解くことにより解を一意に定める．

なお，実際には，デジタル画像 $f(x,y,t)$ の変数 x，y，t は離散的であるため，

$$\frac{\partial f(x,y,t)}{\partial x} = \frac{f(x+1,y,t) - f(x-1,y,t)}{2} \tag{9.13}$$

$$\frac{\partial f(x,y,t)}{\partial y} = \frac{f(x,y+1,t) - f(x,y-1,t)}{2} \tag{9.14}$$

$$\frac{\partial f(x,y,t)}{\partial t} = \frac{f(x,y,t+\Delta t) - f(x,y,t)}{\Delta t} \tag{9.15}$$

などと定義して，これらを式 (9.11) に代入することにより，移動ベクトルの成分である Δx と Δy を未知数とする 1 次方程式

$$\frac{f(x+1,y,t) - f(x-1,y,t)}{2}\Delta x + \frac{f(x,y+1,t) - f(x,y-1,t)}{2}\Delta y$$
$$+ f(x,y,t+\Delta t) - f(x,y,t) = 0 \tag{9.16}$$

を得る．そして，この 1 次方程式を連立させて移動ベクトルを求める．

9.2 移動物体抽出

動画像中から人物や車両などの移動物体を抽出する処理は，監視や計測などの広範囲な分野で利用されている重要な技術の一つである．ここでは，移動物体を抽出する代表的な手法である差分画像を用いる手法を説明する．

差分画像とは，二つのフレームにおいて同じ位置にある画素の値の差分値を用いて構成される新たな画像のことであり，二つのフレーム $f(x,y)$ と $g(x,y)$ の差分画像 $h(x,y)$ は，

$$h(x,y) = f(x,y) - g(x,y) \tag{9.17}$$

で定義される．式 (9.17) の右辺の絶対値をとり，

$$h(x,y) = |f(x,y) - g(x,y)| \tag{9.18}$$

で定義される場合もある．

以下では，差分画像を用いた移動物体抽出手法として，背景画像との差分画像を用いる手法とフレーム間差分画像を用いる手法について説明する．

9.2.1　背景画像との差分画像を用いる手法

動画像によっては，背景と呼べるような画像が存在する場合がある．たとえば，一定の照明条件の下でカメラの位置と角度を固定して撮影するような場合，撮影範囲内に移動物体が存在しなければ各フレームの同じ位置にある画素はおおむね等しい値をもつ．このような定常的な画像のことを**背景画像**と呼ぶ．

背景画像との差分画像を用いた手法では，次のような手順で移動物体領域を抽出する．まず，移動物体が存在しない状態で背景画像 $f(x,y)$ を撮影して保存しておく．次に，背景画像 $f(x,y)$ と動画像 $g(x,y,t)$ との差分画像

$$h(x,y,t) = f(x,y) - g(x,y,t) \tag{9.19}$$

を用いて，2 値画像

$$\bar{h}(x,y,t) = \begin{cases} 1, & |h(x,y,t)| \geq T, \\ 0, & |h(x,y,t)| < T, \end{cases} \tag{9.20}$$

を求める．ここで，T はしきい値であり，$\bar{h}(x,y,t) = 1$ となる画素の集合を移動物体領域とする．背景画像との差分画像を用いた手法の概念を図 9.5 に示す．

なお，実際には，照明条件の変動は避けがたく，また，移動物体と背景画像の画素値が等しい場合なども存在するため，背景中に小さな移動物体領域が抽出されたり，移動物体中に移動物体として抽出されない小さな領域が現れたりする．そのため，差分画像 $h(x,y,t)$ に対する平滑化処理や，2 値化画像 $\bar{h}(x,y,t)$ に対するクロージングやオープニングなどの処理を併せて用いる必要がある．

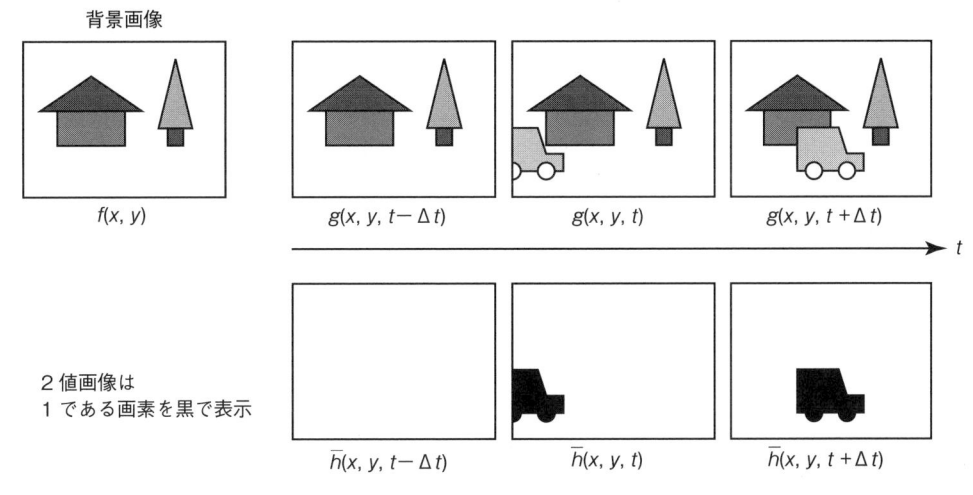

図 9.5　背景画像との差分画像を用いた移動物体抽出

9.2.2 フレーム間差分画像を用いる手法

多くの動画像においては，撮影環境が変化するなどの理由により，唯一の背景画像を定めることができない．このような場合には，連続するフレーム間の差分画像を用いて，次のような手順で移動物体領域を抽出する．

まず，動画像 $g(x,y,t)$ に対して，**フレーム間差分画像**

$$h_{t-\Delta t,t}(x,y,t) = g(x,y,t) - g(x,y,t-\Delta t) \tag{9.21}$$

を求め，さらにフレーム間差分画像を用いて 2 値画像

$$\bar{h}_{t-\Delta t,t}(x,y,t) = \begin{cases} 1, & |h_{t-\Delta t,t}(x,y,t)| \geq T, \\ 0, & |h_{t-\Delta t,t}(x,y,t))| < T, \end{cases} \tag{9.22}$$

を求める．そして，$\bar{h}_{t-\Delta t,t}(x,y,t) = 1$ かつ $\bar{h}_{t,t+\Delta t}(x,y,t) = 1$ である画素の集合，すなわち，

$$\bar{h}(x,y,t) = \bar{h}_{t-\Delta t,t}(x,y,t) \cdot \bar{h}_{t,t+\Delta t}(x,y,t) \tag{9.23}$$

が 1 となる画素の集合を，時刻 t のフレームにおける移動物体領域とする．フレーム間差分画像を用いた手法の概念を図 9.6 に示す．

フレーム間差分画像を用いる手法では，注目フレームの前後それぞれ Δt の間は，背景に相

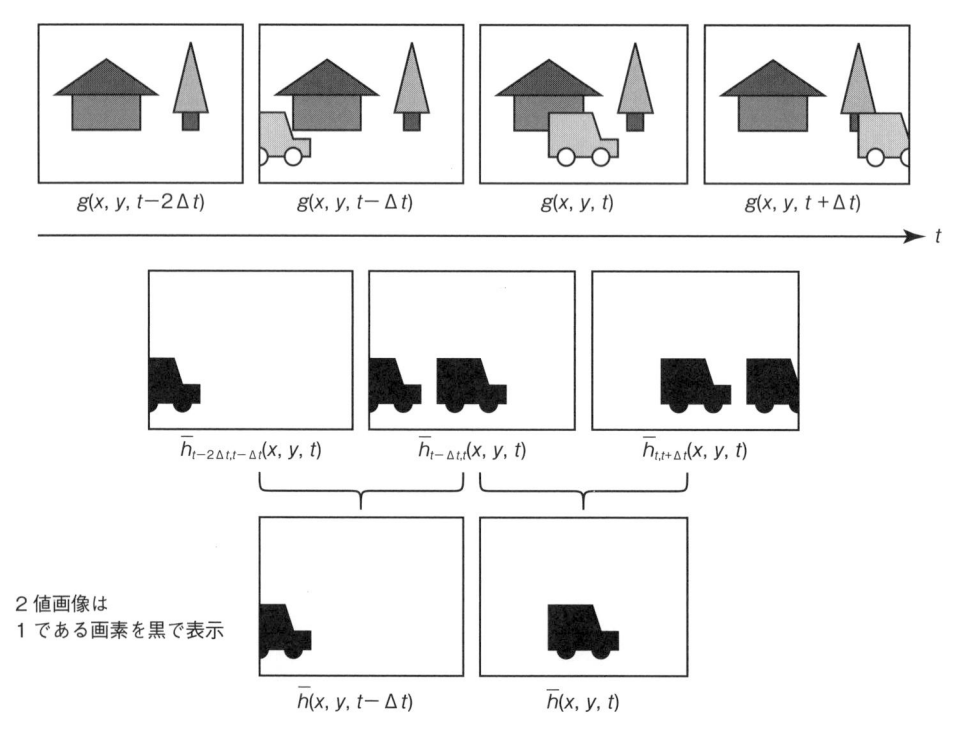

図 9.6 フレーム間差分画像を用いた移動物体抽出

当する領域の画素値に変化がないことを前提としているが，これが保証されるとは限らない．また，移動物体中の画素値が一定であるような場合，移動速度とフレームの時間間隔との関係によっては，物体全体を抽出できないことがある．そのため，背景画像を用いた手法と同様に，実際には平滑化処理，クロージング，オープニングなどの処理を併せて用いる必要がある．

9.3 時空間画像

　動画像を構成する各フレームの画素を，図 9.7 のように連続するフレームの順番に並べることにより，動画像を水平軸，垂直軸，時間軸からなる 3 次元信号であると考えることができる．このような 3 次元信号のことを**時空間画像** (spatio-temporal image) と呼ぶ．

　たとえば，図 9.8(a) に示すように，カメラの位置と角度を固定して，水平方向に一定速度で移動する物体を撮影した場合には，図 9.8(b) に示すような時空間画像を得ることができる．このとき，この時空間画像を水平軸と時間軸に平行な断面で切断すると，図 9.8(c) に示すような 2 次元画像が現れる．このような時空間画像を切断した断面を**時空間断面画像**という．この例のように，物体が水平方向に一定速度で移動しているのであれば，物体上の点の動きは，図 9.8(c) に示されるように，断面画像上で直線として表され，その傾きは画面上での移動速度を表すことになる．

　また，図 9.9 は，同じくカメラの位置と角度を固定して，水平方向に異なる一定速度で移動する二つの物体を撮影したときの時空間画像と時空間断面画像を示した図である．図 9.9 に示されるように，カメラの近くを通過する物体は，遠くを通過する物体を遮ることになり，断面画像上では，遠くを通過する物体上の点の軌跡は，近くを通過する物体上の点の軌跡に遮られることになる．すなわち，断面画像上での軌跡の途切れを調べることにより，物体の隠れを知ることができる．また，同図に示されるように，断面画像上の軌跡が，途中で途切れた軌跡と滑らかにつながるような場合には，この二つの軌跡は一つの点に対応していると考えることができる．なぜならば，このような軌跡は，いったん隠された物体が再度現れたことによって生

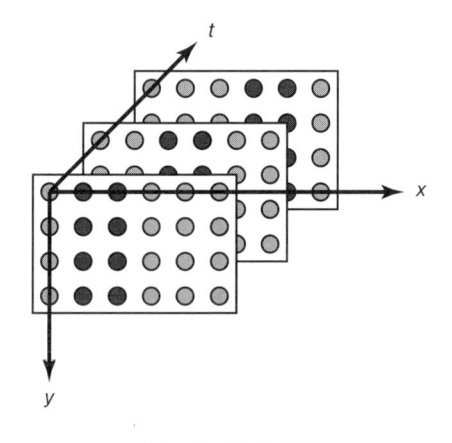

図 **9.7**　時空間画像

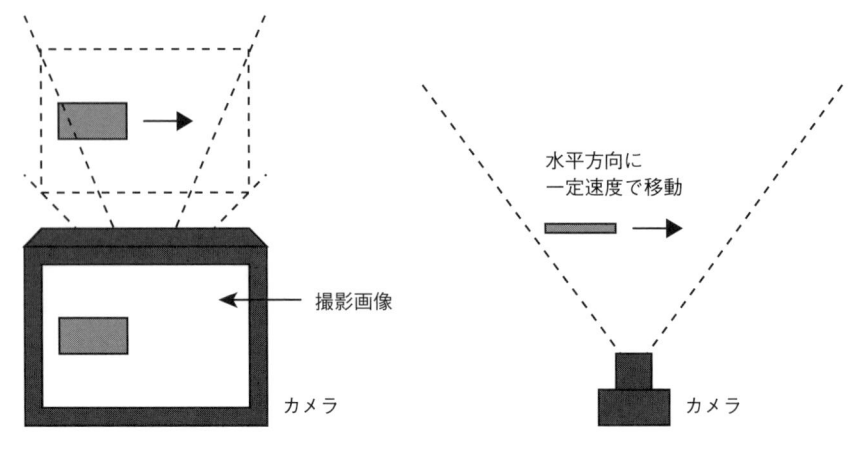

(a) 撮影条件（例 1）

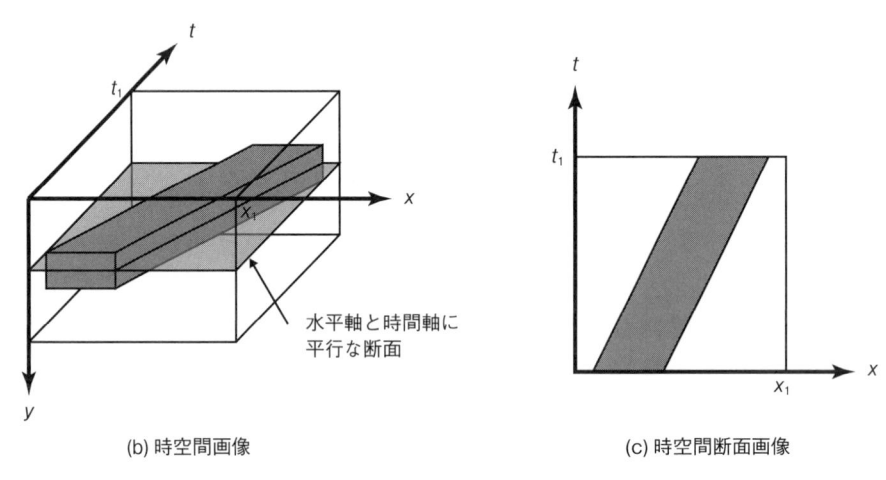

(b) 時空間画像

(c) 時空間断面画像

図 **9.8** 時空間画像と時空間断面画像（例 1）

じる可能性が高いからである．

　以上のように，動画像を時空間画像と捉えることにより，動きの解析を 2 次元画像処理を用いて実現することができる．とくに，動画像では，物体の隠れはみかけの形を変えてしまうため，物体追跡の際にはそれを考慮した処理を行う必要があるが，時空間断面画像では，そのようなみかけの形を意識せずに物体の追跡を行うことができるという利点がある．

　しかしながら，物体は必ずしも等速度で移動するわけではないし，移動に伴い変形が生ずる場合も多い．そのため，時空間画像を実際に利用する場合には，さまざまな工夫が必要となる．

9.3 時空間画像　◆　117

(a) 撮影条件（例2）

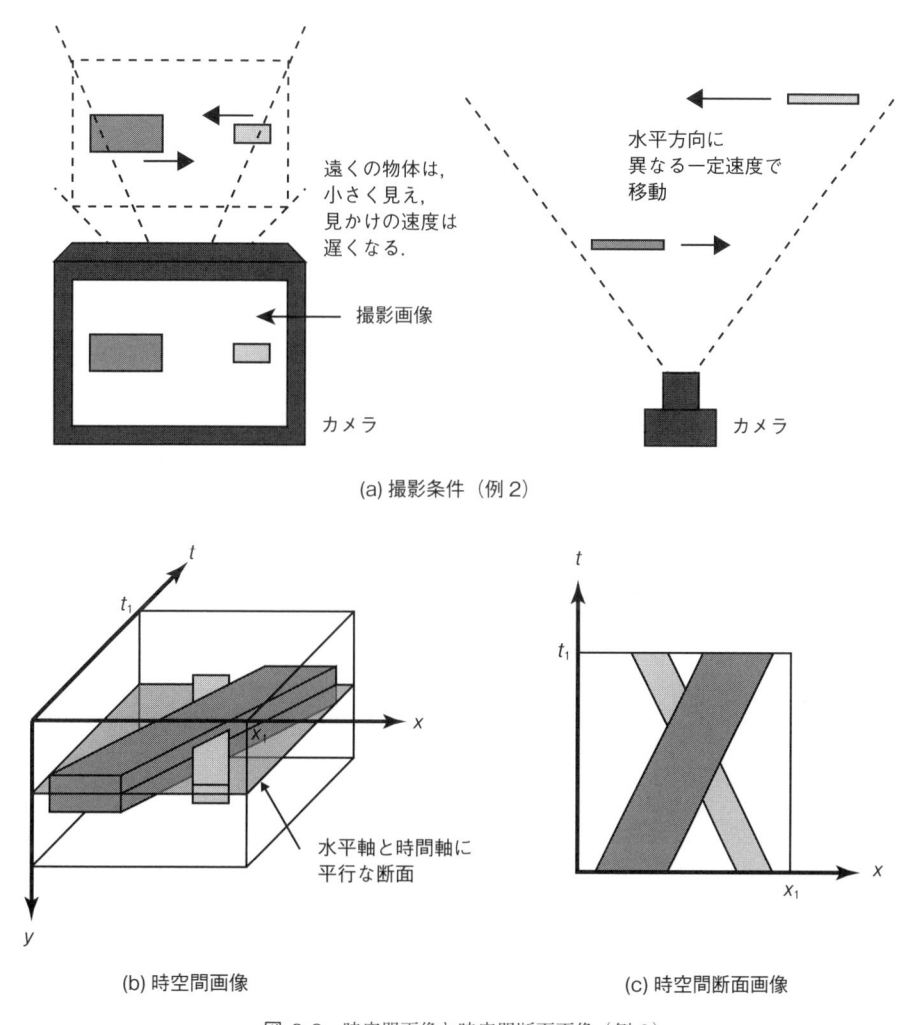

(b) 時空間画像

(c) 時空間断面画像

図 9.9　時空間画像と時空間断面画像（例2）

演習問題

設問1　図9.10に示すブロックAと，ブロックB_1, B_2, B_3との間の，差分絶対値和，差分2乗和，相関係数を求めよ．

20	40
20	40

ブロックA

50	90
50	90

ブロックB_1

50	50
90	90

ブロックB_2

90	50
90	50

ブロックB_3

図 9.10　設問1

設問 2 ブロックマッチング法を用いて，図 9.11 に示す時刻 t のフレームの中央の画素の移動ベクトルを求めよ．ここで，ブロックマッチングは，注目画素を中心とした 3×3 のブロックを用い，類似性の評価には差分絶対値和を用いるものとする．

40	50	60	70	80	90	100
60	70	80	90	100	110	120
80	90	100	110	120	130	140
100	110	120	130	140	150	160
120	130	140	150	160	170	180

時刻 t のフレーム

0	10	20	30	40	50	60
20	30	40	50	60	70	80
40	50	60	70	80	90	100
60	70	80	90	100	110	120
80	90	100	110	120	130	140

時刻 $t+\Delta t$ のフレーム

図 **9.11**　設問 2, 3

設問 3 図 9.11 に示す時刻 t のフレームの中央の画素に対して，式 (9.16) で示される勾配法の拘束条件式を求めよ．

設問 4 図 9.12 に示す動画像に対して，式 (9.22), (9.23) で示される $\bar{h}_{t-\Delta t, t}(x, y, t)$, $\bar{h}_{t, t+\Delta t}(x, y, t)$, $\bar{h}(x, y, t)$ を求めよ．ここで，しきい値は $T = 5$ とする．

10	10	10	10	10
10	20	10	10	10
10	30	40	10	10
10	10	10	10	10

$g(x, y, t-\Delta t)$

10	10	10	10	10
10	10	20	10	10
10	10	30	40	10
10	10	10	10	10

$g(x, y, t)$

10	10	10	10	10
10	10	10	20	10
10	10	10	30	40
10	10	10	10	10

$g(x, y, t+\Delta t)$

図 **9.12**　設問 4

設問 5 図 9.13 に示すように，柱の前後を水平方向に異なる一定速度で移動する二つの物体を撮影した．図中に示す垂直位置における時空間断面画像を示せ．なお，柱があること以外の撮影条件は，図 9.9 に示した例と等しいものとする．

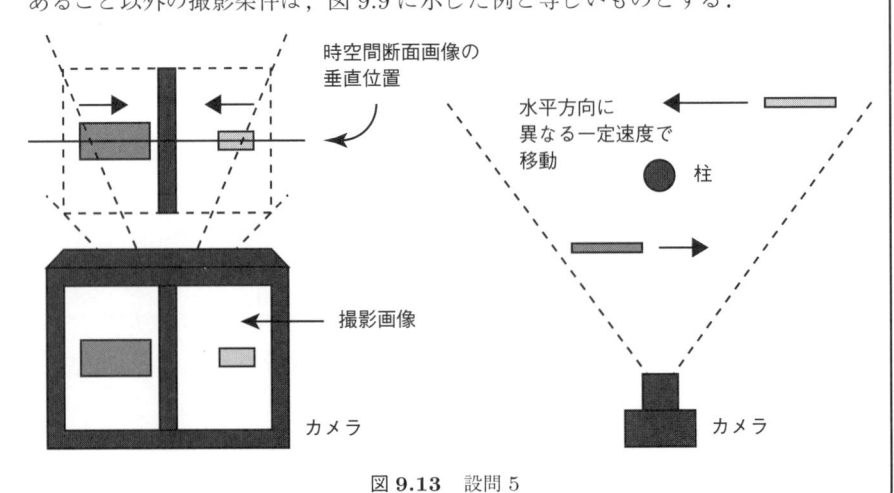

図 **9.13**　設問 5

参考文献

[1] 奥富正敏 編：『ディジタル画像処理』CG-ARTS 協会 (2008)
[2] 塩入諭，大町真一郎：『画像情報処理工学』朝倉書店 (2011)
[3] 高木幹雄，下田陽久 監修：『新編 画像解析ハンドブック』東京大学出版会 (2004)

第10章
3次元画像処理

◻ 学習のポイント

　人間や動物は目で物体や周囲の環境を見ることで，それらの形や色だけでなく，3次元的な構造まで知ることができる．この画像から3次元的な情報を獲得する能力は，ロボットに代表されるさまざまな知的機械にとっても大変重要である．画像から撮影対象の3次元形状を知るために，まず，撮影対象の3次元位置と画像平面上の像の位置との関係について学び，その関係に基づいて物体の3次元形状を計算する原理を理解する．次に，2台のカメラで撮影した画像から対象の3次元情報を得るための課題とそれらを解決するための方法について学ぶ．

- カメラの射影変換を理解する．
- カメラの内部パラメータを理解する．
- 三角測量の原理を理解する．
- 二眼ステレオ視の原理を理解する．
- 2枚の画像の画素間の対応付けの方法を理解する．

◻ キーワード

　立体視，三角測量，奥行き，透視投影，ピンホールカメラ，カメラの内部パラメータ (intrinsic camera parameters)，カメラの外部パラメータ (extrinsic camera parameters)，カメラの較正 (camera calibration)，エピポラ拘束，ステレオマッチング

10.1 透視投影とピンホールカメラモデル

　我々は二つの目で見ることで，遠近感を感じ，外の世界を立体的に観察することができる．その原理を理解して応用できれば，画像から撮影対象の3次元情報を獲得することが可能になる．画像から撮影対象の3次元位置を計算するために，まず，撮影対象の3次元の点と，それらが写っている画像にあるそれら点の像の位置との関係を明らかにする必要がある．本節では，その関係を明らかにし，具体的な数式表現を導出する．そして，その式から透視投影の性質について検討する．

　第2章で述べたレンズを用いて実像を形成する原理によると，レンズのピンボケを無視すれ

ば，3次元空間にある撮影対象の一つの点の像は，物体の点とレンズの中心を通る直線上にある．3次元空間内の個々の点は，その点とレンズの中心を通る直線と画像平面との交差点に写る．この場合，物体の点，レンズ中心と像の三者の関係は，ピンホールカメラにおける物体の点，ピンホールと像の三者の関係と同じであり，その関係は，直線と平面のみを利用して表現できる．この3次元空間から2次元の平面への変換は中心投影，あるいは透視投影という．この場合，画像面のことを投影面といい，レンズの中心（あるいはピンホール）を投影中心という．図 10.1 に示すように，3次元空間上の点を $\mathbf{p}$ とし，投影中心を $\mathbf{c}$ とすると，$\mathbf{p}$ と $\mathbf{c}$ を通る直線上（視線という）の任意の点 $\mathbf{l}$ は，次の式で表すことができる．

$$\mathbf{l} = \mathbf{c} + (\mathbf{p} - \mathbf{c})t \tag{10.1}$$

一方，投影面の法線ベクトルを $\mathbf{n}$ とし，その面上の一個の既知の点を $\mathbf{p_0}$ とすると，この平面上の点 $\mathbf{p}'$ は次の式で表すことができる．

$$(\mathbf{p}' - \mathbf{p_0}) \cdot \mathbf{n} = 0 \tag{10.2}$$

$\mathbf{p}$ の像 $\mathbf{I}$ は視線と投影面との交点であるために，式 (10.1) と (10.2) により次の方程式が得られる．

$$\begin{cases} \mathbf{I} = \mathbf{c} + (\mathbf{p} - \mathbf{c})t \\ (\mathbf{I} - \mathbf{p_0}) \cdot \mathbf{n} = 0 \end{cases} \tag{10.3}$$

この方程式を解くと，

$$t = \frac{(\mathbf{p_0} - \mathbf{c}) \cdot \mathbf{n}}{(\mathbf{p} - \mathbf{c}) \cdot \mathbf{n}}$$

式 (10.3) に代入すると，

$$\mathbf{I} = \mathbf{c} + \frac{(\mathbf{p_0} - \mathbf{c}) \cdot \mathbf{n}}{(\mathbf{p} - \mathbf{c}) \cdot \mathbf{n}}(\mathbf{p} - \mathbf{c}) \tag{10.4}$$

これは物体の点の3次元座標とその像の位置との関係（透視投影）を表す数式であるが，少々複雑である．利用しやすく，透視投影の本質をはっきり反映する形にするために，この式を可能な限り簡単な形にしたい．式 (10.4) を導出する際，3次元座標系の座標原点の位置，座標軸の向き，そして長さの単位についてとくに指定していない．言い換えれば，これらの座標系に

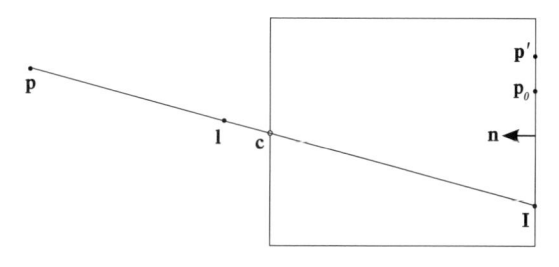

図 10.1 透視投影における撮影対象とその像との位置関係

関するパラメータを設定する自由はまだ残されている．ここで，3次元座標系の設置に工夫をすることで，透視投影の式を単純化する．

まず，式 (10.4) から記号 $\mathbf{c}$ が消えれば，その式が簡単になる．$\mathbf{c}$ を消すために，

$$\mathbf{c} = \begin{pmatrix} 0 & 0 & 0 \end{pmatrix}^T \tag{10.5}$$

になるようにする．これは，座標原点を投影中心 $\mathbf{c}$ に設置することを意味する．こうすると，式 (10.4) が次のようになる．

$$\mathbf{I} = \frac{\mathbf{p}_0 \cdot \mathbf{n}}{\mathbf{p} \cdot \mathbf{n}} \mathbf{p} \tag{10.6}$$

この式に，二つの内積計算がある．二つの3次元ベクトル

$$\mathbf{A} = \begin{pmatrix} A_x & A_y & A_z \end{pmatrix}^T, \quad \mathbf{B} = \begin{pmatrix} B_x & B_y & B_z \end{pmatrix}^T$$

との内積は $\mathbf{A} \cdot \mathbf{B} = A_x B_x + A_y B_y + A_z B_z$ である．$\mathbf{A}$ あるいは $\mathbf{B}$ の3個の要素の中の2個は0になれば，内積の式は簡単になる．この発想により，3次元座標系の一つの軸（例えば Z 軸）を投影面の法線ベクトル $\mathbf{n}$ と平行に設置すれば，つまり，Z 軸が投影面と直交するように設定するれば，

$$\mathbf{n} = \begin{pmatrix} 0 & 0 & 1 \end{pmatrix}^T$$

になる．この場合，投影面の法線ベクトル $\mathbf{n}$ の向きには二つの可能性がある．式 (10.6) がさらに簡単になるために，$\mathbf{p}_0 \cdot \mathbf{n}$ が正になるように，つまり投影中心から投影面に指す方向に $\mathbf{n}$（Z 軸）の向きを選択する．この場合，投影面上のすべての点の Z 座標は同じ正の数値（$= \mathbf{p}_0 \cdot \mathbf{n}$）になり，その値が投影中心と投影面との間の距離である．レンズを使うカメラの場合，被写体はカメラから十分離れている場合，式 (2.1) によると，実像のある画像面と投影中心との間の距離（b）は焦点距離 f になるので，投影中心と投影面との間の距離のことはしばしば，「焦点距離」と呼ばれる．この「焦点距離」を座標系の長さの単位として定義すると，投影式は次のようになる．

$$\mathbf{I} = \frac{1}{Z}\mathbf{p} = \begin{pmatrix} \frac{X}{Z} & \frac{Y}{Z} & 1 \end{pmatrix}^T \tag{10.7}$$

ここで，

$$\mathbf{p} = \begin{pmatrix} X & Y & Z \end{pmatrix}^T.$$

このように定義された3次元座標系はカメラの構成要素（投影中心と画像平面など）を基準としているので，カメラに固定されている．この座標系は**カメラ座標系**という．

式 (10.7) から透視投影に関して以下の性質を見いだすことができる．

- 近いものが大きく写り，遠いものが小さく写る．これは，$\mathbf{p}$ の X, Y 座標は不変の場合，画像上の点の X, Y 座標は，投影中心までの奥行 Z に反比例するためである．
- 像の位置は視線の方向である．式 (10.7) によると，点 $\mathbf{p}$ の像は $\mathbf{I}$ だとすると，任意の $k \neq 0$ に対して，$k\mathbf{p}$ の像もまた $\mathbf{I}$ である．これは，$\mathbf{p}$ が座標原点（投影中心）と $\mathbf{I}$ を結ぶ直線上

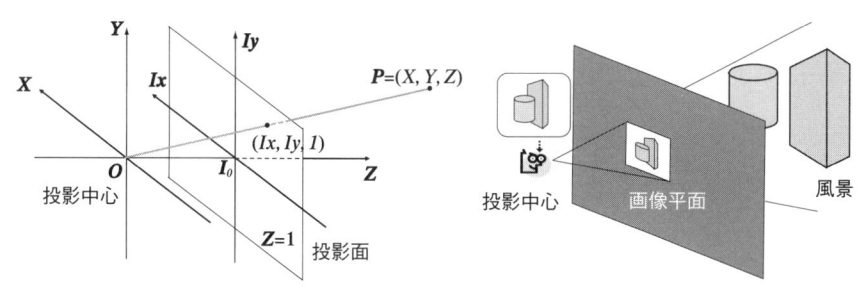

図 10.2 ピンホールカメラモデルの概念図

にあることを意味する．投影中心から点 p を指す直線は「視線」という．I が点 p への視線と一対一の関係にあり，画像上の一つの点とその点を通る 1 本の視線と同一と考えることができる．

透視投影の式 (10.7) による表現は，**ピンホールカメラモデル**という．言葉で表現すると，ピンホールカメラモデルは，原点がピンホールで，Z 軸が光軸で，そして焦点距離が 1 であるピンホールカメラのことである．この場合，Z 軸と画像平面との交点の X, Y 座標は $(0, 0)$ である．この点はしばしば**画像中心**と呼ばれる．

ピンホールカメラの場合，被写体とその像は投影中心の両側にあり，像は倒立である．ピンホールカメラモデルの場合，投影中心に対して，被写体と像が同じ側にあり，像が倒立ではない．図 10.2 に示すように，この表現は，われわれはガラスの窓の前に立ち，外の風景を見ながら，ガラスに風景を忠実に描くときの，目，ガラス窓と風景の関係と似ている．このとき，目と窓はそれぞれ投影中心と画像平面と対応している．

10.2 実際のカメラとピンホールカメラモデル

被写体の 3 次元位置と像の位置との関係をはっきりするために，実際のカメラで撮影した画像を理想のピンホールカメラの画像に変換する必要がある．実際のカメラの場合，画像平面はレンズの光軸と垂直に設置していて，画像座標系は直交座標系を使用するのが一般的である．この場合，座標軸の向きはピンホールカメラモデルと一致する．一方，画像上の点は画素で表し，画素の位置が原点から数える行の番号と列の番号で表す．この場合，座標の値の単位は画素の大きさである．このことにより，像の位置は $(x\,画素, y\,画素)$ のように表現される．市販のデジタルカメラに使用されている画像センサーの大きさ（対角線長）は数分の 1 インチから数インチ（1 インチ $= 25.4$ ミリ）で，水平方向に数百から数千画素がある．レンズの焦点距離は一般的に数ミリから数百ミリであり，画像平面とレンズ中心との間の距離は画素の大きさと等しくない．実際のカメラとピンホールカメラモデルと比べて以下の違いがある．

1. 投影中心と画像平面との間の距離は 1.0 ではない．
2. 光軸（Z 軸）と画像平面との交点は画像座標系の原点と一致しない．

3. 画像上の点の座標の単位は画素である．

ピンホールカメラモデルで表現する透視投影の変換式 (10.7) はシンプルで，さまざまな計算や変換を行うのに便利であるので，実際のカメラで撮影した画像上の点の座標をピンホールカメラモデルのものに変換することは非常に有意義である．図 10.3 に示すように，焦点距離は f ミリで，イメージセンサーの一画素の横幅，縦幅はそれぞれ s_x, s_y ミリで，光軸と画像平面との交点は (c_x, c_y)（単位：画素）である場合，類似三角形の関係により，3 次元空間上の点 p のピンホールカメラ上の像とカメラの画像上の点 $I' = (i'_x, i'_y)$（単位：画素）との関係は次の式で表現できる．

$$\begin{cases} \dfrac{i'_x s_x - c_x s_x}{f} = \dfrac{X}{Z} \\ \dfrac{i'_y s_y - c_y s_y}{f} = \dfrac{Y}{Z} \end{cases}. \tag{10.8}$$

この式を整理すると，

$$\begin{cases} i'_x = f_x \dfrac{X}{Z} + c_x \\ i'_y = f_y \dfrac{Y}{Z} + c_y \end{cases}, \tag{10.9}$$

ここで，

$$\begin{cases} f_x = \dfrac{f}{s_x} \\ f_y = \dfrac{f}{s_y} \end{cases}. \tag{10.10}$$

式 (10.9) により，

$$\begin{cases} \dfrac{X}{Z} = \dfrac{1}{f_x}(i'_x - c_x) \\ \dfrac{Y}{Z} = \dfrac{1}{f_y}(i'_y - c_y) \end{cases}. \tag{10.11}$$

式 (10.9)，(10.11) の中にある f_x, f_y はそれぞれ，画素の水平，垂直間隔を単位として測るカメ

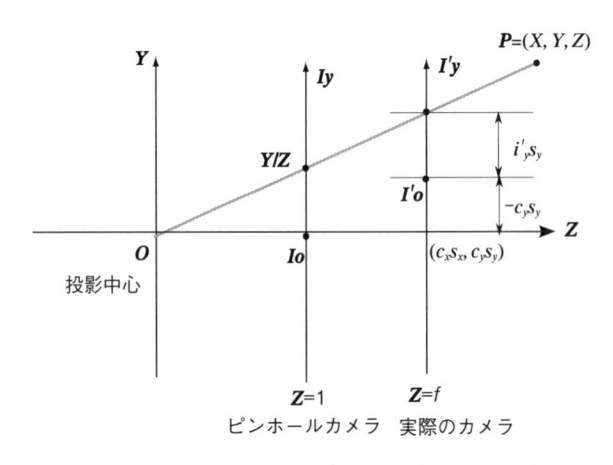

図 10.3 実際のカメラの像とピンホールカメラモデルの像

ラの焦点距離の値である．f_x, f_y，光軸と画像平面との交点 (c_x, c_y) がわかれば，式 (10.11) により，カメラの画像上の点の座標をピンホールカメラモデルの画像上の点の座標に変換できる．これらのパラメータは，使用するイメージセンサー，レンズ，そしてカメラ本体の幾何学的な構造に依存するカメラの固有のパラメータである．ゆえに，カメラの**内部パラメータ** (*intrinsic parameters*) という．カメラを分解してこれらのパラメータを直接に計ることは難しく，また，それらを公表するカメラメーカーが少ないために，幾何学的な形状が既知の基準物体に対して複数回撮影し，その基準物体の 3 次元座標が既知の点の像の座標を利用して，間接的に求めることは一般的である．式 (10.9) により，f と s_x, s_y と結合しているので，画像から $f/s_x, f/s_y$ の値しか推定することができない．このため，カメラのレンズの焦点距離はしばしば「画素」で表す．この作業のことは**カメラの内部パラメータの較正** (*calibration*) という．その詳細は本書の範囲を超えるために，興味のある読者はコンピュータビジョン関連の書籍 [5] を参照するとよい．

10.3 三角測量の原理

二つの視点から同じ物体を観測し，観測対象の位置を計算する原理として，三角測量法はよく利用される．図 10.4 に示すように，A と B は二つの観測点で，そこから観測対象 C を観測し，AB を基準とする A, B から見た C の方向を計測する．その結果は α と β である．正弦定理により，

$$\frac{BC}{\sin \alpha} = \frac{AC}{\sin \beta} = \frac{AB}{\sin(\alpha + \beta)}. \tag{10.12}$$

これにより，三角形の辺 AC と BC の長さは次のように計算できる．

$$\begin{aligned} AC &= \frac{\sin \beta}{\sin(\alpha + \beta)} AB \\ BC &= \frac{\sin \alpha}{\sin(\alpha + \beta)} AB \end{aligned}. \tag{10.13}$$

これにより三角形 ABC の形状がわかり，AB を基準とする座標系を定義すれば，C の座標が計算できる．

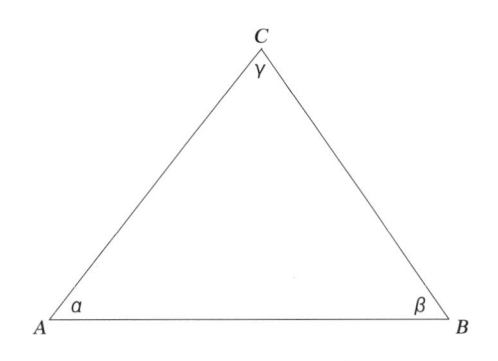

図 10.4 三角測量の概念図

10.4 ステレオ視

画像上の点は1本の視線を表していることを考えると，1台のカメラで撮影した画像から，観測対象の方向を知ることができる．図 10.5 に示すように，2 台のカメラを使って同じ物体を撮影すると，三角測量の原理により，撮影した画像から物体上の位置を知ることができ，物体の 3 次元形状を推定するが可能である．

この方法は**ステレオ視**といい，その原理をわかりやすく説明するために，まず，図 10.6 に示すような理想的なカメラ配置について考える．この場合，2 台のカメラはともにピンホールカメラモデルで表現できる理想的なカメラで，二つのカメラ座標系のそれぞれの座標軸はすべて平行である．また，カメラ 2 の投影中心はカメラ 1 の X 軸上にあり，カメラ 1 の投影中心との距離が b である．カメラがこのように配置されるステレオ視は**平行ステレオ**という．

カメラ 1 とカメラ 2 の座標系はそれぞれ $O\text{-}XYZ$ と $O'\text{-}X'Y'Z'$ とすると，二つの座標系の間の変換式は次のように記述できる．

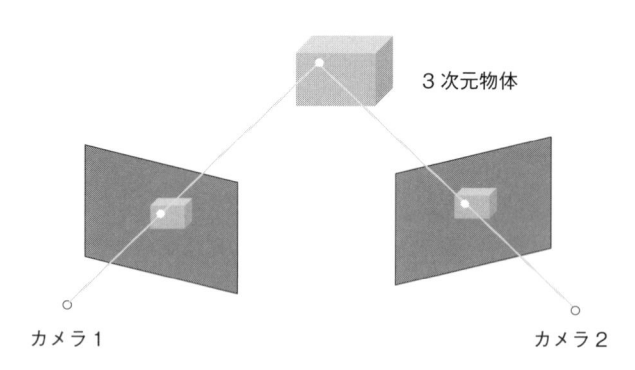

図 10.5　ステレオ視の概念図

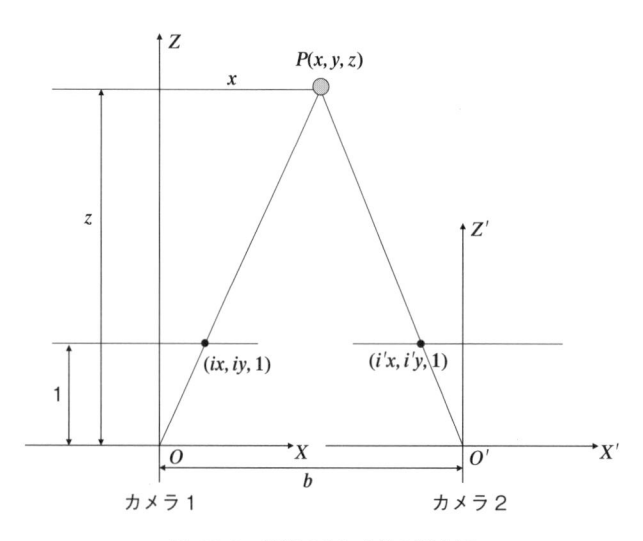

図 10.6　平行ステレオ視の概念図

$$\begin{cases} x' = x - b \\ y' = y \\ z' = z \end{cases} \tag{10.14}$$

この場合，ある計測対象の点 $P = (x, y, z)$ のカメラ1とカメラ2の像の位置 (i_x, i_y) と (i'_x, i'_y) は次のようになる．

$$\begin{cases} i_x = \dfrac{x}{z} \\ i_y = \dfrac{y}{z} \end{cases}, \quad \begin{cases} i'_x = \dfrac{x'}{z'} = \dfrac{x-b}{z} \\ i'_y = \dfrac{y'}{z'} = \dfrac{y}{z} \end{cases}. \tag{10.15}$$

$i_x - i'_x$ を計算すると，Z が計算できる．Z の結果を i_x, i_y の式に代入すると，P の3次元座標は次のように計算できる．

$$\begin{cases} x = \dfrac{i_x}{i_x - i'_x} b \\ y = \dfrac{i_y}{i_x - i'_x} b \\ z = \dfrac{b}{i_x - i'_x} \end{cases} \tag{10.16}$$

式 (10.16) の中の $i_x - i'_x$ は，点 P のカメラ1とカメラ2の像の位置のずれを示しており，一般的に視差と呼ばれる．

10.4.1 ステレオ視の計測誤差

P の像の位置に誤差があると，式 (10.16) で計算した P の3次元座標にも誤差が表れる．視差 $i_x - i'_x$ に誤差 Δx があると，Z の誤差 ΔZ は次の式で

$$\Delta Z = -\frac{b}{(i_x - i'_x)^2} \Delta x = -\frac{Z^2}{b} \Delta x \tag{10.17}$$

計算できる．奥行の誤差は奥行 (Z) の2乗と視差に比例し，2台のカメラ間の距離 b に反比例する．一つ例をあげると，カメラの水平画角が90度，カメラ間の距離が60ミリ，カメラの水平解像度が4000画素の場合，奥行 (Z) が約1メートルの物体を計測するとき，視差に1画素程度の誤差がある場合，Z の計測誤差は約10ミリになる．このように，1000万画素級のカメラを使っても無視できない計測誤差が生じることがわかる．計測誤差を減らすために，カメラ間の距離を増やし，カメラの解像度を高める（視差の誤差が減る）ことが有効である．一方，計測対象がカメラから遠く離れる場合，奥行の2乗の効果が圧倒的に強くなるので，精度の良い3次元計測結果が望めない．

10.4.2 一般的なステレオ視

実際にカメラを2台使って，対象の3次元位置や形状を測る場合，カメラの配置は必ずしも平行ステレオのようになっていると限らない．この場合，2台のカメラで撮影した画像を平行ステレオの画像に変換することによって，式 (10.16) を使って対象の3次元情報を計算することができる．

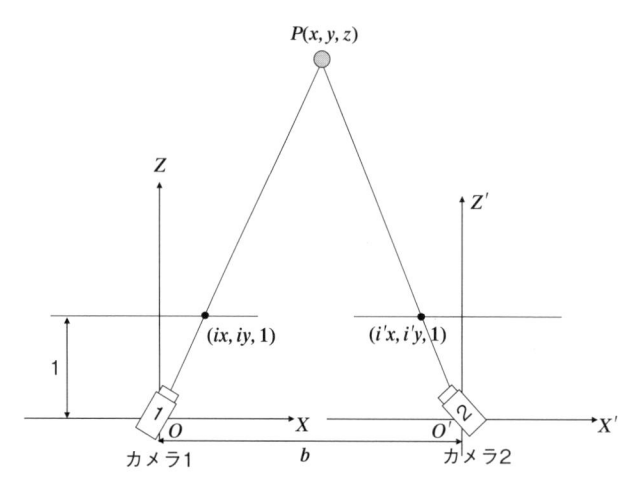

図 10.7 一般的な二眼ステレオ視

　図 10.7 に示すように，まず，2 台のカメラの投影中心を基準点にして，その中の 1 台目カメラの投影中心を座標原点にし，2 台のカメラの投影中心を結ぶ直線を X 軸にする．次に，任意の X 軸と垂直する方向（例えば，1 台目のカメラの光軸と X 軸を含む平面内の X 軸と垂直する直線）を Z 軸の方向とする．このように定義した平行ステレオ座標系 $O\text{-}XYZ$ への 2 台のカメラの座標系からの回転変換行列をそれぞれ $\mathbf{R_1}$ と $\mathbf{R_2}$ とする．

　ある 3 次元計測対象の点 P のカメラ 1，カメラ 2 の画像上の像の座標はそれぞれ，(x_1, y_1) と (x_2, y_2) とすると，まず事前のカメラ内部パラメータ較正の結果を利用して，ピンホールカメラモデルの像 (x'_1, y'_1) と (x'_2, y'_2) を求める．次に，平行ステレオ座標系 $O\text{-}XYZ$ 座標系に回転してから，平行ステレオのカメラ 1 とカメラ 2 の像の位置を計算する．

$$\begin{pmatrix} I_x \\ I_y \\ I_z \end{pmatrix} = \mathbf{R_1} \begin{pmatrix} x'_1 \\ y'_1 \\ 1 \end{pmatrix}, \quad \begin{pmatrix} I'_x \\ I'_y \\ I'_z \end{pmatrix} = \mathbf{R_2} \begin{pmatrix} x'_2 \\ y'_2 \\ 1 \end{pmatrix}, \tag{10.18}$$

$$\begin{cases} i_x = \dfrac{I_x}{I_z} \\ i_y = \dfrac{I_y}{I_z} \end{cases}, \quad \begin{cases} i'_x = \dfrac{I'_x}{I'_z} \\ i'_y = \dfrac{I'_y}{I'_z} \end{cases} \tag{10.19}$$

この変換は，像 $(x'_1, y'_1, 1)$ と $(x'_2, y'_2, 1)$ を 3 次元空間上の点と見なして，平行ステレオの 2 台のカメラを使ってそれぞれを撮影することに相当する．ここまですると，式 (10.16) を利用して点 P の 3 次元座標を計算できる．

　$\mathbf{R_1}$，$\mathbf{R_2}$ と $O'-O$ は 2 台のカメラ間の相対的な姿勢と位置関係を表している．これらのパラメータは，カメラに固有のものではなく，カメラの設置によって決定されるもので，カメラと外部世界との関係を表すものである．一般的に，これらのパラメータはカメラの**外部パラメータ**（*extrinsic camera parameters*）と呼ばれる．カメラの外部パラメータは，カメラの内部パ

ラメータと同様，一般的に直接に計測することはできない．コンピュータビジョンの分野で，幾何学的な形状は既知の基準物体に対して複数回撮影し，その基準物体の3次元座標が既知の点の像の座標を利用して，間接的に求める．

10.4.3 画像間の対応付け

ステレオ視の場合，物体上の点の3次元座標はその点の2台のカメラの画像上の像の位置から計算して推定する．実際に撮影された2枚の画像を使って物体の3次元形状を計算するために，2枚の画像から同じ3次元の点の像を特定する必要がある．言い換えれば，カメラ1の画像上のある点に写っている物体はカメラ2の画像上のどこに写っているのかという問題を答えなければならない．

「同じ物体上の同じ点であれば，同じように見えるはず」という考えに基づけば，カメラ1の画像上の各点に対して，カメラ2の画像からその点と同じように見えるものを探せばよい．ここで，「同じように見える」を「同じ色」，「同じ模様」，「輪郭の強度，方向は同じ」のような，画像の性質や特徴量で評価できるものに置き換えれば，コンピュータを使ってこの探索問題を解決できる．一方，画像上に同じように見える点は一般的に多数存在するため，単純探索であれば，複数対応や誤対応の可能性は高い．この問題を軽減するために，対応点を探すときの探索範囲を限定したい．

図10.8に示すように，2台のカメラを使って同じ点Pを撮影する場合，カメラ1の投影中心C_1，カメラ1の画像上の点I_1とPは直線L_1上にある．同様，カメラ2の投影中心C_2，カ

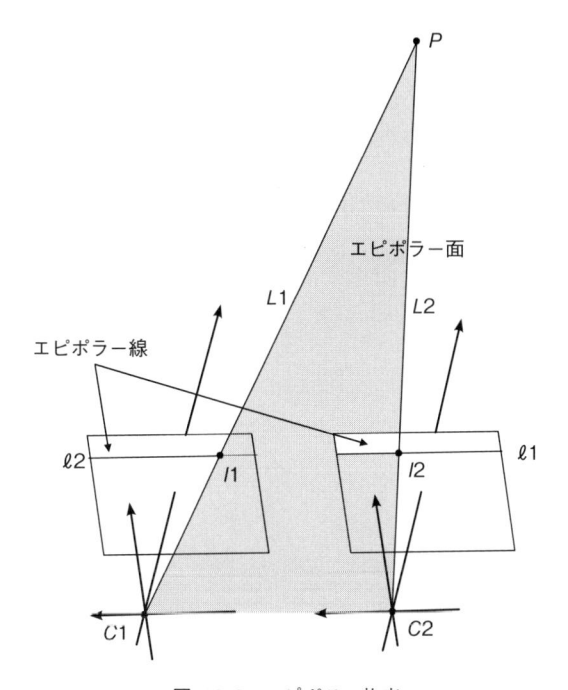

図 10.8 エピポーラ拘束

メラ2の画像上の点 I_2 と P は直線 L_2 上にある．そして，P, I_1, C_1, I_2 と C_2 は同じ平面上にある．I_1 は既知とすると，直線 L_1 も既知である．すると，L_1 のカメラ2の画像上の像 l_1 は計算できる．P は L_1 にあるので，P のカメラ2の画像上の像 I_2 は必ず l_1 の上にある．すると，I_1 と対応するカメラ2の画像上の像 I_2 を探すとき，直線 l_1 上の点だけを調べればよい．直線 l_1 のことを**エピポラー線** (*epipolar line*) といい，I_2 は必ず l_1 の上にあることを**エピポラー拘束**という．具体的な対応点の探索法として，まずカメラ1の対応を求めようとする点 I_1 から，エピポラー線 l_1 を計算する．続いて，I_1 と l_1 上の各点との1）濃度，2）エッジの強度，3）エッジの方向，4）周囲の模様などの画素および周囲の領域に関する特徴量の類似性を比較して，最も類似するものを探し出す．

対応付け問題はステレオ視における最重要問題，そして最も難しい問題の一つである．その理由は既に述べた「同じように見える点は画像の中に多数存在する」ことのほか，2台のカメラの位置や向きの違いにより，同じ物体の点でも2枚の画像上に変形して写され，類似性は低くなってしまうことがある．また，2台のカメラの視点が異なることにより，「あるカメラから見える部分はほかのカメラから見えない」というオクルージョン (occlusion) という現象が発生し，画像に別の画像との対応点が存在しない点がたくさん存在することがある．

10.4.4 能動的ステレオ視

ステレオ視における対応付け問題を確実に解決する方法はなく，とくに，白い壁のような表面形状が滑らかで，模様がない物体の場合，画像間の対応付けは絶望的に難しい．この問題を解決するために，図10.9に示すように，ステレオ視に使われる2台のカメラの中の一台を特殊な光源に置き換える．

特殊光源の一つの例はレーザーである．レーザー光線の照射方向を機械的，あるいは電子的に制御することにより，被写体を走査する．レーザーは色の純度が高く，しかも非常に明るいので，カメラで撮影した画像からその色の最も明るい点を探せば，対応付け問題を確実に解決できる．この原理を応用して開発された3次元形状計測装置は「レーザーレンジファインダー」であり，現在さまざまな製品が発売されている．レーザーレンジファインダーはレーザー光線を使って被写体を走査しながら多数回の撮影をするために，一回の計測にかかる時間が長い．

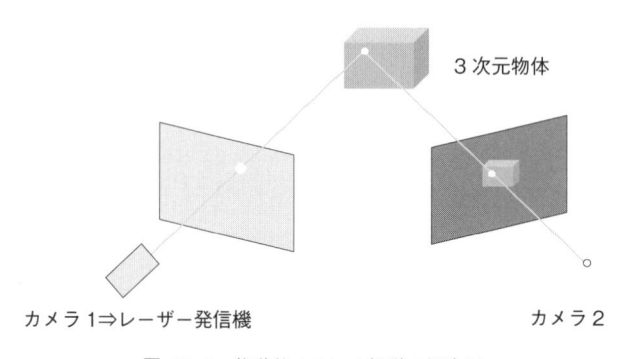

図 10.9 能動的ステレオ視覚の概念図

レーザー光線の代わりに，特殊の模様の可視光，あるいは赤外線の光パターンを投射する方法もある．照射する模様の特殊性により，照射光と撮影画像との対応付けはあいまい性なく求めることができる．最近，ゲーム機の入力デバイスとして発売された Microsoft 社の Kinect は，この原理を利用している．これらの方法は特殊光源で照射して物体に反射される光を利用するので，撮影対象がカメラから遠く離れている場合，表面が黒い物体，毛皮や毛髪類の物体の場合，反射光が弱くなり形状の計測が困難になる．また，奥行きの計算方法はステレオ視と同じなので，3次元位置の推定誤算が奥行きの2乗に比例する．そのほか，レーダーの原理を応用して，光を照射して被写体に当たって戻ってくる間の時間を測ることにより距離情報を獲得する Time of flight 法も開発され，多くの製品が市販されている．この方法は，三角測量原理を使わないので，距離の増大に伴い計測誤差が増加する現象が発生しない．

演習問題

設問1 ある三角形の頂点の三次元座標はそれぞれ $A = (10, 20, 10)$, $B = (40, 50, 20)$, $C = (6, 4, 2)$ である．この三角形のピンホールカメラモデルで撮影した画像面での各頂点の座標を求め，三角形の像を図示せよ．

設問2 焦点距離は800画素，画像の中心の座標は $(400, 300)$ であるカメラで撮影した画像上の点をピンホールカメラモデルの画像上の点の座標への変換式を書きなさい．

設問3 平行ステレオ視である点 P の3次元座標を計算する．P のカメラ1，カメラ2の画像上の像の位置はそれぞれ $(0.5, 0.2)$, $(0.1, i'_y)$ とする．カメラ2の画像上のエピポーラ線の座標を計算して，i'_y を求めなさい．そして，P の3次元座標を計算せよ．

設問4 カメラの内部パラメータと外部パラメータの定義を述べよ．

参考文献

[1] Forsyth, D. A. and Ponce, J.（大北剛 訳）：『コンピュータビジョン』共立出版 (2007)
[2] Castleman, K. R.: *Digital Image Processing*, Prentice-Hall (1996)
[3] 谷口慶治：『画像処理工学 基礎編』共立出版 (1996)
[4] 田村秀行 編著：『コンピュータ画像処理』オーム社 (2002)
[5] 佐藤淳：『コンピュータビジョン ―視覚の幾何学―』コロナ社 (1999)

第11章
画像符号化の基礎

□ 学習のポイント

　画像のデータ量は膨大であるため，伝送や蓄積を行うためには，データ量の削減が必要不可欠である．画像符号化技術は，画像の統計的な性質や視覚特性などを利用して，画像のデータ量を削減するための技術であり，国際標準化を経て，さまざまな分野において幅広く利用されている．本章では，画像符号化の基盤となる原理を説明し，ハフマン符号化，予測符号化，変換符号化，ランレングス符号化について説明を行う．

- 画像符号化の基盤となる原理を理解する．
- 可逆符号化と非可逆符号化の違いを理解する．
- ハフマン符号の構成法を理解する．
- 予測符号化の手順とそのデータ量削減可能な理由を理解する．
- 変換符号化の手順とそのデータ量削減可能な理由を理解する．
- ランレングス符号化とそのデータ量削減可能な理由を理解する．

□ キーワード

　符号化, 高能率符号化, 符号語, 符号, シンボル, 符号長, 平均符号長, 情報量, エントロピー, 量子化, 可逆符号化, 非可逆符号化, エントロピー符号化, 瞬時符号, 符号の木, ハフマン符号, 予測符号化, 予測誤差, ラスタスキャン, 変換符号化, 基底, 変換係数, 2次元離散コサイン変換, ランレングス符号化, ジグザグスキャン

11.1 画像のデータ量

　今，例として，大きさ $1{,}920 \times 1{,}080$ 画素, 毎秒 30 フレームからなるカラー動画像について考えてみる．この動画像は R, G, B 信号で表現されており，各成分はそれぞれ 8 ビットで量子化されているものとする．この動画像の 1 フレーム当たりのデータ量は，

$$1{,}920 \times 1{,}080 \times 8 \times 3 = 49{,}766{,}400 \quad (\text{ビット}) \tag{11.1}$$

であり，これを 100 分間記録するためには，

$$49{,}766{,}400 \times 30 \times 60 \times 100 = 8{,}957{,}952{,}000{,}000 \quad (\text{ビット}) \tag{11.2}$$

の容量が必要になる．すなわち，このような画像フォーマットをもつ 100 分間の映画を 1 本記録するためには，1 TB（テラバイト）を超えるような大容量の蓄積メディアが必要になるわけであり，現実的な話であるとは言いがたい．

この例からもわかるように，画像，とくに動画像のデータ量は膨大であり，これを伝送したり蓄積したりするためには，データ量を削減することが必要不可欠である．では，どのようにすれば画像のデータ量を削減することができるのであろうか．以下，順を追って説明することにする．

11.2 画像符号化の原理

情報を 0 と 1 の系列に対応づけることを**符号化** (encoding) という．また，情報のもつ統計的性質などを利用することによりデータ量の削減を図った符号化のことを，**高能率符号化** (high-efficiency coding) という．画像の高能率符号化は，単に**画像符号化**とも呼ばれる．

ここでは，画像符号化の基盤となる二つの原理について説明する．

11.2.1 符号

例として，階調数が 4 で大きさが 4×4 画素のグレースケール画像を考えてみる．図 11.1(a) は，この画像の画素値を示した図であり，最も暗い画素を 0，最も明るい画素を 3 とした 0~3 の 10 進数値を用いて画素値を表している．

今，画素値 0~3 を，表 11.1 に示すような 2 ビットの 2 進数値を用いて表してみることにする．各画素値に対して与えられたこのような 0 と 1 の系列を**符号語** (code word) という．また，この対応関係を**符号** (code) という．表 11.1 に示された符号を用いると，このグレースケール画像は図 11.1(b) から明らかなように，32 ビットで符号化することができる．

一方，同じ画像に対して，表 11.2 に示すような符号を用いて符号化してみることにする．この場合には，図 11.1(c) から明らかなように，28 ビットで符号化することができる．このことから，同じ画像であっても，使用する符号によってデータ量が異なることがわかる．

この例をもう少し一般化して説明してみることにする．今，ある情報源があって，そこからある確率に従って，文字，記号，画素値などが次々に出現するものとする．このように出現す

0	0	1	2
0	0	1	2
0	0	1	3
0	0	1	3

(a) 画素値

00	00	01	10
00	00	01	10
00	00	01	11
00	00	01	11

(b) 符号 A による符号化

0	0	10	110
0	0	10	110
0	0	10	111
0	0	10	111

(c) 符号 B による符号化

図 **11.1** グレースケール画像の符号化

表 11.1 符号 A

画素値	符号語
0	00
1	01
2	10
3	11

表 11.2 符号 B

画素値	符号語
0	0
1	10
2	110
3	111

表 11.3 出現確率,符号語,符号長

シンボル x	出現確率 $P(x)$	符号語 $C(x)$	符号長 $L(x)$
0	1/2	0	1
1	1/4	10	2
2	1/8	110	3
3	1/8	111	3

る文字,記号,画素値などを**シンボル** (symbol) と呼ぶ.シンボル x の出現確率を $P(x)$,シンボル x に与えられた**符号語** $C(x)$ の**符号長**を $L(x)$ とすると,**平均符号長** λ は,

$$\lambda = \sum_x P(x) \cdot L(x) \quad (\text{ビット}) \tag{11.3}$$

となる.

図 11.1 に示したグレースケール画像を表 11.1 の符号を用いて符号化した場合,計算するまでもなく平均符号長は 2 ビットである.一方,表 11.2 の符号を用いて符号化した場合,各シンボルの出現確率,符号語,符号長は,表 11.3 のようになるので,その平均符号長は,

$$\lambda = \sum_x P(x) \cdot L(x) = \frac{1}{2} \cdot 1 + \frac{1}{4} \cdot 2 + \frac{1}{8} \cdot 3 + \frac{1}{8} \cdot 3 = 1.75 \quad (\text{ビット}) \tag{11.4}$$

である.すなわち,データ量を削減するためには,平均符号長の短い符号を用いればよいことがわかる.

しかしながら,限りなく短い平均符号長をもつ符号を構成することはできない.平均符号長には下限が存在することが知られている.瞬時符号と呼ばれる符号の平均符号長 λ は,**エントロピー** (entropy) と呼ばれる出現確率から定まるシンボルあたりの平均情報量

$$H = -\sum_x P(x) \log_2 P(x) \quad (\text{ビット}) \tag{11.5}$$

に対して,

$$\lambda \geq H \tag{11.6}$$

であることが証明されている.ここで,瞬時符号とは,どの符号語も,ほかの符号語の先頭部分と一致しない符号のことをいう.これについては,11.4.1 項で説明する.図 11.1 に示したグレースケール画像のエントロピーは,

$$H = -\sum_x P(x)\log_2 P(x)$$
$$= -\frac{1}{2}\cdot\log_2\frac{1}{2} - \frac{1}{4}\cdot\log_2\frac{1}{4} - \frac{1}{8}\cdot\log_2\frac{1}{8} - \frac{1}{8}\cdot\log_2\frac{1}{8}$$
$$= 1.75 \quad (\text{ビット}) \tag{11.7}$$

であるので，表 11.3 の符号は平均符号長の下限を与える符号であることがわかる．

式 (11.6) は，平均符号長には下限が存在することを示しているが，一方で，エントロピーに近い平均符号長をもつ符号を構成できることを示唆している．このような符号の構成法については，11.4.2 項で説明することにする．

11.2.2　量子化

画像符号化における**量子化**とは，アナログ信号をデジタル信号に変換するための操作ではなく，出現するシンボルの数を削減する操作のことである．

今，ある情報源から出現する二つのシンボル x_i, x_j を一つのシンボル x_k で置き換えることを考える．このとき，置き換える前のエントロピーを H，置き換えたあとのエントロピーを H' とすると，両者の値の違いはそれぞれのもつ部分和

$$-P(x_i)\log_2 P(x_i) - P(x_j)\log_2 P(x_j) = -\log_2\{P(x_i)^{P(x_i)}\cdot P(x_j)^{P(x_j)}\} \tag{11.8}$$

と

$$-P(x_k)\log_2 P(x_k) = -\{P(x_i)+P(x_j)\}\log_2\{P(x_i)+P(x_j)\}$$
$$= -\log_2\{P(x_i)+P(x_j)\}^{P(x_i)}\cdot\{P(x_i)+P(x_j)\}^{P(x_j)} \tag{11.9}$$

の値の違いに基づくものである．これらは，

$$-P(x_i)\log_2 P(x_i) - P(x_j)\log_2 P(x_j) > -P(x_k)\log_2 P(x_k) \tag{11.10}$$

という関係をもつので，

$$H > H' \tag{11.11}$$

となる．シンボル数を削減する操作は，このような置き換えの繰り返しであると考えることができるので，量子化は，エントロピーを小さくする操作であることがわかる．

11.2.1 項で述べたように，エントロピーが小さくなれば，平均符号長の下限は小さくなる．すなわち，量子化を行うことにより平均符号長のより短い符号を構成することができ，データ量を削減することができる．

一方で，シンボル数の削減は，復号画素値の誤差を増加させることになる．そのため，量子化は，誤差の増加を前提とした上で，視覚特性を考慮して用いられる．

11.3　可逆符号化と非可逆符号化

画像符号化は，**可逆符号化** (lossless coding) と**非可逆符号化** (lossy coding) に分類するこ

とができる．

可逆符号化は，元の画像信号に正しく戻すことができる符号化のことをいう．一方，非可逆符号化は，元の画像信号には厳密には戻すことができない符号化のことをいう．量子化を伴う符号化は，非可逆符号化である．また，量子化を伴わない場合でも，浮動小数点数の演算などにより誤差が発生するような場合には非可逆符号化となる．

画像信号の符号化には，これまでは非可逆符号化を用いることが多かったが，近年，医用画像や印刷用画像など高画質であることが求められる場合が増えており，可逆符号化の利用が増加しつつある．

11.4 エントロピー符号化

シンボルの出現確率の偏りなどの統計的性質を利用して，平均符号長を短くする可逆符号化のことを**エントロピー符号化** (entropy coding) という．代表的なエントロピー符号化には，ハフマン符号化 (Huffman coding) や算術符号化 (arithmetic coding) などがある．ここでは，ハフマン符号化について説明する．

11.4.1 瞬時符号

ハフマン符号化の説明を行うにあたり，まず，瞬時符号について説明しておくことにする．

どの符号語もほかの符号語の先頭部分と一致しない符号のことを**瞬時符号**(instantaneous code) という．瞬時符号の例を表 11.4 に示す．瞬時符号における符号語は，図 11.2 に示すような**符号の木**において，根から葉までたどった枝のラベルを順に並べたものとなっている．

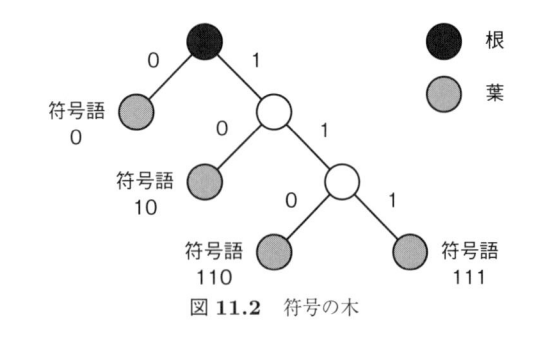

この符号を用いて連続的に送られた符号語に対する復号の例を図 11.3 に示す．図に示されるように，瞬時符号は，シンボル x の符号語 $C(x)$ を読み終えた瞬間に x を復号することがで

表 11.4 瞬時符号の符号表

シンボル x	符号語 $C(x)$
0	0
1	10
2	110
3	111

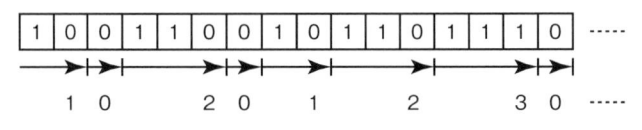

図 11.2 符号の木

図 11.3 瞬時符号の復号

きる．

11.4.2 ハフマン符号

ハフマン符号は，最小の平均符号長を与える瞬時符号である．ハフマン符号の構成手順を次に示す．

(a) 出現確率の大きい順にシンボルを並べる．
(b) 出現確率の最も小さい二つのシンボルを選び，これらを一つの新しいシンボルに置き換え，二つのシンボルの出現確率の和を新しいシンボルの出現確率とする．シンボルの数が 2 以上ならば，手順 (a) に戻る．
(c) これまでに実施されたシンボルの統合過程に対応する木を作り，各節点から伸びている二つの枝に 0 と 1 のラベルを付加することによって符号の木を得る．

また，ハフマン符号の構成例を表 11.5 に，その構成過程を図 11.4 に示す．

前述したハフマン符号の手順 (a) では，等しい出現確率のシンボルが複数ある場合，シンボルをどのように並べるかについてはとくに定めていない．また，手順 (c) では，二つの枝のどちらに 0 と 1 を付加するかについてはとくに定めていない．そのため，構成されるハフマン符号は一意ではなく，上記の任意性に応じて異なる符号語の組が得られることになる．ただし，構成される符号の平均符号長は同一となる．

表 11.5 ハフマン符号の構成

シンボル x	出現確率 $P(x)$	符号語 $C(x)$
0	1/5	10
1	1/3	00
2	2/15	010
3	1/5	11
4	2/15	011

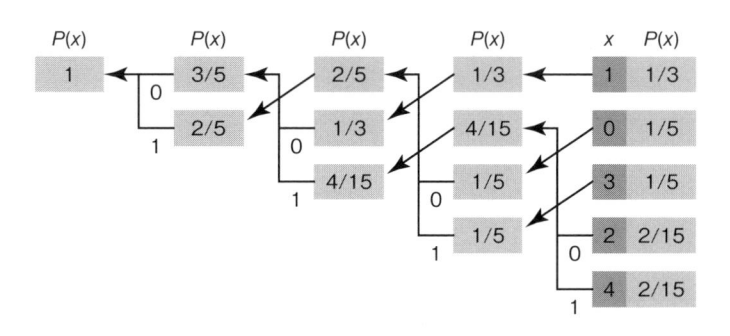

図 11.4 ハフマン符号の構成過程

11.5 予測符号化

式 (11.6) によれば，瞬時符号の平均符号長には下限が存在しており，エントロピーよりも小さな平均符号長をもつ符号を構成することはできない．たとえば，11.2 節に示した例の場合には，対象とする画像の各画素値の出現確率に基づきエントロピーが定まり，平均符号長はそれより短くなることはない．そのため，データ量をさらに削減するために，与えられたシンボル系列を，エントロピーが小さな別のシンボル系列にいったん変換し，変換したシンボル系列に対して符号化することが行われる．このとき，どのようなシンボル系列に変換すればエントロピーを小さくできるかが重要な課題となり，これまでにさまざまな変換方法が提案されている．**予測符号化** (predictive coding) は，そのようなシンボル系列の変換を利用した符号化の一つである．

予測符号化では，注目画素の画素値をそのまま符号化するのではなく，近隣にある既知の画素値を用いて注目画素の画素値を予測し，予測した画素値と実際の画素値の差分を符号化する．このような予測した画素値と実際の画素値との差分のことを**予測誤差**という．以下では，まず，画像を 1 次元信号と考えて，予測符号化の手順を説明する．

今，画素値 $x(0), x(1), \ldots, x(M-1)$ を伝送することを考える．最も簡単なのは，これらの画素値をそのまま順番に伝送することである．しかしながら，次のような手順を用いても受信側において全く同様の画素値を得ることができる．

まず，送信側と受信側において，予測値の求め方をあらかじめ定めておく．ここでは，例として，左隣の画素の画素値を予測値とすることにする．すなわち，画素値 $x(m)$ の予測値を $\hat{x}(m)$ とするとき，$\hat{x}(m) = x(m-1)$ とする．このような予測値の定め方を前値予測という．なお，ここでは便宜的に $x(-1) = 0$ と定義しておく．そして，送信側では，予測誤差 $e(m) = x(m) - \hat{x}(m)$ を $m = 0$ から順番に伝送する．一方，受信側では，$m = 0$ から順番に画素値を $x(m) = \hat{x}(m) + e(m)$ と求める．これにより，元の $x(0), x(1), \ldots, x(M-1)$ を得ることができる．

このように，画素値 $x(0), x(1), \ldots, x(M-1)$ を予測誤差 $e(0), e(1), \ldots, e(M-1)$ に変換して伝送する方式を予測符号化という．前値予測を用いた予測符号化の概念を図 11.5 に示す．

次に，図 11.6 に示すように，画像を 2 次元信号として，その画素値を伝送することを考える．通常，2 次元信号の場合には，**ラスタスキャン** (raster scan) と呼ばれる順番で画素値を伝送する．ラスタスキャンとは，同図に示されるように，画像の左上端から右方向に進み，右端についたら一つ下がって，再び左端から右方向に進むスキャンのことをいう．

2 次元信号に対する予測符号化の手順は，1 次元信号の場合と全く同様である．ただし，予測値の算出には，2 次元信号であることを考慮して，注目画素の 1 ライン上にある伝送済みの近隣画素の画素値も用いる．代表的な予測値の算出方法には，

$$\hat{x}(m, n) = x(m-1, n) \tag{11.12}$$

$$\hat{x}(m, n) = x(m, n-1) \tag{11.13}$$

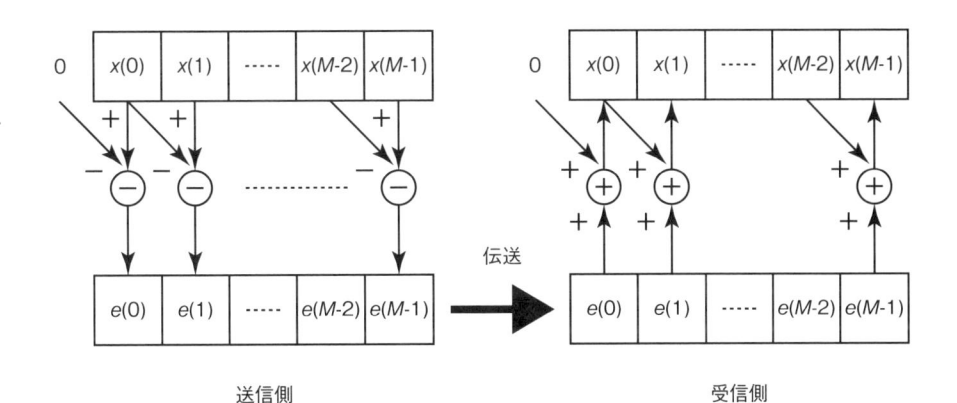

図 11.5 前値予測を用いた予測符号化

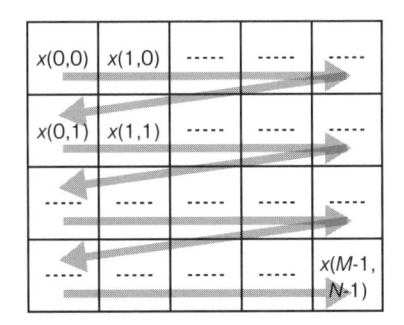

図 11.6 2次元信号とラスタスキャン

$$\hat{x}(m,n) = x(m-1, n-1) \tag{11.14}$$

$$\hat{x}(m,n) = x(m-1, n) + x(m, n-1) - x(m-1, n-1) \tag{11.15}$$

$$\hat{x}(m,n) = \frac{x(m-1, n) + x(m, n-1)}{2} \tag{11.16}$$

などがある．ここで，$\hat{x}(m,n)$ は，階調値 $x(m,n)$ に対する予測値である．

一般に，画像信号は，近隣画素間に強い相関があるため，予測誤差は小さな値をとることが多い．そのため，予測誤差のエントロピーは，画素値のエントロピーよりも小さくなる．このような画像の性質を利用して，予測符号化では，画素値の系列を予測誤差というエントロピーの小さな系列にいったん変換し，変換したシンボル系列に対して量子化やハフマン符号化などを適用することによりデータ量の削減を実現する．

11.6　変換符号化

変換符号化 (transform coding) は，シンボル系列の変換を利用した符号化の一つである．

今，図 11.7 に示すような画素値 56 と 72 の隣接した二つの画素について考えてみる．この二つの画素値は，同図に示すように分解して表すことができる．ここで，図中の二つの基本的な

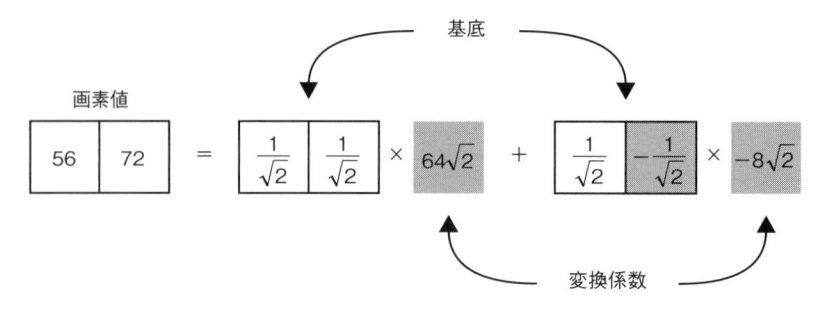

図 11.7 1次元信号における画素値と変換係数

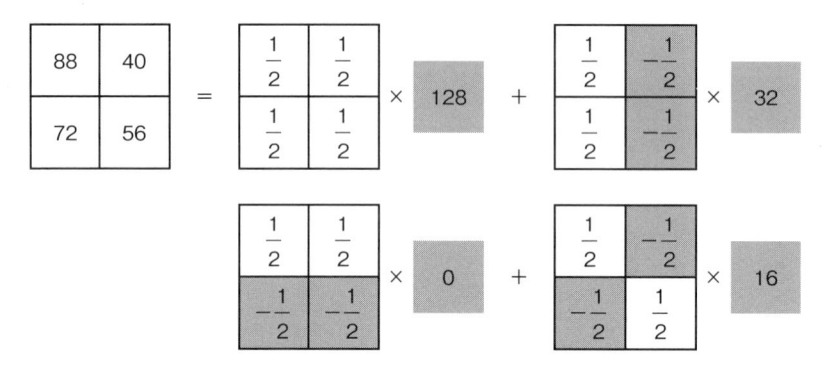

図 11.8 2次元信号における画素値と変換係数

パターンは**基底**と呼ばれるものであり，これらのパターンへの乗数は**変換係数**と呼ばれる．図 11.7 に示される画素値と変換係数の関係は，

$$\begin{bmatrix} 56 \\ 72 \end{bmatrix} = \frac{1}{\sqrt{2}} \begin{bmatrix} 1 & 1 \\ 1 & -1 \end{bmatrix} \begin{bmatrix} 64\sqrt{2} \\ -8\sqrt{2} \end{bmatrix} \tag{11.17}$$

という変換式で表すことができる．また，この変換式は，

$$\begin{bmatrix} 64\sqrt{2} \\ -8\sqrt{2} \end{bmatrix} = \frac{1}{\sqrt{2}} \begin{bmatrix} 1 & 1 \\ 1 & -1 \end{bmatrix} \begin{bmatrix} 56 \\ 72 \end{bmatrix} \tag{11.18}$$

と変形することができる．すなわち，式 (11.18) を用いて画素値を変換係数に変換し，式 (11.17) を用いて変換係数を画素値に戻すことができる．

次に，もう一つの例として，図 11.8 に示すような大きさ 2×2 の画素のブロックについて考えてみる．この四つの画素値は，同図に示すように分解して表すことができる．

図 11.8 に示される画素値と変換係数の関係は，式 (11.18) 中の

$$H = \frac{1}{\sqrt{2}} \begin{bmatrix} 1 & 1 \\ 1 & -1 \end{bmatrix} \tag{11.19}$$

を用いて，

$$\begin{bmatrix} 88 & 40 \\ 72 & 56 \end{bmatrix} = H^{-1} \begin{bmatrix} 128 & 32 \\ 0 & 16 \end{bmatrix} {}^t(H^{-1}), \tag{11.20}$$

$$\begin{bmatrix} 128 & 32 \\ 0 & 16 \end{bmatrix} = H \begin{bmatrix} 88 & 40 \\ 72 & 56 \end{bmatrix} {}^t H \tag{11.21}$$

により表すことができる．ここで，H^{-1} は H の逆行列であり，${}^t H$ は H の転置行列である．すなわち，この例でも，式 (11.21) を用いて画素値を変換係数に変換し，式 (11.20) を用いて変換係数を画素値に戻すことができる．式 (11.21), (11.20) は，式 (11.18), (11.17) の変換を水平方向と垂直方向に対して縦続的に行うような変換を表している．

変換符号化は，このような変換を利用した符号化方式であり，画像を複数のブロックに分割してそれぞれに対して直交変換を行い，得られた変換係数を符号化するものである．変換符号化では，1) 各基底に対する変換係数はそれぞれ異なる偏りをもっている，2) 人間は高域周波数成分を知覚しにくい，などを考慮して，各基底の変換係数に対して異なる量子化を行ったり，異なる符号を適用するなどして，データ量の削減を実現する．

変換符号化においては，どのような直交変換を用いるのかによって，符号化の性能が異なってくる．現在，国際標準規格など多くの符号化方式では，サイズ 8×8 の **2 次元離散コサイン変換**(discrete cosine transform; DCT) を用いている．

サイズ $N \times N$ の DCT は，ブロック内の座標 (x, y) の画素値を $f(x, y)$, (u, v) 変換係数を $F(u, v)$ とするとき，

$$F(u,v) = \frac{2}{N} C(u)C(v) \sum_{x=0}^{N-1} \sum_{y=0}^{N-1} f(x,y) \cos \frac{(2x+1)u\pi}{2N} \cos \frac{(2y+1)v\pi}{2N},$$
$$u, v, x, y = 0, 1, 2, \ldots, N-1 \tag{11.22}$$

と定義される．ここで，

$$C(t) = \begin{cases} 1/\sqrt{2}, & t = 0, \\ 1, & t \neq 0, \end{cases} \tag{11.23}$$

である．また，逆 DCT は，

$$f(x,y) = \frac{2}{N} \sum_{u=0}^{N-1} \sum_{v=0}^{N-1} C(u)C(v)F(u,v) \cos \frac{(2x+1)u\pi}{2N} \cos \frac{(2y+1)v\pi}{2N} \tag{11.24}$$

と定義される．

$N = 8$ のときの DCT の基底を図 11.9 に示す．図に示された $8 \times 8 = 64$ 個の小さなパターンそれぞれが基底である．図 11.8 の例では，大きさ 2×2 のブロックの画素値を，4 個の基底を用いて分解して表していたが，サイズ 8×8 の DCT を用いる場合には，大きさ 8×8 のブロックの画素値を，図 11.9 に示される 64 個の基底を用いて分解して表すことになる．そして，これら 64 個の基底に対する変換係数を符号化することになる．

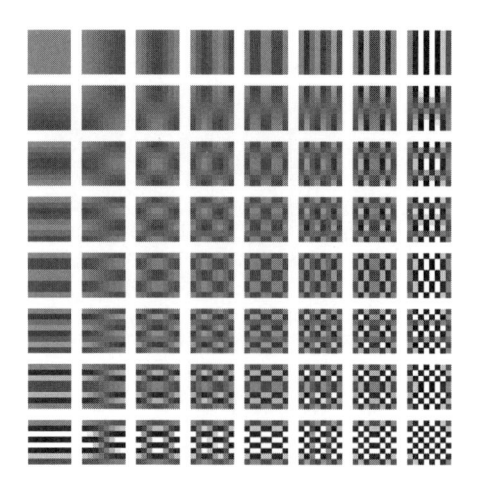

図 11.9　DCT の基底

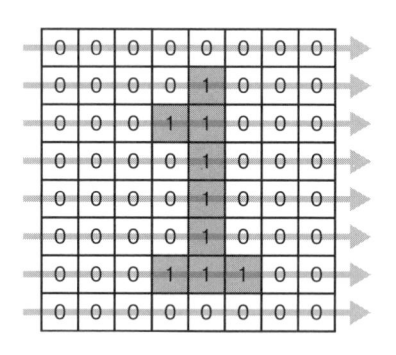

図 11.10　2 値画像

11.7　ランレングス符号化

　ランレングス符号化は，主に 2 値画像に対して用いられる符号化方式である．

　今，図 11.10 に示すような 2 値画像を伝送することを考えてみる．この信号に対して，図に示すように，水平方向に画素を順番にスキャンしていくと，白画素と黒画素の連なりが交互に現れることがわかる．一般に，ファクシミリなどで伝送する 2 値画像では，このような白画素や黒画素の連なりがある程度の長さをもって出現する．そのため，白画素と黒画素の連なりを符号化の単位として考え，その長さを符号化するという方法を考えることができる．このような白画素あるいは黒画素の連なりをラン (run) といい，その長さをラン長 (run-length) という．また，このような符号化をランレングス符号化 (run-length coding) という．

　前述したように，2 値画像においては白ランと黒ランが交互に現れるので，各行の最初のランの色の情報を与えれば，それ以降のランに対して色の情報を与える必要はない．あるいは，各行最初のランは必ず白ランであると定めておき，黒ランから始まる場合には最初の白ランの長さが 0 であると定義すれば，ランの色を示す情報は不要となる．

表 11.6 ランレングス符号化の符号表

ラン長	白ラン 出現確率	白ラン 符号語	黒ラン 出現確率	黒ラン 符号語
1	0.20	01	0.45	0
2	0.19	00	0.19	100
3	0.18	111	0.15	101
4	0.17	110	0.10	110
5	0.15	101	0.07	1110
6	0.10	1001	0.03	11110
7	0.01	1000	0.01	11111

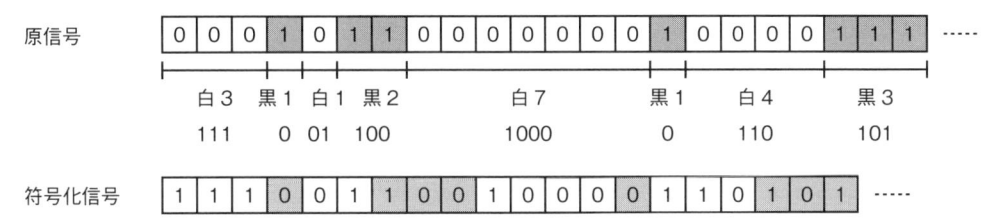

図 11.11 ランレングス符号化

　また，黒ランの長さと白ランの長さは，統計的に同じではない．一般に，黒ランの長さは短く，白ランの長さは長い．そのため，それぞれの出現確率に基づいた異なる符号が用いられる．白ランと黒ランに対する符号の例を表 11.6 に，符号化の例を図 11.11 に示す．

　本節の最初に述べたように，ランレングス符号化は，主に 2 値画像に対して用いられる符号化方式である．しかしながら，次に示すように，多値レベルをもつ信号においてもラン長を用いた符号化が用いられている．

　今，例として，図 11.12 に示すような多値レベルをもつ 2 次元信号を考えてみる．この 2 次元信号は，左上側には 0 でない値が存在しているが，右下側はすべて 0 であるという特徴をもっている．11.6 節で説明した変換符号化したあとの変換係数は，このような 2 次元的な特徴をもつことが多く，図 11.12 はそれを模擬したものである．

　この信号を**ジグザグスキャン**と呼ばれる図中に示したような順番でスキャンしていくと，いくつかの 0 の連なりが現れ，スキャンの後半は 0 が続くことがわかる．そのため，ゼロラン長とその直後の値を符号化の単位として符号化するという方法を考えることができる．このような符号化方式の符号の例を表 11.7 に，符号化の例を図 11.13 に示す．この例では，便宜的に最初の値は別途符号化するものとして，2 番目の画素以降のみを符号化している．

図 11.12 多値レベルをもつ 2 次元信号

表 11.7 多値レベルをもつ 2 次元信号に対する符号表

シンボル		符号語
ゼロラン長	直後の値	
End of Block		10
0	1	111
0	2	110
0	3	0111
0	4	0110
1	1	01001
2	1	01000
3	1	01011
4	1	01010
...	...	...

	ゼロラン長	直後の値					End of Block（ブロックの終了を示す）
シンボル	(0, 1)	(0, 2)	(0, 1)	(0, 1)	(1, 1)	(2, 1)	EOB
符号化信号	111	110	111	111	01001	01000	10

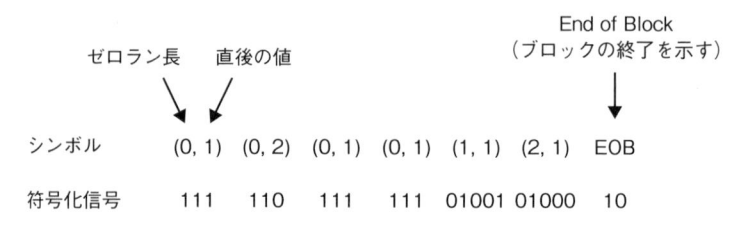

図 11.13 符号化の例

演習問題

設問1 表11.8に示す情報源に対するハフマン符号を構成し，その平均符号長を求めよ．

表 11.8　設問1

シンボル x	出現確率 $P(x)$
1	0.1
2	0.2
3	0.3
4	0.4

設問2 図11.14に示す画素値に対して，予測誤差の値を求めよ．また，求めた予測誤差の値を用いて，復号画素値を求めよ．なお，予測値の算出方法は，11.5節に示した前値予測を用いるものとする．

画素値 | 10 | 12 | 11 | 13 | 9 | 10 | 10 | 12 | 11 | 12 |

予測誤差 | 10 | | | | | | | | | |

復号画素値 | 10 | | | | | | | | | |

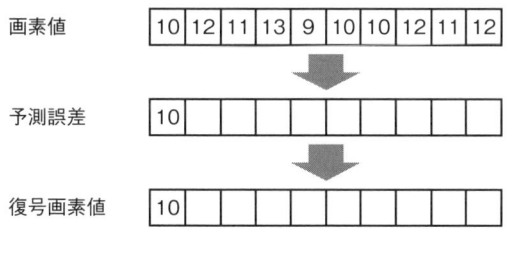

図 11.14　設問2

設問3 以下に示す変換行列 H と変換式 $Y = HX^tH$ を用いて，図11.15の 2×2 の原画像を示す X に対する変換係数 Y を求めよ．また，逆変換行列 H^{-1} を求め，2次元変換式 $Z = H^{-1}Y^t(H^{-1})$ を用いて，変換係数 Y に対する復号画像を示す Z を求めよ．

$$H = \frac{1}{\sqrt{2}} \begin{bmatrix} 1 & 1 \\ 1 & -1 \end{bmatrix}$$

原画像

160	80
100	60

$X = \begin{bmatrix} 160 & 80 \\ 100 & 60 \end{bmatrix}$

図 11.15　設問3

設問4 表11.6に示すランレングス符号化の符号表を用いて，図11.16を符号化せよ．

原信号 | 0 | 0 | 0 | 0 | 0 | 1 | 1 | 0 | 0 | 1 | 0 | 0 | 0 | 1 | 0 | 0 | 0 | 0 | 0 | 0 |

図 11.16　設問4

参考文献

[1] 奥富正敏 編:『ディジタル画像処理』CG-ARTS 協会 (2008)

[2] 塩入諭, 大町真一郎:『画像情報処理工学』朝倉書店 (2011)

[3] 村上篤道, 浅井光太郎, 関口俊一 編:『高効率映像符号化技術 HEVC/H.265 とその応用』オーム社 (2013)

[4] 高木幹雄, 下田陽久 監修:『新編 画像解析ハンドブック』東京大学出版会 (2004)

第12章
JPEGとMPEG

□ 学習のポイント

　現代社会において，我々は日常的に（異なるメーカの製品である）パーソナルコンピュータ，デジタルカメラ，携帯端末間を用いて静止画像，動画像をやりとりしている．これを可能にしているのが静止画像，動画像の符号化技術の標準化である．この標準化のおかげで，異なるメーカの製品を組み合わせたとしても，支障なく静止画像や動画像の記録・再生が可能となっており，その恩恵は計り知れない．
　本章では，前章にて学習した画像符号化技術の基本的な知識を元に，実際に広く利用されている画像符号化の国際標準規格と，その仕組みについて学ぶ．具体的には，以下のことを学習する．

- 静止画像符号化方式である JPEG の規格について学ぶ
- 動画像符号化方式である MPEG-1, MPEG-2, H.264 の各規格とそれらの違いについて学ぶ

□ キーワード

　ISO, ITU, JPEG, MPEG, MPEG-1, MPEG-2, H.264

12.1 静止画像符号化方式 (JPEG)

　JPEG（ジェイペグ，Joint Photographic Experts Group）は，静止デジタル画像データの圧縮符号化における国際標準として最も普及しているものの一つである．なお，この標準規格の正式名称は，策定にあたった国際標準化機関である国際標準化機構 (ISO, International Organization for Standardization)，国際電気標準会議 (IEC, International Electrotechnical Commission) と国際電気通信連合 (ITU, International Telecommunication Union) を冠した "ISO/IEC 10918" あるいは "ITU-T 勧告 T.81" であるが，このように呼ばれることはほとんどなく，策定にあたったグループの名前をとって単にJPEGと呼ばれている．また，一般にJPEGとは，JPEG 標準化の一部である**非可逆符号化方式**の **Baseline** 方式を指すことが多い．そこで，本節ではこの Baseline 方式に絞って解説を行う．

12.1.1 JPEG の概要

　JPEGは本来デジタル写真画像を圧縮するために策定された規格であり，カラーデジタル画

像をその入力として仮定している．入力されたデジタル画像（**原画像**）の各色成分に対して独立に，以下の符号化処理が行われる．

- ブロック分割
- 直交変換
- 量子化
- エントロピー符号化

復号の際には，これらの処理を逆順に行うことによって画像データが得られる．前述のように，Baseline では復号によって得られる画像（**復号画像**）は原画像と完全に同一の画素値を持つ保証はなく，その劣化の度合いは，どの程度圧縮を行うかに依存している．

12.1.2 ブロック分割

JPEG では，符号化効率を高めつつ，かつ処理負荷を低く抑えるため，入力された画像を 8×8 画素のブロック (block) に分割し，これ以降の処理をこのブロック内の画素に対して行う．しかしながらその一方で，ブロックごとに個別に処理を行っているため，圧縮率を上げるとブロック境界における画素値の変化が大きくなる傾向がある．このような画質劣化は**ブロックノイズ**と呼ばれる．

12.1.3 直交変換

8×8 画素の画素ブロックに対して，2 次元**離散コサイン変換** (Discrete Cosine Transform, DCT) による直交変換を行う．DCT には境界条件の違いによってさまざまなタイプが存在するが，JPEG では一般に Tyep-2 と呼ばれるものを順変換に，Tyep-3 を逆変換に用いている．いま，$f(i,j)$ をブロック内の画素位置 (i,j) における画素値，$F(u,v)$ を位置 (u,v) の DCT 係数とすると $(0\leq i,j,u,v\leq 7)$，DCT Type-2 は

$$F(u,v) = \frac{C(u)C(v)}{4}\sum_{i=0}^{7}\sum_{j=0}^{7}f(i,j)\cos\frac{(2i+1)u\pi}{16}\cos\frac{(2j+1)v\pi}{16} \tag{12.1}$$

と表される．ここで，

$$C(n) = \begin{cases} \frac{1}{\sqrt{2}} & (n=0) \\ 1 & (n\neq 0) \end{cases} \tag{12.2}$$

である．以上の式によりブロックごとに得られる 64 個の DCT 係数のうち，$F(0,0)$ は（式 (12.1) に $u=0, v=0$ を代入すればわかるように）ブロック内の全画素の平均値の定数倍にすぎない．よって，この係数は一般に**直流** (Direct Current, DC) 成分と呼ばれる．これに対して，それ以外の係数は**交流** (Alternate Current, AC) 成分と呼ばれている．

一般に自然画像においては，交流成分はゼロに近い小さい値をとりやすいという性質がある．これは，ブロック内の画素の間の相関によるものである．

12.1.4 量子化

DCT を行った時点では，数値計算における丸め誤差を除けば劣化は一切発生していないが，その一方でエントロピーを低減する効果もまた限定的である．よって，ここで解説する量子化処理によってさらなるエントロピーの削減を目指す．

量子化には，DCT の各係数に対応する**量子化ステップ幅**を集めた**量子化テーブル** (quantization table) と呼ばれる 8×8 の数値テーブル $Q(u,v)$ が用いらる．これにより，量子化後の DCT 係数 $\tilde{F}(u,v)$ は

$$\tilde{F}(u,v) = \lfloor F(u,v)/Q(u,v) + 0.5 \rfloor \tag{12.3}$$

によって得られる．なお，量子化テーブルの具体的な値は標準化では定まっておらず，実際に符号化に使用した値そのものを JPEG のビットストリーム内に保持しておく必要がある．

12.1.5 エントロピー符号化

続いて，量子化後の DCT 係数に対し，エントロピー符号化の一種である**ハフマン符号化** (Huffman coding) を行うことで，情報量の圧縮を実現できる．JPEG では DCT 係数の直流成分と交流成分に対し，それぞれ異なる符号化処理を行う．

直流成分

自然画像では，隣接するブロックの平均画素値（直流成分）は近い値をもつことが多い．そこで DCT 係数の直流成分については，直前に符号化した（同一色成分の）ブロックの直流成分との差分をとり，その**直流差分値**を符号化する．

直流差分値に対するハフマン符号化では，符号量を削減するため，**グループ化**と呼ばれる処理が用いられる．まず，以下の表 12.1 のように，直流差分値をグループに分割する．このグループ番号に対してハフマン符号化を行い，グループ番号と可変長符号とを対応付ける．番号 i のグループには 2^i 個の異なる値が含まれているため，元の直流差分値を識別するためにはグループ番号だけでなく**付加ビット**と呼ばれる 2^i ビットの付加情報が必要となる．グループ番号を表

表 **12.1** 直流差分値のグループ化と付加ビット長

グループ番号	直流差分値	付加ビット	付加ビット長
0	0	-	0
1	$-1, 1$	0,1	1
2	$-3, -2, 2, 3$	00,01,10,11	2
3	$-7, -6, -5, -4, 4, 5, 6, 7$	000,001,010,011,100,101,110,111	3
4	$-15, \ldots, -8, 8, \ldots, 15$	$0000, \ldots, 0111, 1000, \ldots, 1111$	4
5	$-31, \ldots, -16, 16, \ldots 31$	$00000, \ldots, 01111, 10000, \ldots, 11111$	5
$\vdots$	$\vdots$	$\vdots$	$\vdots$
11	$-2047, \ldots, -1024, 1024, \ldots, 2047$	...	11

表 12.2 交流成分に対するグループ化と付加ビット長

グループ番号	交流成分の値	付加ビット	付加ビット長
0	0	-	0
1	$-1, 1$	0,1	1
2	$-3, -2, 2, 3$	00,01,10,11	2
3	$-7, -6, -5, -4, 4, 5, 6, 7$	000,001,010,011,100,101,110,111	3
4	$-15, \ldots, -8, 8, \ldots, 15$	$0000, \ldots, 0111, 1000, \ldots, 1111$	4
5	$-31, \ldots, -16, 16, \ldots 31$	$00000, \ldots, 01111, 10000, \ldots, 11111$	5
$\vdots$	$\vdots$	$\vdots$	$\vdots$
10	$-1023, \ldots, -512, 512, \ldots, 1023$	$\ldots$	10

すハフマン符号のあとに付加ビットを追加したものが，一つの直流差分値を表す符号となる．

交流成分

直流成分と異なり，交流成分ではブロック間での相関は高くないことが知られているため，符号化処理はブロックごとに個別に行われる．まず，すべての交流成分を第 11 章で解説したジグザグスキャン (zigzag scan) 順で 1 次元に並べ直す．量子化後の交流成分にはゼロが多く含まれ，それらはジグザグスキャン順において連続して現れる可能性が高いため，JPEG では第 11 章で解説した**ランレングス符号化** (run length coding) が採用されている．具体的には，

$$[\text{ランレングス，次の非ゼロの値}]$$

というペアを複数作ることで 63 個の交流成分を表す．JPEG の Baseline では，ランレングスは 4 ビットで表され，非ゼロの値には直流成分と同様に表 12.2 に従うグループ化が用いられる．

したがって，最終的には，一つの "ラン＋非ゼロの値" を符号化したものは，

$$([\text{ランレングス (4 bit)，グループ番号 (4 bit)}] + \text{付加ビット（最大 10 bit）}) \quad (12.4)$$

となる．なお，ラン長が 15 を超える場合や，残りの交流成分がすべてゼロとなった場合には，前半の [ランレングス，グループ番号]（合計 8 bit）をそれぞれコード ZRL (Zero Run Length) および EOB (End Of Block) に置き換える．

前半 8 bit の各パターンに対し，ハフマン符号化により対応する可変長符号が決定される．なお，直流成分，交流成分ともに，どのようなハフマンテーブルを用いるかは標準化では規定されておらず（推奨値は存在する），量子化テーブルと同様に符号化時に JPEG ビットストリーム内に埋め込んでおく必要がある．

以上までの処理をまとめると，JPEG 符号化器の概略は図 12.1 のようになる．

例 1. いま，交流成分が

$$(-2, 0, 0, 1, 0, \ldots \text{以下すべて } 0)$$

のように並んでいるとすると，これを式 (12.4) の形式に変換すると，

図 **12.1** JPEG 符号化器の概略

$$([0,2], -2), ([2,1], 1), EOB$$

のようになる．JPEG 推奨のハフマン符号化表によれば，[0,2], [2,1], EOB に対応する符号はそれぞれ '01', '11100', '1010' である．表 12.2 によれば，グループ 2 内では交流成分の値 '2' には符号 '01' が，グループ 1 内の値 '1' には符号 '1' が与えられている．よって，最終的に得られるビット列は，

$$([01], 01), ([11100], 1), ([1010])$$

となり，可読性のためのカッコを取り払うと，

$$01011110011010$$

となる．

12.1.6 色空間の変換について

JPEG の標準においては，ここまで解説した符号化／復号処理は，入力画像の各色成分に対して**独立**に行われることとされている．すなわち，入力がどのような色空間で表現されたデジタル画像であったとしても，JPEG 符号化器は各色成分を個別に符号化するだけである．しかし，実際の応用で，RGB 色画像を入力として用いた場合，単に R, G, B 色成分を個別に符号化することはほとんど無いといってよい．

現実の JPEG 符号化器の実装では，符号化に先立って，入力の (24 bit) RGB 画像に対して **RGB 色空間** (RGB colorspace) から **YCbCr 色空間** (YCbCr colorspace) への色変換と，Cb, Cr 成分の**ダウンサンプル**とが行われることが多い．この前処理は，

- カラー自然画像では，色差 (Cb, Cr) 成分の分散は（輝度 (Y) 成分と比較して）小さい
- 人間の視覚は色差成分の変化に対し（輝度成分と比較して）鈍感である

という観測に基づいて行われており，実際の JPEG の応用において圧縮率の向上に大きく寄与している．

なお，復号時には，Cb, Cr 色成分はアップサンプルされ，そのあとに YCbCr 色空間から RGB 色空間に変換される処理が行われている．このように，特定の色変換処理を含めたものが，一般には "JPEG 符号化器／復号器" と呼ばれているが，最初に述べたようにこれらの処理は本来 JPEG によって定められているわけではないことに注意が必要である．

12.1.7 ビット列構成

JPEG のビット列は，これまでに学習した符号化処理によって生成される 2 進符号を，規格によって定められた方法にそって並べたものである．ビットストリームは，画像のサイズや色成分の仕様を格納するヘッダ情報，復号に必要な量子化テーブルと Huffman テーブル，符号化データをラスタスキャン順に並べたものからなっており，図 12.2 に示すように**イメージ** (image)，**フレーム** (frame)，**スキャン** (scan) の 3 段階に階層化されている．

1 枚の画像データ全体を表すイメージ階層の下には，一般の JPEG ではフレームを複数含むことができるが，Baseline 方式では，一つのイメージ内に含まれるフレームは一つと決まっている．フレーム内には一般に複数のスキャンが含まれており，このスキャンが全ブロックの DCT 係数を保持している．

SOI などは各階層のデータの開始点や終了点を表す**マーカーコード**と呼ばれる 2 バイトの符号であり，SOI, EOI がイメージの開始点と終了点を，SOF, SOS はそれぞれフレームとスキャンの開始点を表している．

スキャン内にはブロックを構成する DCT 係数の符号が入っている．このとき，一つのブロックを構成する全色情報（通常は輝度成分と色差成分）を一つのスキャンにいれる方法を**インターリーブ** (interleave) と呼び，色情報に異なるスキャンを割り当てる方法を**ノンインターリーブ** (non interleave) と呼ぶ．

12.1.8 復号

JPEG によって圧縮された符号化データの復号は，以下に示すように圧縮符号化の手順を逆にたどることで行える．

1. JPEG ビット列（図 12.2）のヘッダ情報から，画像の画素数や，量子化テーブル，ハフマンテーブルなどの情報を取り出す．
2. ハフマンテーブルなどを用いてスキャンの符号から各ブロックの量子化後の DCT 係数 $\tilde{F}(u,v)$ を得る．
3. 量子化テーブルを用いた逆量子化により，各ブロックの DCT 係数を得る．
4. 逆 DCT 変換により各ブロックの画素値を得る．

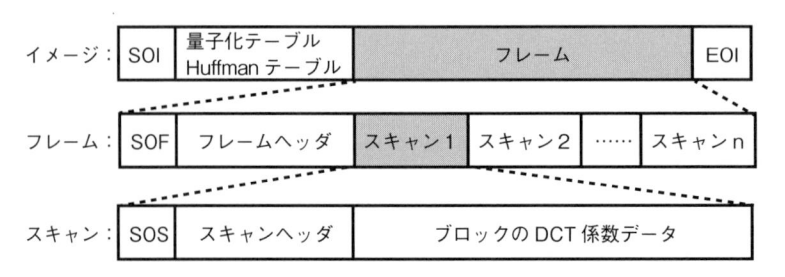

図 12.2 JPEG ビット列の構造

5. 必要に応じて，YCbCr-RGB 色変換や色差成分のアップサンプルを行う．

12.2 動画像符号化方式 (MPEG)

現在，地上波デジタル放送や Bluray ディスクなどでは，ISO/IEC および ITU によって制定された国際標準の動画像符号化方式が用いられている．ISO/IEC および ITU において，標準化の策定にあたっている専門家集団は，それぞれ **MPEG** (エムペグ, Motion Pciture Experts Group) および VCEG (Video Coding Experts Group) と呼ばれており，いくつかのフォーマットでは MPEG の名前がそのまま符号化方式の呼び方として使われている．

動画像符号化の国際標準の歴史は，1990 年の CCITT (Comite Consultatif International Telegraphique et Telephonique) による H.261 の制定と，そのあとの ISO/IEC による MPEG-1 の制定に始まり，現在にいたるまで途切れることなく符号化効率向上の試みが続けられている．本書執筆時点での最新の標準は，ISO/IEC と ITU の共同研究開発チームである JCT-VC (Joint Collaborative Team on Video Coding) によって策定された H.265/HEVC である．この間に存在するさまざまな標準化方式について，表 12.3 にまとめる．

表 12.3 に登場する用語や略語についてはこのあとの項で解説するが，この表だけからも世代ごとに徐々に複雑化・高度化してきていることが見てとれる．その一方で，このように一つの表にまとめられるという事実は，基本的な符号化器の構成がこの 20 年あまりほとんど変化していないことも意味している．以降の項では，これらの技術について抜粋して解説を行う．

12.2.1 MPEG-1

MPEG-1 とは，正式には ISO/IEC によって標準化された規格 "ISO/IEC 11172" を指しており，CD-ROM に動画像データを記録することをその目的としている．対象としている動画像の解像度は 352×240 [画素] 程度であり，これを 1 [Mbps] 程度のビットレートで記録することをターゲットとして開発が行われた．この符号化方式は，後述する**動き補償**と前述の離散コサイン変換 (DCT) を組み合わせたハイブリッド符号化の一種である．MPEG-1 の符号化器の概略を図 12.3 に示す．

符号化器の上段は，前節で解説した JPEG 符号化器とよく類似しており，これに中段のロー

表 12.3 動画像符号化方式の国際標準方式の比較

ISO/IEC	MPEG-1	MPEG-2	MPEG-4 AVC	MPEG HEVC
ITU	-	H.262	H.264	H.265
直交変換	8×8 DCT	8×8 DCT	4×4, 8×8 整数変換	4×4〜32×32 整数変換
エントロピー符号化	Huffman	Huffman	CAVLC/CABAC	CABAC
ピクチャの種類	I,P,B	I,P,B	I,P,B, 複数参照フレーム	I,P,B, 複数参照フレーム
MC ブロックサイズ	16×16	8×8,16×16	4×4〜16×16	4×4〜16×16
MC 精度	半画素	半画素	1/4 画素	1/4 画素
イントラ予測	なし	なし	4×4〜16×16 の 13 種	4×4〜64×64 の 35 種

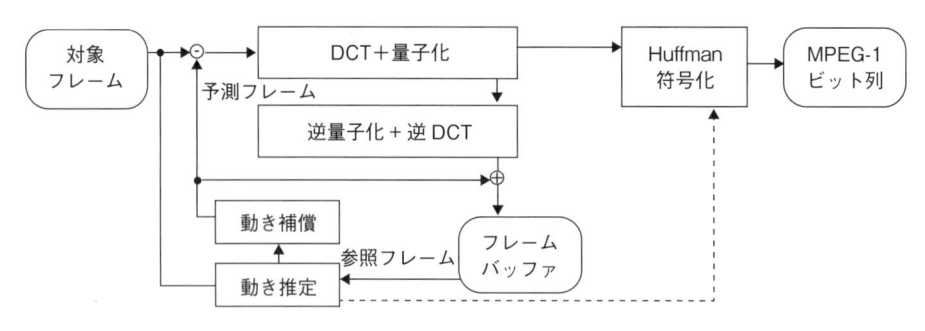

図 12.3　MPEG-1 符号化器の概略

カル復号器（逆量子化+逆 DCT）と，下段の動き推定ならびに動き補償を追加したものがおおまかな構成となっていることがわかる．動き補償は，動画像の異なるフレームの間での情報の冗長性を除去するための手法であり，これを行うためにはローカル復号器が必要となる．

このように，DCT 変換による静止画像符号化と MC を組み合わせる **MC+DCT ハイブリッド符号化**の枠組みは，MPEG-1（ならびに前後して標準化された H.261）において確立され，最新の標準化である H.265 でも枠組みそのものは共通のものを使用している．

動き補償

デジタル動画像は，時間的に連続した静止画像（フレーム）の集まりである．これらのフレームとフレームの間で絵柄が大きく変化することはまれであり，そのことからフレーム間には何らかの**冗長性**が存在するといえる．

このフレーム間の冗長性を除去することで符号化効率を向上させる技術は一般に**フレーム間予測** (inter frame prediction) と呼ばれており，最も単純な方法は符号化対象のフレーム（以下，対象フレーム）の画素値の予測値として，直前のフレーム（参照フレーム）における全く同一の画素値を用いる手法である．予測した画素値からなるフレームを**予測フレーム**と呼ぶ．対象フレームと予測フレームの差分を予測残差と呼び，符号化器はこの予測残差に対して直交変換，量子化，エントロピー符号化を行えばよい．

しかしながら，このような方法は完全に動きの無いシーンでは効果的であるものの，対象動画像がカメラワークや動物体を含む場合には予測残差の値が大きくなり符号化効率を低下させる原因となってしまう．

そこで，図 12.3 に示すように，対象フレームと参照フレームとの間の局所的な動きを推定し（次節で解説する動き推定），これに基づいて参照フレームから作成した予測フレームを用いることで，動きのある動画像に対してもフレーム間の冗長性を大幅に削減することが可能となる．このようなアイデアを一般に動き補償（Motion Compensation，以下 MC）と呼ぶ．

動き推定

標準符号化方式における**動き推定** (motion estimation) とは，MC を実現するために，予測フレームをブロックに分割し，ブロックごとに参照フレーム中から最も誤差（通常は 2 乗誤差）

が小さくなるような同サイズのブロックを探索することを指す．予測フレームのブロックの位置と，対象フレームの間の対応するブロックの間の移動距離，方向をまとめて**動きベクトル**と呼ぶ．

このようにフレームをブロックに分割し，ブロックごとの動きベクトルを求める手法は**ブロックマッチング** (block matching) 法と呼ばれている．MPEG-1 では，MC を行うブロックサイズ（表 12.3 の MC ブロックサイズ）は 16×16 に限定されており，動きベクトルの推定精度（同 MC 精度）は MPEG-1 では整数画素もしくは半画素精度のいずれかを選択可能である．なお，半画素精度以下の探索を行うためには参照フレームの画素の補間が必要であり，そのためのローパスフィルタが規格によって定義されている．

12.2.2 ローカル復号器の必要性

実際に MPEG-1 ビット列を復号することを考えると，ある対象フレームを復号するためには，参照フレームと動きベクトルから予測フレームを作成し，復号した予測残差を足し戻すという処理を行うことになる．このとき，参照フレームとして使用可能なのは，これまでに復号してフレームバッファに蓄えておいたフレームに限られることはいうまでもない．よって，復号処理を考えると，符号化時に予測フレームを得るためには，符号化器の**内部**に復号器が必要になってくることがわかる．

図 12.3 内の"逆 DCT＋逆量子化"処理はこの復号処理を行う部分であり，**ローカル復号器** (local decoder) と呼ばれている．復号されたフレームは必要に応じてフレームバッファに蓄積され，参照フレームとして使用される場合に動き推定処理に引き渡される．

12.2.3 予測フレームの分類と GOP 構造

実際に動き補償を行うためには，対象フレームから見てどの程度離れたフレームを参照フレームとして使うべきかを決定する必要がある．MPEG-1 では，対象動画像の全フレームを，当該フレームが MC に用いる参照フレームの位置や枚数に応じて

- I（イントラ符号化）フレーム (Intra frame)
- P（片方向予測）フレーム (Predicted frame)
- B（双方向予測）フレーム (Bi-directional predicted frame)

の 3 種類に分類している．このうちの I フレームを 1 枚だけ含む，連続するフレームの集合を **GOP** (Group Of Picture) と呼ぶ．その一例を図 12.4 に示す．

P フレームは，過去の 1 フレーム（I フレームもしくは P フレーム）から動き補償を行うことで予測フレームを構成するフレームであり，図中の P_1 は I を参照フレームとしている．B フレームは過去と未来の二つのフレームからの動き補償によって予測フレームを構成するフレームであり，双方向からの参照を行うことによって，予測精度が大きく向上する．図 12.4 では P_1 と P_2 が B_3 の参照フレームとなっている．

I フレームは参照フレームをもたず，1 枚の静止画像としてほかのフレームとは独立に符号化

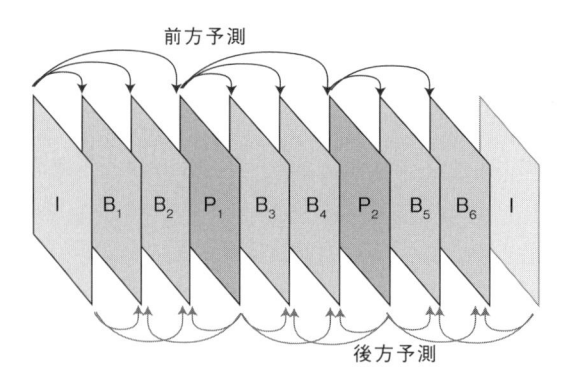

図 12.4　GOP 構造の例

される．これを**イントラ符号化**と呼んでいる．MPEG-1 では，この I フレームの圧縮はほぼ JPEG と同等の手法で行われる．この I フレームを適当な間隔で挿入することにより，伝送誤りなどで正確な復号ができない状態が続くことを防ぐ．

予測フレームは符号化済みのフレームである必要がある一方で，B フレームは時間的に未来のフレームを参照フレームとしているため，各フレームは時間順と異なる順序で符号化処理を行う必要がある．すなわち，図 12.4 では符号化の順序は I, P_1, B_1, B_2, P_2, B_3, ... となる．そのため，符号化／復号時には複数のフレームをバッファに蓄えてから処理を行う必要がある．すなわち，動き補償では符号化効率と処理遅延との間にトレードオフが存在することになる．

実際，蓄積を使用目的として策定された MPEG-1 とは異なり，テレビ電話を使用目的としていた H.261 では B フレームは採用されておらず，I フレームと P フレームのみで GOP が構成されている．

なお，MPEG-1 で符号化を行う際には，I フレームと I フレームの間の P フレームの枚数，および I/P フレームと P フレームの間の B フレームの枚数をユーザが決定する必要があり，遅延を短くしたい場合は設定により B フレームを使用しないことも可能である．

12.2.4　MPEG-2

MPEG-2 (ISO/IEC-13818) は 1994 年に制定された動画像，音声の符号化を含む規格であり，そのうちの part2 が動画像符号化の規格となっている．ターゲットとする動画像の解像度は $720 \times 480 \sim 1920 \times 1080$[画素]，ビットレートは $4 \sim 24$ [Mbps] となっており，MPEG-1 と比較して大幅に高解像度化，高帯域化している．MPEG-2 は 2003 年よりサービスが開始された地上デジタル放送の放送方式である ISDB-T (Integrated Services Digital Broadcasting - Terrestrial) において映像符号化方式として採用されるなど，幅広く普及した手法の一つである．

基本的な符号化器の構成は図 12.3 に示す MPEG-1 とほぼ同等であるが，テレビジョンにおいて広く使用されていた**インタレース走査** (interlaced scan) に対応するため，MC の仕組みや DCT 係数のスキャン順序が新たに拡張されている．

12.2.5 H.264 (MPEG-4/AVC)

H.264 または MPEG-4 AVC (ISO/IEC 14496-10) は ISO／IEC と ITU の共同研究開発チームである JVT (Joint Video Team) によって定められた動画像符号化標準規格であり，従来の MPEG-2 と比較して同画質で 2 倍程度の圧縮率という大幅な符号化効率の向上を目指して作成された．H.264 の概略図を図 12.5 に示す．

この図からもわかる通り，基本的な符号化の枠組みは MPEG-1/2 から大きく変化しているわけではなく，符号化効率の向上のために**ループ内フィルタ** (in-loop filter) と**フレーム内予測** (intra-frame prediction) が新たに追加されていることが構成上の主な差異となっている．表 12.3 によれば，そのほかにも直交変換やエントロピー符号化などが変更となっていることがわかる．

本節では，これらの追加／変更された要素について解説を行う．

ループ内フィルタ

画像（フレーム）をブロック分割したのちに直交変換と量子化を行うという JPEG, MPEG-1/2 で採用されている画像符号化の枠組みでは，ブロック境界における画素値の変化が不連続となり，これが視覚的な品質を大きく損なうことが知られている．また，このブロック歪みは，復号画像が MC の参照フレームとして用いられる際にも予測画像の画質を大幅に劣化させる原因となる．

そこで，H.264 ではローカル復号器における予測フレームの作成の際に，ブロック歪みを低減する**デブロッキングフィルタ** (deblocking filter) を用いることが提案された．このように符号化器内部のループ内に設置されるフィルタを一般にループ内フィルタと呼ぶ．これにより，復号画像の品質の向上と，動き補償における精度向上の二つの利点が同時に得られる．

フレーム内予測

H.264 のフレーム内符号化では，画素ブロック単位でブロック内の画素値を予測する予測符号化（以下，単にフレーム内予測と呼ぶ）が採用されている．ブロックサイズとしては 16×16, 4×4 が用いられる．また，H.264 の拡張である FRExt (Fidelity Range Extensions) では

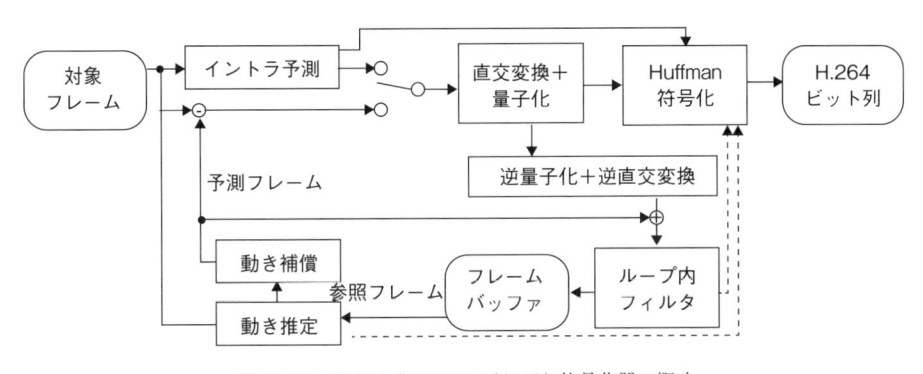

図 12.5 H.264 (MPEG-4/AVC) 符号化器の概略

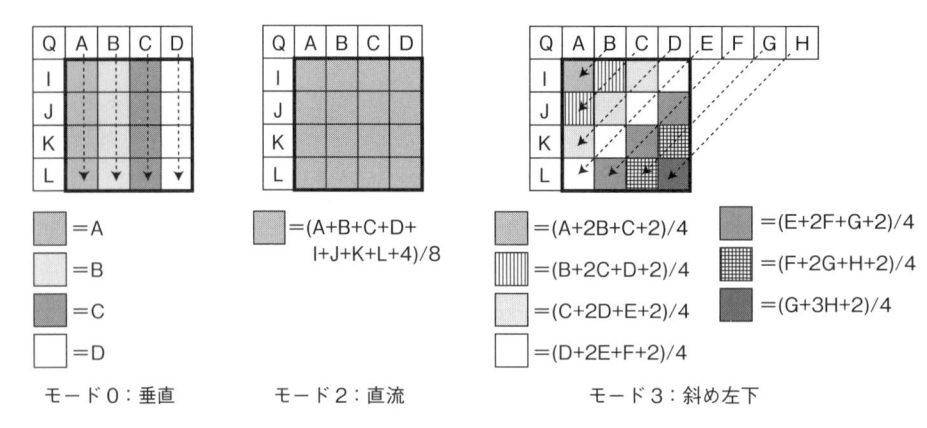

図 12.6 H.264 フレーム内予測符号化，4 × 4 ブロックの予測モード（抜粋）

さらに 8 × 8 が追加されている．本節では，4 × 4 を例に説明を行う．

H.264 の 4 × 4 ブロックに対する予測符号化の予測モードの一部を図 12.6 に示す．このように，予測対象のブロック内の色分けされた画素値に対し，周囲の既符号化画素の画素値 (A〜L, Q) から，図中に示した予測式に従って画素値の予測を行う（実際にはここに示した 3 種類含む 9 種類の予測モードが準備されている）．H.264 では，ブロックサイズと予測モードの両方を，符号化効率が高くなるように選択して使用することで高い符号化効率を実現している．一方で，適切なブロックサイズおよび予測モードの選択には膨大な計算量が必要であり，フレーム内予測では符号化効率と計算量との間にトレードオフが存在するといえる．

整数直交変換

JPEG や MPEG-1/2 で採用されていた 8 × 8 DCT に代わり，H.264 では 4 × 4 および 8 × 8 の DCT を整数演算のみで近似した**整数変換**が採用されている．これにより，従来の浮動小数点演算と残差値の量子化において発生する可能性のあった計算誤差が蓄積していく問題が改善された．

エントロピー符号化

MPEG-1/2 で採用されていたハフマン符号化に代わり，H.264 では，**指数ゴロム符号**，および異なる指数ゴロム符号をコンテキストによって適応的に用いる **CAVLC** (Context-based Adaptive Variable Length Coding) が採用された．また，コンテキスト適応型の算術符号とコンテキストモデリングを組み合わせた **CABAC** (Context-based Adaptive Binary Arithmetic Coding) も取り入れられ，符号化効率の向上に大きく寄与している．

MC の改良

H.264 では，参照フレームとして参照できるフレームの枚数が最大で 16 枚まで拡張され，さらに動きベクトルの予測精度も 1/4 画素精度に向上されている．これらの改良により，演算量の上昇と引き換えにより対象フレームと類似した予測フレームを作成することが可能となった．

12.2.6 H.265/HEVC

H.264 の 2 倍の圧縮率を実現し，来るべき 4K (3840×2160 [画素])，8K (7680×4320[画素]) 時代に対応可能な符号化標準として ISO/IEC と ITU の共同研究開発チームである JCT-VC (Joint Collaborative Team on Video Coding) によって策定された手法が H.265/HEVC "ISO/IEC 23008-2" (以下，H.265) である．符号化法の基本的な構成は図 12.5 に示した H.264 とよく類似しているが，表 12.3 を見ると，整数変換，イントラ予測の種類がそれぞれ増加していることがわかる．エントロピー符号化には CABAC が採用されている．これらを始めとしたさまざまな工夫により，H.265 の圧縮率は目標通りに H.264 の 2 倍を達成しており，今後の幅広い普及が見込まれている．

演習問題

設問 1 DCT 係数の**交流成分**がジグザグスキャン順に以下のように並んでいるとする．4.1.5 項に従ってこれをビット列 (例：101001···) へと変換せよ．なお，JPEG 推奨のハフマン符号化表によれば，[0,1],[0,3] に対応する符号はそれぞれ '00','100' である．
(−3,6,1,1,0,0,0,1,0,0,0,0,0,0,1,0,0,...以下すべて 0)

設問 2 H.265 で採用されているフレーム内予測のブロックサイズや予測方向の種類をさらに増加させれば，それに従って予測精度自体は単調に向上することは明らかである．しかし，そのことは必ずしも全体の符号量が小さくなることを意味しない．その理由を考察せよ．

設問 3 静止画像／動画像圧縮符号化の標準化において，規格書で規定されているのは実はビット列の構成と復号処理の仕様のみである．なぜそのようになっているのか考察せよ．

参考文献

[1] 貴家仁志 編著：『映像情報メディア基幹技術シリーズ 7 画像情報符号化』コロナ社 (2008)
[2] 半谷精一郎，杉山賢二：『JPEG・MPEG 完全理解』コロナ社 (2005)
[3] 大久保榮 監修：『インプレス標準教科書シリーズ H.265/HEVC 教科書』インプレスジャパン (2013)

第13章
画質評価

□ 学習のポイント

　画像の取得，伝送，記録，表示も含めて，画像の処理系を扱う上で，その質，画質の評価は不可欠である．本章では，画質評価が視覚処理を前提とすること，評価の対象は何かを説明し，評価方法として客観評価，主観評価について説明する．

- 画質を決める視覚処理過程を理解する．
- 画質を決める要因を理解する．
- 画質に関わる視覚モデルの基礎を理解する．
- 客観評価手法の種類について理解する．
- 主観評価の方法，注意点を理解する．

□ キーワード

　画質，視覚，解像度，画像処理，大脳視覚野，網膜像，第1次視覚野，画像圧縮，原画像，再現画像，画像特徴，ルーター条件，空間周波数，時間解像度，疑似輪郭，視覚モデル，表色系，時空間周波数特性，客観評価，主観評価，CIE LUV，CIE LAB，自然画像統計，視覚的注意モデル，観察条件，評定者，SSIM (structural similarity index), VIF (visual information fidelity), PSNR (peak signal-to-noise-ratio), CIE (Commission internationale de l'éclairage), ITU (International Telecommunication Union), MOS (Mean Opinion Score), DMOS (Differential Mean Opinion Score)

13.1 画像と視覚

　画像の質，画質の評価は，画像が観察者にどのように見えるかという問題であり，基本的には視覚処理の問題として捉えることができる．それと同時に画質評価は，情報工学の問題である．最初の画像情報は絵画であるが，絵画の評価は画質評価とは呼ばない．画像情報の評価は，画像技術，情報技術の進展に伴って必要とされ，画像情報があふれる現在その必要性はますます高まっている．画質が問題とされるようになったのは，おそらく写真や印刷技術の発展によるところが大きい．同じ画像を量産されると，その品質の評価が必要となるからである．現在では，画像の取得，伝送，記録，表示いずれにおいても急激な技術革新が進み，画質評価の対

象とすべき問題は多岐にわたる．画像圧縮によるブロックノイズ，インターネット環境による動画のコマ落ちなどにより，それまでには考える必要のなかったタイプの画質の劣化を扱うことが要求されている．画質評価を視覚処理の問題と考えると，このような想定されない問題についても正当な評価が可能となる．

　画質の劣化要因は，画像処理の影響のほかに画像機器の特性や通信環境の影響などがある．いずれも画像の物理的な変化であるが，画質はそれらが視覚に与える効果である．例えば，画像の解像度は画質の重要な要因であり，画像機器の特性で決められる．しかし，解像度は人間の視力と関連づけることなく意味のある評価にはならない．視力の限界以上の解像度の変化は，人間にとっては感知できないため画質への直接的影響はない．視覚特性と画像機器の特性を切り分けて考えることは，画質の問題点を明らかにするためにも重要である．人間の見え方による画質の評価は，主観評価実験によって実現できるが，個人差の問題から多くの被験者が必要となるため時間も経費もかかる．その点を回避するために，見え方を予測する視覚モデルを前提とした画質評価 (PVQMs, Perceptual Visual Quality Metrics) が提案されている．

13.1.1　視覚の基本

　画質評価には，視覚特性の理解が必要である．視覚処理系は階層的／並列的な画像処理系として見ることができ，その処理が網膜像に与える影響が視覚の特性であり，それが画質評価で考慮すべき要因である．その理解のために，以下に視覚処理系を簡単にまとめる（図 13.1 の右上図）．

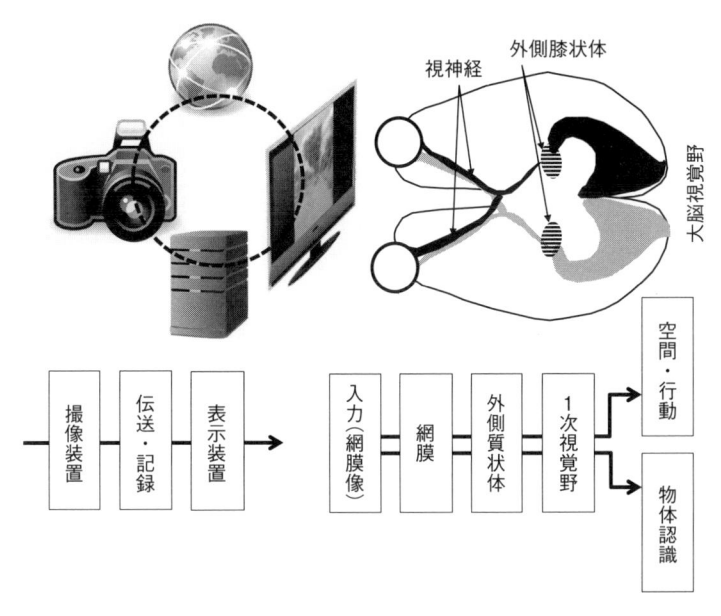

図 13.1　撮像から視覚野までの画像情報の流れ．

眼球光学系

　視覚系は，眼球への光の入力それによる網膜像の形成から始まる．網膜に像を結ぶ眼球光学系については，カメラの結像系と基本的には同じであり，角膜と水晶体の屈折によって網膜に外界の像が形成される．眼球光学系は完全ではないので，網膜像はある程度ぼけることになる．このボケと光受容体の密度が，視覚系の空間解像度，視力の主要な決定要因である．

光受容体

　網膜には，多くの光受容体があり，網膜像を電気信号に変換する．人間の網膜上の光受容体には暗いところで働く桿体 (rod) と明るいところで働く錐体 (cone) がある．錐体には分光感度の異なる3種類があり，その最大感度波長が長いほうから L 錐体（赤錐体），M 錐体（緑錐体），S 錐体（青錐体）と呼ばれ，それらの応答の違いから色覚が生じる（3.1節参照）．

　光受容体は離散的に存在するため，網膜像は離散化されて視覚系に入力される．一般のデジタル画像と同じように，光受容体による離散化は解像度の重要な決定要因である．ただし，デジタルカメラとは異なり，光受容体は網膜上に一様に分布しているわけではない．最も密度が高いのは視野の中心部分であり，視力は中心視の特性であり光受容体の密度と対応する．一般に，視力1以上を正常視力として扱う．視力1は，分離できる最小の間隔を視角で表現したときに1分（1/60度）である．網膜中心部の光受容体の密度はそれに対応する値以上に密である．

網膜から大脳視覚野

　光受容体によって検出された信号は，網膜にある神経細胞の処理を通して，大脳へ伝えられる．網膜では，空間フィルタによるエッジ強調と類似した処理が知られていて，網膜像の画質を上げる効果を持つと考えられている．網膜の情報は視神経によって外側膝状体と呼ばれる組織に投影され，さらにそこから後頭葉にある大脳視覚野に送られる．両眼からの信号は，それぞれの網膜情報の右半分は大脳の右半球へ，左半分は左半球へ入力される．したがって，網膜の左側に投影される視野中の右側のものについては，左右眼いずれの網膜像も左半球に伝えられる．

　外側膝状体からの入力を受け取るのは，第1次視覚野 (V1) であり，それぞれの網膜位置からの信号を受け取る神経細胞が存在する．つまり網膜像に対応する処理画像が2次元的に表現されるような構造となっている．ただし，視野の中心部分に対応する領域は広く，周辺部分に対する領域は狭い．網膜では視野の中心部分には，光受容体が多く高い密度で分布していて，詳細な処理をするための情報が集められ，大脳ではその部分に対応する神経細胞が多く存在するわけである．また，視覚野の処理は並列的であり，物体形状の処理に関わるものと空間処理に関わるものが二つの主要な処理経路として知られている．

　画質評価に関連する視覚処理は，V1およびそれに続く複数の視覚野の処理と関連する．その視覚処理をモデル化することができれば，対象となる画像に対する視覚処理の結果を予測することができる．それに基づく画質評価の自動化も可能となる．

13.1.2 画質評価の対象

画質は画像技術すべてに関連する．カメラなどの画像入力機器の特性，放送，通信，画像圧縮などの伝送や記録特性，表示システムの特性など，画質の評価なしに設計，改善はありえない．入力，表示においては，機器の評価であり，画像圧縮においては圧縮手法の評価になるが，画質評価という視点ではすべて同じ，視覚への影響の問題といえる．いずれにおいても，原画像（実風景の場合もある）と再現画像（多くの場合劣化画像）の間の差が，観察者にとって許容範囲か否かが第一義的問題である．ここでは，再現画像の劣化の原因が機器の特性の場合も，画像処理の影響の場合も同様に扱う．一般的には比較する画像を，参照画像と評価画像とも呼ぶが，想定する状況からここでは原画像と再現画像とする．このように参照する画像と比較する評価を，FR (full reference) 法という．

ここでは主に FR 法について説明するが，そうでない場合もある．CG (Computer Graphics) 映像など創作された映像には，原画像がなく再現や劣化という概念もない．それでも実際には画質の高低は判断されるし，必要でもある．その理由は，視覚像として一般に求められる要素があることによる．エッジは先鋭であることが期待され，ボケた画像は好まれない．主観的にはそれを評価することはできるし，エッジの先鋭さを客観的に評価する方法なども検討されている．これらは参照画像がない評価であるので NR (no reference) 法と呼ばれる．

13.2 画像特徴と視覚モデル

色，解像度，階調などが画質評価にかかる基礎的な画像特徴といえ，視覚処理との対応も比較的よく理解されている．

13.2.1 色

ディジタル画像において，色は通常 RGB の三原色で表現される．画素ごとに何らかの RGB 値を対応させることができれば，カラー画像を撮影，表示することができる．RGB の 3 値で色を表現することができるのは，色の三色性として知られている性質であり，3 種類の錐体が色覚の基礎にあることによる（3.1 節参照）．

色再現は，原画像とどれだけ同じ色に見せるかの問題であり，画質評価の大きな分野の一つである．CIE XYZ 色空間の座標が等しいことが同じ色となるために必要条件であり，その実現が最も基本的な問題設定である（CIE は，Commission internationale de l'éclairage の略で国際照明委員会のこと）．しかし，撮影システムと表示システムがそれぞれの機器に依存した RGB を利用する一般的な状況で，それを実現することはできない．とくに撮影時の受光素子の分光感度と錐体の分光感度の間には，満たすべき一定の関係がある（ルーター条件）．最も単純には，錐体と同じ分光感度を持つ 3 種類の受光素子があればよいが，それらの線形変換で表すことができる分光感度の組を持つものでも実質的に同じである．それらは錐体の応答量に変換することができるからである．CIE XYZ の等色関数 $\bar{x}, \bar{y}, \bar{z}$ は，錐体の分光感度からの線

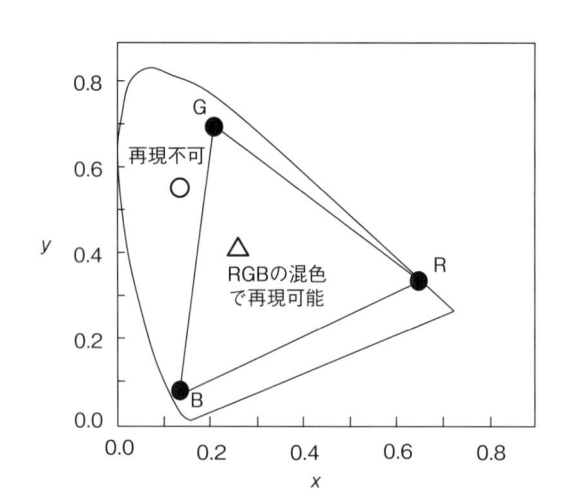

図 13.2 ディスプレイの色再現範囲.

形変換となっているため，$\bar{x}, \bar{y}, \bar{z}$ との線形変換の関係にある分光特性を持てば，ルーター条件を満たすこととなる．

一方，表示装置については，発光素子の分光特性がわかれば，所望の CIE 色度の色を表示するための RGB 値を求めることができる．しかし，どんな色でも自由に再現できるわけではない．ディスプレイには固有の再現域があり，プリンターにもインクによる制約などがあるため，色再現には限界がある．図 13.2 で示すように，三原色の内側は 3 色の混色で表現できるが，外側の色（白丸）は再現できない．その場合再現範囲で最も近い色で表示するなどの処理を行う．いずれにしても，原画像と再現画像の間の色の差をゼロにすることは難しく，色の差，色差の評価が必要となる．

13.2.2 解像度

解像度は，画質に関わる基本要因の一つであり，一般に解像度の低い画像の画質は悪いと評価される．解像度は 2 点が分離できる最小の幅として定義される．隣接する 2 線が分離できるかどうかを知るためには，解像度チャートなどを用いさまざまな間隔の線分に対してその分離が可能であるかを調べればよい．図 13.3 は，解像度の低下（画像のボケ）にともない，細かい線分の分離ができなくなるようすを示す．幅の異なる縞画像を用いることで，解像度を評価することができる．一般に，解像度は分解できる最小の線分間隔を周波数（空間周波数）で表現する．白黒 1 周期を基準として，周期/単位長さで表現される．印刷の粗さをドット密度で表現する場合のドット／インチ (dot/inch, dpi) も同様である．解像の可否については，目視での評価で十分な場合もあるが，詳細な検討のためには，物理計測も必要である．ハードコピーであれば反射率の計測，ディスプレイであれば光量の計測から空間的な変化を捉えて，解像の有無を調べることができる．それが視力の限界以内であれば，画質に影響することがわかる．

時間変化に対する解像限界（時間解像度）についても，空間の解像度と同様の議論が可能で

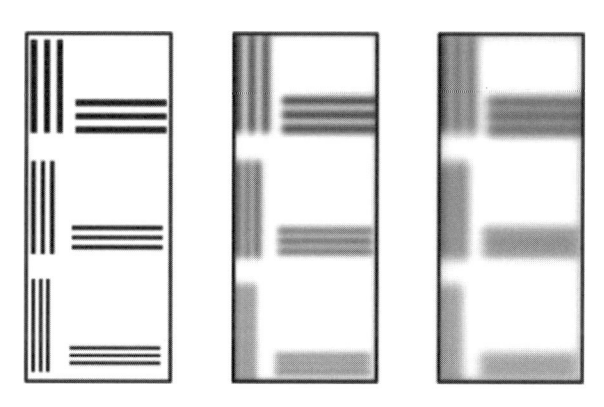

図 13.3 解像力チャートの例.

ある．時間的な解像度は一般に，フレームレートなど1秒あたりの画像数で表される．ネットワーク配信などではフレームレートの変動などは，画質劣化の対象となるが，フレームレート以上の評価が必要になる場合もある．典型的な例は，一瞬点滅する CRT (Cathode ray tube) と光を連続的に呈示する液晶ディスプレイの差である．液晶ディスプレイは時間解像度に起因する動きボケなどの問題を解決するためにフレームの間の補完処理なども行っている．

13.2.3 階調特性

階調も解像度（分解能）を考える必要がある．明暗次元の離散値により，階調値は量子化され，その間隔が階調の解像度となる．明暗レベルの粗さが画質に影響する状況としては，疑似輪郭が上げられる．図 13.4 の2枚の写真は，右側は左側画像の 256 階調を 16 階調に低下したものである．比べると右側では空の色が段階的に変化し，その境界が輪郭として見えている．これが疑似輪郭である．左側の画像も元はディジタル画像であり，階調は離散的に変化するため同様の境界は存在する．しかし，人間が見て検出できない変化であれば，当然画質には影響しない．階調の解像度が高い方が，滑らかな明暗変化を表現できることがわかる．アナログ画像では疑似輪郭の問題はないが，階調表現の滑らかさは階調の解像度に依存する．アナログ画

図 13.4 階調数の減少による疑似輪郭．

像の場合，明暗レベルの分解能の制約はノイズレベルであり，ノイズレベルを計測するための一様な灰色の部分を持つ解像度チャートもある．

　階調については，入出力の範囲も問題になる．画像処理的には，階調変換であるが，画像システムの持つ入出力特性が線形であることはまれであり，そのゆがみは再現された画像に影響を与える．そして，最終的な画質への影響は，網膜像の明暗が白黒の知覚にどのように変換されるかの視覚系の入出力特性を介して決まる．デジタルデータとして評価する場合にも，評価すべき画像は，ディスプレイの入出力非線形を通った網膜像であり，それを考慮した評価も試みられている．

13.2.4　視覚モデル

　それぞれの画像特徴の視覚処理をモデル化できれば，画像データから客観的に見え方を予測でき，計算機による画質の評価が可能となる．まず色であるが，CIE XYZ 表色系の利用は，光受容体レベルの視覚のモデルを利用していることになる．色再現の問題を考える場合，原画像と再現画像の色度の差，色差を考えるが，それには XYZ 表色系は不便であり，均等性の高い CIE LAB や CIE LUV 表色系が利用される（3.2 節参照）．これらの色空間は，3 種類の光受容体から明暗信号と赤／緑，黄／青の反対色過程を分離するという意味で，色覚の第 2 段階のモデルと見ることができる．

　時間解像度，空間解像度の評価に必要な視覚モデルは，コントラスト感度特性である．コントラスト感度は，検出可能な最小の明暗の差を測定しその逆数で定義する．空間周波数の関数として測定すると，特定の周波数で感度が最大となる帯域通過型になる（5 cyc/deg 付近）．時間周波数に対しても同様に特定の周波数で最大となる（8 Hz 付近）．また，空間周波数と時間周波数はお互いに関連するため，コントラスト感度は時空間周波数特性として捉える必要がある（図 13.5）．時空間特性から，空間的時間的に高周波の領域は感度が低いことがわかる．したがってその領域についての画質の影響は小さい．詳細ははぶくが，コントラスト感度は，縞の方位の影響も受け水平垂直に比べて斜め縞に対しては感度が低い．また明るさレベルの影響

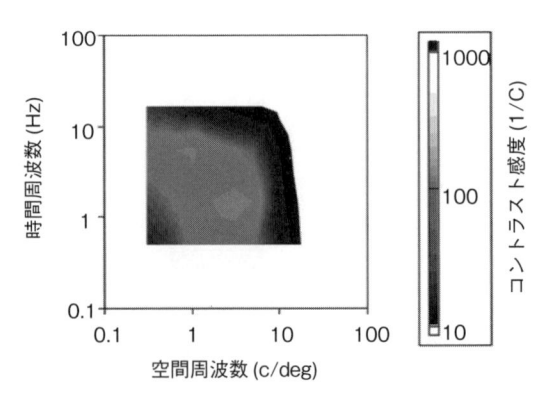

図 13.5　視覚の時空間周波数特性．

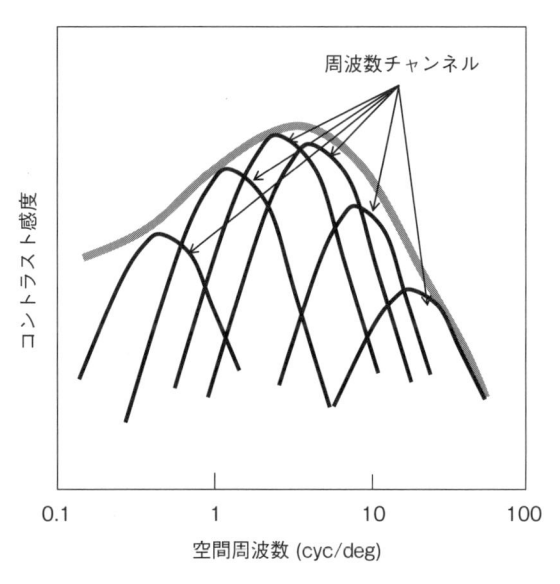

図 13.6 空間周波数チャンネル（フィルタバンク）．

も受け，暗くなるに従い低域通過型の特性を示す．

視覚のモデルでは，狭い周波数帯域に感度を持つ複数のチャンネルを仮定し，全体として時空間周波数特性を実現する（図 13.6 は空間周波数の例）．チャンネルの存在により，周波数選択的順応効果など視覚現象を説明することもできる．このような処理は，画像処理において，異なるスケール（空間周波数）の特徴を抽出するために，複数の空間フィルタ（フィルタバンク）を利用する処理と同じ機能を持つと考えることができる．

原画像に対して特定の周波数のノイズ成分，画質劣化成分が付加されたとすると，コントラスト感度関数からそれが見えるかどうか，つまり画質に影響するか否かが推定できる．しかし，その検出には，画像成分の影響も無視できない．同じ劣化成分でも背景画像によって見え方は変わる．これはマスキング効果と呼ばれる（図 13.7）．図 13.7 で T が 3 箇所にあるが，背景の影響で見やすさが異なる（上図）．平均的な明暗差は揃えてあるので，この見にくさの原因は特徴情報によるものであり，一様背景であれば当然同程度に見やすい（下図）．マスキング効果のモデルとして，各チャンネルの出力に対してすべてのチャンネルの応答の大きさで正規化するものなどが提案されている．このモデルでは，注目するチャンネル（劣化成分を検出するチャンネル）の出力を O として，各チャンネルの出力を O_i とすると，マスキング効果を考慮した出力 $\bar{O}$ は，

$$\bar{O} = \frac{O}{\sigma^2 + \sum_i O_i}$$

で表す．画像のコントラストの増加にともない出力 O は増加するが，最大値 1 の飽和型の関数である．σ^2 はその飽和特性を決める定数である．

以上の画像特徴と視覚処理との対応をまとめると，CIE XYZ 表色系は，網膜の錐体レベル

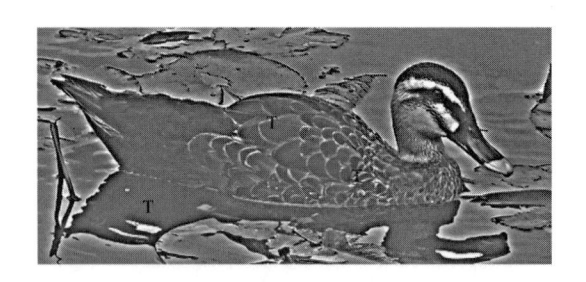

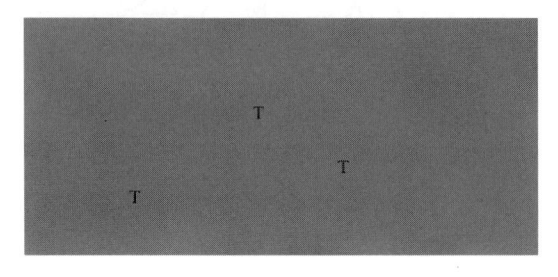

図 13.7 マスキング効果.

のモデル，CIE LAB，CIE LUV および時空間周波数特性は，網膜から外側膝状体レベルのモデル，周波数チャンネルは 1 次視覚野のモデルといえる（図 13.1）．

13.3 客観評価

13.3.1 平均二乗誤差

客観評価は，画像データに基づき画質を決める方法である．画像圧縮による劣化を考える場合，圧縮前後の画像のデジタル値を比較することが多い．最も単純には，画素値の平均二乗誤差 (MSE, mean square error) を比較すればよい．よく利用される評価は，PSNR (peak signal-to-noise-ratio) と呼ばれるもので，画像信号の最大値，max で正規化された値である．

$$PSNR = 10\log_{10}\left(\frac{\max^2}{\frac{1}{NM}\sum_{i=1}^{N}\sum_{j=1}^{M}(y_{i,j}-s_{i,j})^2}\right)$$

ここで，$s_{i,j}$ は，$N \times M$ の原画像の i，j 番目の画素値，$y_{i,j}$ は，再現画像の i，j 番目の画素値である．単純な計算であるためよく利用されるが，画質評価としては主観評価と対応することを確認する必要がある．

13.3.2 視覚モデルの利用

画質評価に利用される視覚モデルの主な要素は，色情報と明暗情報の処理，複数チャンネルによる時空間周波数特性の利用である．

色知覚処理

色と明暗の分離は，CIE LAB など多くの表色系で仮定されていて，色差の評価に利用される．CIE LAB 空間では，L^*, a^*, b^* の3値で色を表すので，比較する画像の各画素のユークリッド距離を色差 ΔC として求め，平均したものが平均色差 $\Delta \bar{C}$ となる．

$$\Delta \bar{C} = \frac{1}{NM} \sum_{i}^{N} \sum_{j}^{M} \Delta C_{i,j}$$

$$\Delta C_{i,j} = \sqrt{\Delta_{i,j}^{*2} + \Delta a_{i,j}^{*2} + \Delta b_{i,j}^{*2}},$$

$$\Delta L_{i,j}^{*2} = (L_{i,j}^{*}{}_{r} - L_{i,j}^{*}{}_{o})^2,$$

$$\Delta a_{i,j}^{*2} = (a_{i,j}^{*}{}_{r} - a_{i,j}^{*}{}_{o})^2,$$

$$\Delta b_{i,j}^{*2} = (b_{i,jr}^{*}{}_{r} - b_{i,j}^{*}{}_{o})^2$$

$L_{i,j}^{*}{}_{o}$, $a_{i,j}^{*}{}_{o}$, $b_{i,j}^{*}{}_{o}$ は $N \times M$ の原画像の i, j 番目の画素の LAB 値で，$L_{i,j}^{*}{}_{r}$, $a_{i,j}^{*}{}_{r}$, $b_{i,j}^{*}{}_{r}$ は，再現画像の i, j 番目の画素の LAB 値である．LAB 色差については，より知覚と一致するものとして CIE2000 などの修正式も提案されている．さらに，空間特性を考慮する S-CIE LAB (Spatial CIE LAB) や観察環境も考慮した色の見え方を予測するモデル (CIE CAM, color appearance model) なども提案され，色再現評価にも利用される．

時空間周波数特性

周波数分離においては，コントラスト感度関数から決める重みをかける（図 13.5, 13.6）．それにより，視覚的に影響の小さい高周波数成分の画質への影響を小さくするなどができる．一般的な算出手順は，1．明暗成分の抽出，2．時空間フィルタバンクによる周波数分割，3．コントラスト感度関数に基づく重み付け，4．マスキング効果を考慮した出力調整，5．原画像と再現画像の出力の差分計算，6．各チャンネルの差分の統合である．処理 2, 3 は視覚の時空間特性を考慮する基本処理であり，視覚系の模擬としてフィルタバンク（図 13.6）を考える．実際には，DCT の各周波数の係数に対しても同等の処理ができる（11.5 節参照）．ただし，視覚の特性としては，観察距離と画像の大きさから，視角の単位 (cycle/degree) で表現されている必要がある．処理 4 のマスキング効果については，上記のモデルが利用できる．ただし，このモデルは，神経細胞の応答，コントラスト感度の結果に対しては妥当であるが，画質評価に対しては十分検討されているとはいえない．処理 6 については，単純な加算も含めていくつかの方法が利用されているが，その検討はこれからといえる．

色画像では，処理 1 において色応答（赤緑，黄青反対色応答）を抽出し，明暗と同様に（ただし色処理の特性を用いて）別途処理 2–5 の計算を行い，そのあと処理 6 で明暗出力と統合することになる．S-CIE LAB は明暗情報と色情報を扱い，それぞれの空間特性を考慮するが，周波数チャンネルの分析はない．

13.3.3 自然画像統計モデル

自然画像の統計的な性質として，隣接する画素値は類似している，低空間周波数成分が多い

などが挙げられる．視覚系がそれらの特徴を処理するために適した機能を持つように進化したとすると，直接視覚モデルを扱う代わりに自然画像の統計的性質をモデル化することで，画質の評価できる可能性がある．直感的な手法として，画像中の構造の変化に注目するものがある．SSIM (structural similarity index) では，画像の明暗変化，コントラスト変化は，構造へ影響を与えないと仮定し，明暗，コントラストを分離した画像の類似度を評価する．

$$\text{SSIM} = \frac{\sigma_{s,y}}{\sigma_s \sigma_y} \cdot \frac{2\sigma_s \sigma_y}{(\sigma_s)^2 + (\sigma_y)^2} \cdot \frac{2\overline{sy}}{(\bar{s})^2 + (\bar{y})^2}$$

$\bar{s}, \bar{y}, \sigma_s, \sigma_y, \sigma_{s,y}$ は，それぞれ原画像，再現画像の画素値平均，標準偏差，および両者の相互共分散である．第1項は，画素間の相関の強さを示し，明暗とコントラストの変化に影響を受けない．その意味で画像の構造の類似を示す成分である．第2項は標準偏差の差分，$(\sigma_y - \sigma_s)^2$ の大きさを評価する値で両者が等しいとき最大となる．標準偏差は平均からの偏差であるので，コントラストの変化を評価する値である．第3項は，$(\bar{y} - \bar{s})^2$ の大きさを評価する値で両者が等しいとき最大となる．これは，明暗の変化を評価する値である．3要因を掛け合わせたものがSSIMである．実際の利用においては，分母がゼロになることをさけるために，定数を加える．そのほか，画質劣化の性質も確率モデル化した試みがある．VIF (visual information fidelity) では，画像劣化として各チャンネルの応答のコントラスト増加／減少（ゲイン）と加算的ノイズを仮定して，原画像と再現画像の相互情報量に基づく評価する．統計的性質に対する理論的裏付けのあるモデルとして注目されている．

13.3.4 評価手法の比較

公開されているプログラムを用いて，PSNR，SSIM，VIF による評価結果を比べることができる (URL: http://foulard.ece.cornell.edu/gaubatz/metrix_mux/)．図 13.8 は，原画像（左上図）に周期的なノイズをのせ，その周期（大きさ）を変えた場合の各指標の変化を示す．異なるノイズを持つ三つの再現画像に対して，原画像との差分について3種類の方法で画質評価をした結果が各画像の下にある数値である．数値が0に近いほど原画と類似しているとの評価となる．3条件で変化する画素数は同じであるため，PSNRの値は変わらない．それに対してほかの指標は変化する．SSIM は，細かいノイズに対して値が小さい．それに対し VIF は中程度のノイズで値が小さい．ノイズの空間特性の評価が手法によって異なることがわかる．

定量的な評価として，主観評価値との相関が比較されている．一般に視覚特性や自然画像統計を考慮すると，PSNR よりも主観評価との相関が高くなるが，特定の評価指標を最も有効な手法として選定できるほどの決定的な根拠はない．また評価の簡便性を考慮すると PSNR もそれほど悪くなく，同種のノイズの影響など性質にあった評価に利用できる．もちろん，視覚特性を考慮していない点を理解した上での利用が前提である．

評価において，絵柄の影響は無視できないため，評価映像の共通化も重要である．図 13.8 では，手元の画像を利用したが，一般的には標準的な画像を用いる．映像のバリエーションを考慮した，ITU が頒布する評価映像セットなどの利用が可能である．

原画

小チェッカー
PSNR 25.1; VIF 0.86; SSIM 0.58

中チェッカー
PSNR 25.1; VIF 0.47; SSIM 0.68

大チェッカー
PSNR 25.1; VIF 0.63; SSIM 0.89

図 13.8 画質評価手法の比較.

13.3.5 視覚的注意モデルの利用

画像特徴（13.2節参照）に関する視覚特性については，精力的に検討され画質評価に考慮されている．さらに有効な評価として，注意位置を利用するモデルも検討されている．画像には膨大な視覚情報が含まれるが，人間が意識的に（注意を向けて）見ている場所はそれほど多くない．視野の周辺の視力は極端に低下すること（13.1.1項参照）から，詳細な情報は観察者が視線を向ける付近だけで十分といえる．注意，そして視線を向ける位置を推測することができれば，観察者が注目する部分に重みを置いた画質評価が可能となる．画質評価のためのモデル出力に，注意モデルからもとめる誘目性の高さの重み付けをしたあとに評価すればよい（図 13.9）．

13.4 主観評価

主観評価は，画質を直接的に求めるものであり，評価に要する時間や個人差の問題がなければ有効である．一般にそれらの問題は回避できず，多くの場面で客観評価手法の確立が要求される．その場合でも手法の評価という点で，主観評価との比較は欠かせない．したがって信頼できる主観評価結果が必要であり，そのために十分統制された実験を行う必要がある．観察条件，評価方法の標準化はそのために不可欠である．

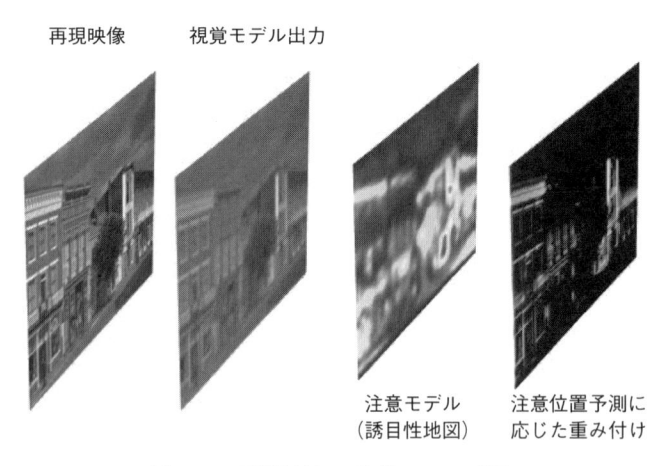

図 13.9 画質評価への注意モデルの利用.

13.4.1 観察条件

視覚機能は，観察環境の明るさ，照明光の色などの影響を受けるし，対象とする画像の周辺環境の影響も受ける．したがって，主観評価には，観察条件の検討を欠かすことができない．例えば，印刷物の評価には，照明条件の標準化が必要である．写真や印刷物の評価には，標準的な光源として CIE の定める標準の光を利用する．同様にテレビ映像の評価に関しては，ディスプレイ表面の反射によるコントラストの低下や評価時の背景の色などについての国際電気通信連合 (ITU, International Telecommunication Union) の勧告がある (ITU-R BT.500)．

観察条件の設定，標準化は照明に限らず多くの場合に重要である．例えば，テレビを視聴する場合，標準的な観察距離が設定されている (ITU-R BT.500)．3h といえば，画面の高さ (h) の 3 倍の距離からの観察を意味し，3h の距離で画像を観察すれば，ディスプレイの大きさの要因を排除した上で解像度を考えることができる．通常，テレビシステムの解像度は，視力 1 の人の視力の限界に合わせられているが，そこでは 3h など画像の大きさを考慮した観察距離を想定している．

13.4.2 評価方法

画像の主観評価の手法には，絶対評価と相対評価がある．絶対評価は，1 枚の画像に対して非常によいから非常に悪いまでの段階的評価をする方法である．したがって，参照画像がない場合にも利用できる（NR 法）．単純な方法であるが，呈示順序はランダム化する，各評定者から複数回の判断をとるなどの注意は必要である．また，刺激呈示方法として，画像を 10 秒間提示，そのあと 10 秒以内での評定，同じ手順を次ぎの画像に繰り返すという方法が，ITU によって勧告されている．

画質評価では一般に，個別の画像のもつ絵柄の影響を排除するために複数の画像を用いる．しかし，絶対評価の結果は絵柄によって大きく変動する．異なる絵柄の間の変動を取り除くために，評価に基準画像を含める方法も提案されている．各絵柄に対して基準となる画像を評価

し，ほかの画像の評価値との差分を利用することで，画像の種類による影響を取り除くことができる (DMOS, Differential Mean Opinion Score)．ある条件の画像の評価値を y としたとき，同じ絵柄の基準画像の評価値 y_0 に対して，$y - y_0 + 5$ で定義される．基準画像の補整をしない評価値は，MOS (Mean Opinion Score) と呼ばれる．

相対評価としては，一対の画像を比較する方法がよく使われる (PC, Paired Comparison)．一対比較は，2枚の画像の比較を行うもので，すべての組み合わせの比較を行う．それによって順位をつけられるとともに，選択率の変化から間隔尺度として相対的な距離も推定することができる．絶対評価に比べて相対的は画質を評価する一対比較法は判断がやさしく再現性も高い．その意味ですぐれた方法であるが，試行数は多くなるという欠点もある．

13.4.3 評定者

一般的な画像については，評定者として，実験内容を知らない無作為に選ばれた評定者の集団を用いることがほとんどである．しかし，目的によっては，医用画像は医者が，プロ仕様のカメラはプロカメラマンが行うなど特定の評定者による，着目点に依存した評価が必要なこともある．

演習問題

設問1　客観評価と主観評価の利点，欠点をまとめよ．

設問2　誰かの人の鼻を見たとき，その人の右耳の網膜像の情報は，左右どちらの大脳に送られるか．

設問3　考え方の違う3種類の客観評価方法をあげよ．

設問4　図13.7で背景によってTの見にくさが異なる理由を考えよ．

設問5　SSIMの第1項に変化がない信号の組の例を考えよ．

設問6　テレビ画像の評価をする場合，標準的な観察距離として，ディスプレイの高さを利用する理由を述べよ．

参考文献

[1] 塩入諭，大町真一郎：『画像情報処理工学』，朝倉書店 (2011)

[2] 内川惠二 総編集，篠森敬三 編：『視覚I』，朝倉書店 (2007)

[3] 内川惠二 総編集，塩入 諭 編：『視覚II』，朝倉書店 (2007)

[4] Technical Reports and Guides,
http://www.cie.co.at/index.php/Publications/Technical+Reports+and+Guides

[5] Lin, W. and Kuo, C-C. J.: Perceptual visual quality metrics: A survey, *J. Vis. Commun. Image R.*, Vol.22, pp.297–312 (2011)

[6] 岡本淳, 林孝典：映像メディア品質評価技術の最新動向, *IEICE Fundamentals Review* Vol.6, pp.276–284 (2013)

[7] 三宅洋一, 中口俊哉：色彩画像の画質評価 —現状と課題—, *IEICE Fundamentals Review* Vol.2, pp.29–37 (2009)

第14章
コンピュータグラフィックス

□ 学習のポイント

　コンピュータグラフィックスとはコンピュータを用いて生成される画像のことであり，コンピュータ内の3次元世界から人間にとって違和感のない画像を作り出す技術が必要となる．与えられた画像に対して処理を行う画像処理と画像を作り出すコンピュータグラフィックスはもともと全く異なる技術であった．しかし，最近では画像処理とコンピュータグラフィックスは密接な関係があると考えられるようになってきている．アプリケーション的には，例えば拡張現実（Augmented Reality; AR）のように画像処理を利用してオブジェクトを表示することでより現実的な描写が可能となる．コンピュータビジョンの技術で物体の3次元形状を計測し，より実物に近いモデルを作成することも可能である．技術的にも，コンピュータグラフィックスで3次元形状を表示する技術はコンピュータビジョンにおける形状を計測する技術と共通するものがある．

　コンピュータグラフィックスでは，3次元世界をいかに表現するかのモデリングと，モデルをいかに描画するかのレンダリングが必要となる．本章ではこの2点について，コンピュータグラフィックスで用いられている技術の概要を理解する．

- 3次元形状の基本モデルを理解する．
- ベジェ曲面やB-スプライン曲面などの数式を用いた曲面の表現法を理解する．
- 幾何学的変形の方法を理解する．
- レンダリングの処理手順を理解する．
- 陰面消去，シェーディングなどの原理と具体的な処理内容を理解する．

□ キーワード

　ワイヤーフレームモデル，サーフェスモデル，ソリッドモデル，ポリゴン，ベジェ曲面，B-スプライン曲面，幾何変換，同次座標，レンダリング，陰面消去，Zバッファ法，スキャンライン法，シェーディング，環境光，拡散反射，鏡面反射，レイトレーシング

14.1　モデリング

14.1.1　3次元形状の基本モデル

　3次元の形状を表す基本モデルには，ワイヤーフレームモデル，サーフェスモデル，ソリッド

ワイヤーフレームモデル　　サーフェスモデル　　ソリッドモデル

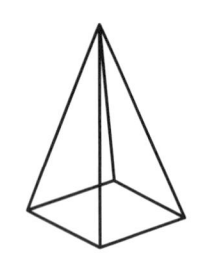

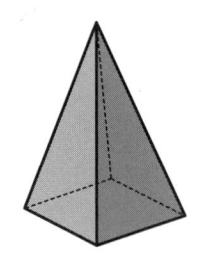

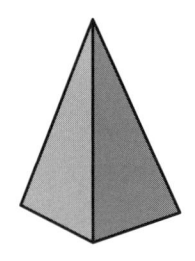

図 14.1　3 次元形状の基本モデル

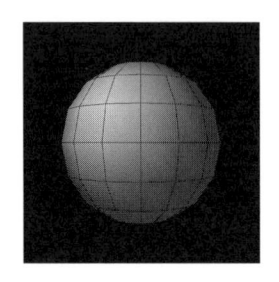

図 14.2　ポリゴンによる球の表現

モデルの 3 種類がある．図 14.1 に概念図を示す．ワイヤーフレームモデルは稜線のみで物体を表現したモデルである．データ構造が簡単でデータ量も少なくて済むが，面の情報がないため 14.2.2 項で述べる**陰面消去**をすることができないなどの不都合がある．サーフェスモデルは物体を表面のみで表したモデルである．面の情報を持つため，ワイヤーフレームモデルと比較してより正確に物体を表すことができ，陰面消去の処理も可能である．しかし，物体内部の状態を表すことはできない．ソリッドモデルは物体を中身が詰まった固体として表したものである．物体をより厳密に表すことができ，重心の計算なども可能であるが，データ量が非常に多い．

14.1.2　ポリゴンによる表現

ポリゴンは多角形の意味である．三角形や四角形などのポリゴンを多数組み合わせることで 3 次元形状を表現することができる．図 14.2 は四角形により球を表現した例である．ポリゴンによる表現は扱いが簡単であり，14.2 節で述べる**レンダリング**において陰面の判定や光の入射角などの計算が容易である．

しかし，なめらかな曲面を表現するにはデータが膨大になり，また CAD などで形状を変形するのが困難である．次項から述べる**ベジェ曲面**や **B-スプライン曲面**などの数式により曲面を表現する方法とポリゴンによる表現をうまく組み合わせることで効率のよい処理が実現できる．

14.1.3　ベジェ曲面

球や楕円体のように解析的な数式で簡単に表せる物体以外は，本項で述べるベジェ曲面や次項で述べる B-スプライン曲面のような自由曲面を用いて形状を表現する必要がある．3 次元の

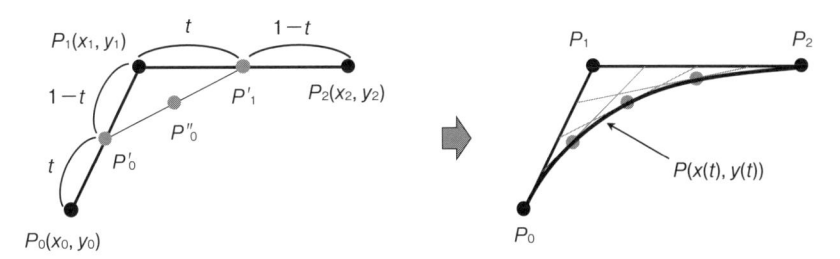

図 14.3 2次のベジェ曲線

ベジェ曲面を考える前に，2次元のベジェ曲線を考える．今，図 14.3 に示すように平面上に 3 点 $P_0(x_0, y_0)$，$P_1(x_1, y_1)$，$P_2(x_2, y_2)$ があるとする．線分 P_0P_1 を $t : 1-t$ に内分する点を $P_0'(x_0', y_0')$，線分 P_1P_2 を $t : 1-t$ に内分する点を $P_1'(x_1', y_1')$ とすると，

$$\begin{cases} x_0' = (1-t)x_0 + tx_1 \\ y_0' = (1-t)y_0 + ty_1 \\ x_1' = (1-t)x_1 + tx_2 \\ y_1' = (1-t)y_1 + ty_2 \end{cases} \tag{14.1}$$

である．また，線分 $P_0'P_1'$ をさらに $t : 1-t$ に内分する点を $P_0''(x_0'', y_0'')$ とすると，

$$\begin{cases} x_0'' = (1-t)x_0' + tx_1' = (1-t)^2 x_0 + 2(1-t)tx_1 + t^2 x_2 \\ y_0'' = (1-t)y_0' + ty_1' = (1-t)^2 y_0 + 2(1-t)ty_1 + t^2 y_2 \end{cases} \tag{14.2}$$

と書ける．t を 0 から 1 まで変化させると，

$$\begin{cases} x(t) = (1-t)^2 x_0 + 2(1-t)tx_1 + t^2 x_2 \\ y(t) = (1-t)^2 y_0 + 2(1-t)ty_1 + t^2 y_2 \end{cases} \tag{14.3}$$

により定義される点 $P(x(t), y(t))$ は 2 次の曲線を描く．これを，3 点 P_0, P_1, P_2 を**制御点**とする 2 次のベジェ曲線と呼ぶ．ベクトル表現を用いて $\boldsymbol{p}_0 = (x_0, y_0)$，$\boldsymbol{p}_1 = (x_1, y_1)$，$\boldsymbol{p}_2 = (x_2, y_2)$ とすれば，上式は簡単に

$$\boldsymbol{p}(t) = (1-t)^2 \boldsymbol{p}_0 + 2(1-t)t\boldsymbol{p}_1 + t^2 \boldsymbol{p}_2 \quad (0 \leq t \leq 1) \tag{14.4}$$

と書ける．

点を 1 個増やして平面上に 4 点 $\boldsymbol{p}_0, \boldsymbol{p}_1, \boldsymbol{p}_2, \boldsymbol{p}_3$ があるとする．例を図 14.4 に示す．3 点の場合と同様に，線分を $t : 1-t$ に内分する点を順に定義していくと，今度は最終的に点 $\boldsymbol{p}_0'''$ が得られる．ただし，

$$\boldsymbol{p}_0''' = (1-t)^3 \boldsymbol{p}_0 + 3(1-t)^2 t \boldsymbol{p}_1 + 3(1-t)t^2 \boldsymbol{p}_2 + t^3 \boldsymbol{p}_3 \tag{14.5}$$

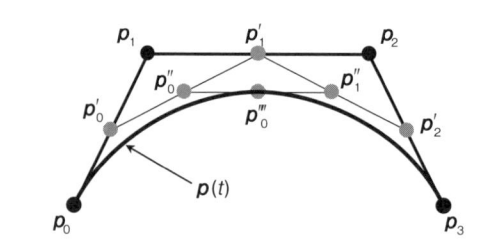

図 14.4 3次のベジェ曲線

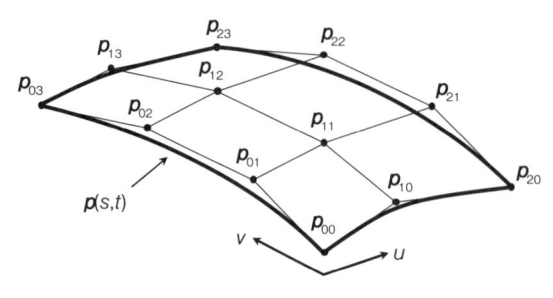

図 14.5 ベジェ曲面

である．t を 0 から 1 まで変化させることにより，4 点 p_0, p_1, p_2, p_3 を制御点とする 3 次のベジェ曲線が得られる．

一般に，$n+1$ 個の制御点 $p_0, \ldots, p_n$ が与えられれば，次式により定義される n 次のベジェ曲線が得られる．

$$p(t) = \sum_{i=0}^{n} B_i^n(t) p_i \quad (0 \leq t \leq 1) \tag{14.6}$$

ただし，

$$B_i^n(t) = {}_nC_i (1-t)^{n-i} t^i \tag{14.7}$$

である．ベジェ曲線は，始点 p_0 と終点 p_n を通り，これらの点で直線 $p_0 p_1$，直線 $p_{n-1} p_n$ に接することや，制御点をすべて含む最小の凸多角形に含まれるという凸閉方性があることが知られている．

一方，格子状に配置された制御点 p_{ij} $(0 \leq i \leq m, 0 \leq j \leq n)$ によって 3 次元のベジェ曲面が定義できる．ベジェ曲面 $S(u,v)$ は次式で与えられる．

$$S(u,v) = \sum_{i=0}^{m} \sum_{j=0}^{n} B_i^m(u) B_j^n(v) p_{ij} \quad (0 \leq u \leq 1, 0 \leq v \leq 1) \tag{14.8}$$

$m=2$, $n=3$ の場合のベジェ曲面の例を図 14.5 に示す．

なお，制御点ごとに重みを定義することもでき，重みにより曲面の形をより詳細に制御できる．このような曲面を**有理ベジェ曲面**と呼ぶ．制御点 p_{ij} の重みを w_{ij} とすると，有理ベジェ曲面は次式で与えられる．

$$S(u,v) = \frac{\sum_{i=0}^{m}\sum_{j=0}^{n} B_i^m(u) B_j^n(v) w_{ij} \boldsymbol{p}_{ij}}{\sum_{i=0}^{m}\sum_{j=0}^{n} B_i^m(u) B_j^n(v) w_{ij}} \quad (0 \leq u \leq 1, 0 \leq v \leq 1) \tag{14.9}$$

14.1.4 B-スプライン曲面

ベジェ曲面では，一つの制御点の影響が全体に及ぶため，形状の微妙な調整が難しいという問題がある．この問題を解決する方法としてB-スプライン曲面がある．3次元のB-スプライン曲面を考える前に，まず2次元の**B-スプライン曲線**を考える．

ベジェ曲線では，$n+1$個の制御点によってn次のベジェ曲線が定義された．B-スプライン曲線でも，$n+1$個の制御点によってn次の曲線が定義される．ベジェ曲線と違い，B-スプライン曲線ではこのn次の曲線を一つの**セグメント**と見なして，複数のセグメントをなめらかに接続することにより，一つの長い曲線を形成する．

今，L個のセグメントからなるn次B-スプライン曲線を考える．セグメントどうしをなめらかに接続するために，隣り合うセグメントはn個の制御点を共有する．一つのセグメントに$n+1$個の制御点が必要であるから，全部で$n+L$個の制御点$\boldsymbol{p}_0, \ldots, \boldsymbol{p}_{n+L-1}$が必要になる．B-スプライン曲線では，制御点ともう一つ，ノットと呼ばれる数値の列$t_0, \ldots, t_{2n+L}$を用いる．ただし$t_i \leq t_{i+1}$である．ベジェ曲線は$0 \leq t \leq 1$で曲線を定義したが，B-スプライン曲線はこのノット列を用いることでより自由度が高い曲線の生成が可能である．ノットが等間隔の一様ノット列のほか，間隔が非一様なノット列も用いられる．

これらの制御点とノット列を用いて，B-スプライン曲線は以下の式で定義される．

$$\boldsymbol{p}(t) = \sum_{i=0}^{n+L-1} N_i^n(t) \boldsymbol{p}_i \quad (t_n \leq t \leq t_{n+L}) \tag{14.10}$$

ここで，$N_i^n(t)$はn次のB-スプライン基底関数と呼ばれ，次の漸化式で定義される．

$$
\begin{aligned}
N_i^0(t) &= \begin{cases} 1, & t_i \leq t < t_{i+1} \\ 0, & \text{その他} \end{cases} \\
N_i^k(t) &= \frac{t - t_i}{t_{i+k} - t_i} N_i^{k-1}(t) + \frac{t_{i+k+1} - t}{t_{i+k+1} - t_{i+1}} N_{i+1}^{k-1}(t) \quad (1 \leq k \leq n)
\end{aligned}
\tag{14.11}
$$

具体的な式を求めてみる．今，$n=2$とし，一様ノット列$(t_0, t_1, t_2, t_3, \ldots) = (0, 1, 2, 3, \ldots)$を用いると，$i=0$の基底関数は

$$N_0^0(t) = \begin{cases} 1, & 0 \leq t < 1 \\ 0, & \text{その他} \end{cases}$$

$$N_0^1(t) = \begin{cases} t, & 0 \leq t < 1 \\ -t+2, & 1 \leq t < 2 \\ 0, & \text{その他} \end{cases} \tag{14.12}$$

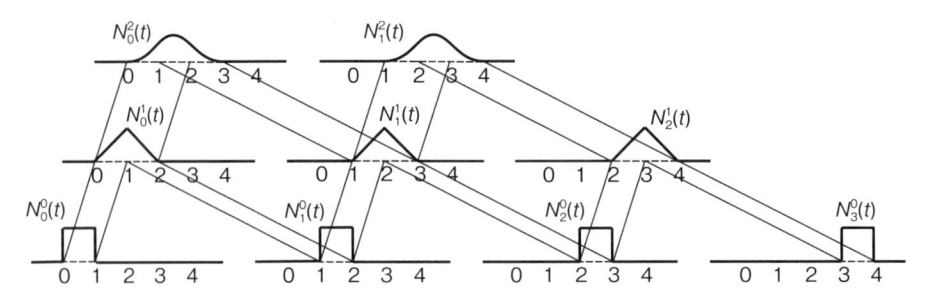

図 14.6 B-スプライン基底関数

$$N_0^2(t) = \begin{cases} \frac{1}{2}t^2, & 0 \leq t < 1 \\ -\left(t - \frac{3}{2}\right)^2 + \frac{3}{4}, & 1 \leq t < 2 \\ \frac{1}{2}(t-3)^2, & 2 \leq t < 3 \\ 0, & その他 \end{cases}$$

となる．$i \neq 0$ のときは

$$N_i^k(t) = N_i^k(t - i) \tag{14.13}$$

である．2次までの B-スプライン基底関数を図 14.6 に示す．$N_i^k(t)$ が $N_i^{k-1}(t)$ と $N_{i+1}^{k-1}(t)$ から計算される様子を点線で示してある．

図 14.7 に 3 次の B-スプライン曲線の例を示す．7 個の制御点があるため，セグメント数は 4 となる．図 14.7(a) はノットが等間隔の一様ノット列を用いた例である．図 14.7(b) はノット列の両端を 4 個重複させたものである．一般に，n 次の B-スプライン曲線はノット列の両端を $n+1$ 個重複させることで最初と最後の制御点を通るようになる．

また，n 次 B-スプライン曲線は n 個の連続した制御点を重複させることでその制御点を通る．図 14.8 は 3 次 B-スプライン曲線の例で，図 14.8(a) は重複がない場合，図 14.8(b) は $\boldsymbol{p}_1$ と $\boldsymbol{p}_2$ を同一の点とした場合，図 14.8(c) は $\boldsymbol{p}_1$, $\boldsymbol{p}_2$, $\boldsymbol{p}_3$ を同一の点とした場合である．いずれもノット列は図 14.7(b) と同様に両端で $n+1$ 個重複させている．

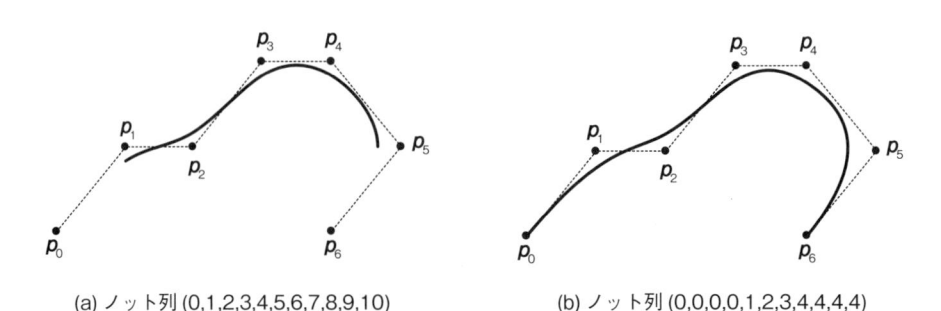

(a) ノット列 (0,1,2,3,4,5,6,7,8,9,10)　　　　(b) ノット列 (0,0,0,0,1,2,3,4,4,4,4)

図 14.7　3 次の B-スプライン曲線

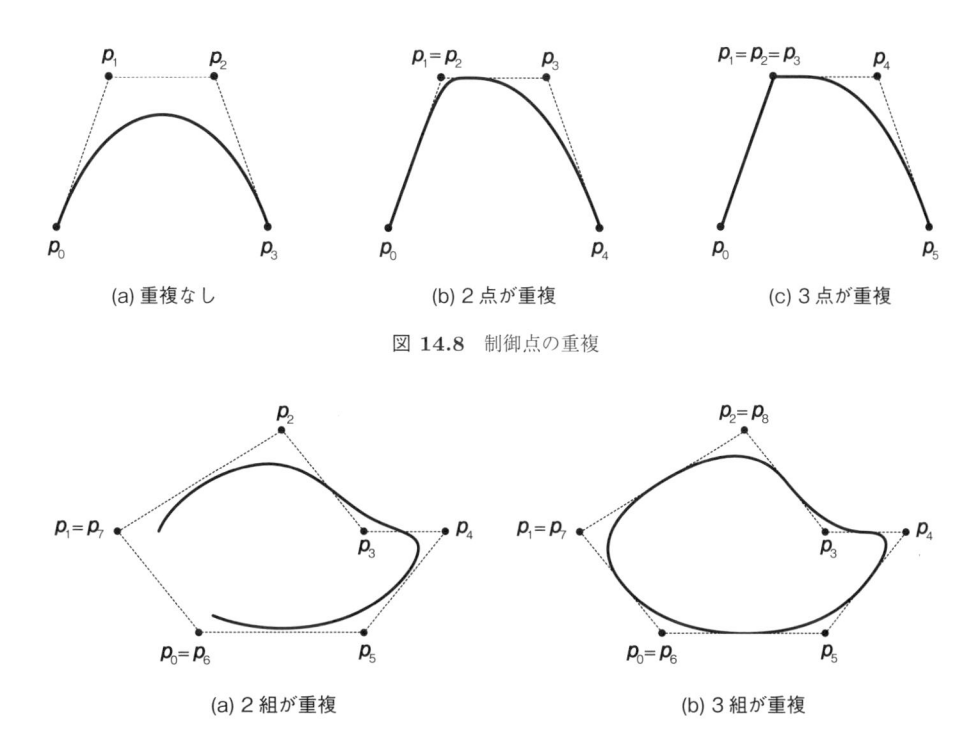

(a) 重複なし　　　　　　(b) 2 点が重複　　　　　　(c) 3 点が重複

図 14.8　制御点の重複

(a) 2 組が重複　　　　　　(b) 3 組が重複

図 14.9　B-スプラインによる閉曲線

さらに，制御点を重複させることで閉曲線を作ることもできる．n 次 B-スプライン曲線では閉曲線を作るために n 組の制御点を重複させることが必要である．図 14.9 は 3 次の B-スプライン曲線の例である．図 14.9(a) は p_0 と p_6，p_1 と p_7 を同一の点とすることにより得られた曲線である．図 14.9(b) ではさらに p_2 と p_8 を同一の点とすることにより閉曲線が得られている．いずれも一様ノット列を用いた．

B-スプライン曲面は，格子状に配置された制御点 $\{p_{ij}\}$，u 軸方向のノット列 $\{u_i\}$，v 軸方向のノット列 $\{v_i\}$ によって定義できる．u 軸方向のセグメント数を K，v 軸方向のセグメント数を L とすると，$m \times n$ 次の B-スプライン曲面 $S(u,v)$ は次式で与えられる．

$$S(u,v) = \sum_{i=0}^{m+K-1} \sum_{j=0}^{n+L-1} N_i^m(u) N_j^n(v) \boldsymbol{p}_{ij} \quad (u_m \leq u \leq u_{m+K}, v_n \leq v \leq v_{n+L}) \tag{14.14}$$

図 14.10 は $m = n = 2$，$K = L = 4$ の B-スプライン曲面の例である．左の図は制御点，右の図が生成された B-スプライン曲面である．

なお，ベジェ曲面と同様に制御点ごとに重みを定義することもできる．このような曲面を **NURBS** (Non-Uniform Rational B-Spline) 曲面と呼ぶ．制御点 p_{ij} の重みを w_{ij} とすると，NURBS 曲面は次式で与えられる．

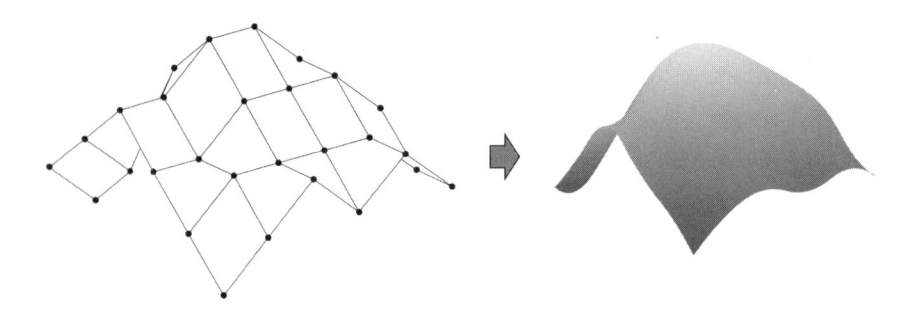

図 14.10　B-スプライン曲面

$$S(u,v) = \frac{\sum_{i=0}^{m+K-1}\sum_{j=0}^{n+L-1} N_i^m(u)N_j^n(v)w_{ij}\boldsymbol{p}_{ij}}{\sum_{i=0}^{m+K-1}\sum_{j=0}^{n+L-1} N_i^m(u)N_j^n(v)w_{ij}} \quad (u_m \leq u \leq u_{m+K}, v_n \leq v \leq v_{n+L}) \tag{14.15}$$

14.1.5　幾何変換

空間中に配置された物体をモデリングするには，平行移動や回転といった幾何変換が必要となる．2次元の幾何変換については第5章で述べたが，コンピュータグラフィックスでは3次元空間での幾何変換を考える必要がある．3次元空間上の座標 (x,y,z) を表すために，第5章でも用いた同次座標を用いる．第5章では2次元の場合を扱ったが，3次元の場合にも通常の座標よりも要素を1個増やして (X,Y,Z,w) と表現する．同次座標と通常の3次元座標には

$$\begin{cases} x = \dfrac{X}{w} \\ y = \dfrac{Y}{w} \\ z = \dfrac{Z}{w} \end{cases} \tag{14.16}$$

の関係があり，$w=0$ のときは (X,Y,Z) 方向の無限遠点を表す．$w=1$ のときは $x=X$，$y=Y$，$z=Z$ である．本項では常に $w=1$ とし，同次座標を $(x,y,z,1)$ と表記する．同次座標を用いることで，平行移動を行列とベクトルの積の形で表せるため，合成変換の表記が容易になる．

(1)　平行移動

点 (x,y,z) を x 軸方向に t_x，y 軸方向に t_y，z 軸方向に t_z だけ平行移動させる変換（図 14.11(a) 参照）は以下の式で書ける．(x',y',z') が移動先の点である．

$$\begin{bmatrix} x' \\ y' \\ z' \\ 1 \end{bmatrix} = \begin{bmatrix} 1 & 0 & 0 & t_x \\ 0 & 1 & 0 & t_y \\ 0 & 0 & 1 & t_z \\ 0 & 0 & 0 & 1 \end{bmatrix} \begin{bmatrix} x \\ y \\ z \\ 1 \end{bmatrix} = \begin{bmatrix} x+t_x \\ y+t_y \\ z+t_z \\ 1 \end{bmatrix} \tag{14.17}$$

(a) 平行移動　　　　　　　　　　(b) 回転

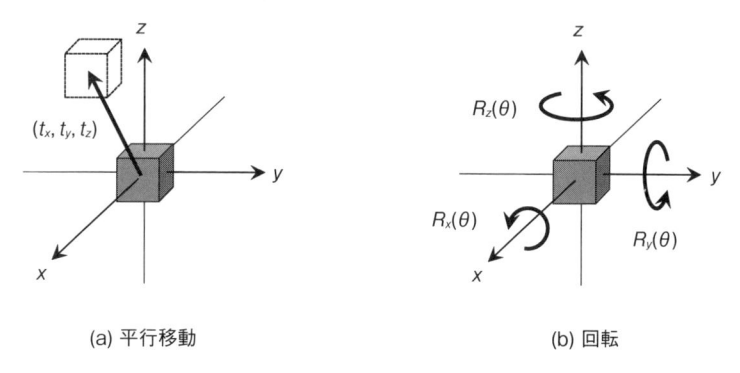

図 **14.11**　平行移動と回転

ここで，

$$\boldsymbol{x} = \begin{bmatrix} x \\ y \\ z \\ 1 \end{bmatrix},\ \boldsymbol{x}' = \begin{bmatrix} x' \\ y' \\ z' \\ 1 \end{bmatrix},\ T(t_x, t_y, t_z) = \begin{bmatrix} 1 & 0 & 0 & t_x \\ 0 & 1 & 0 & t_y \\ 0 & 0 & 1 & t_z \\ 0 & 0 & 0 & 1 \end{bmatrix} \tag{14.18}$$

とおくと，

$$\boldsymbol{x}' = T(t_x, t_y, t_z)\boldsymbol{x} \tag{14.19}$$

と書ける．

(2)　回転

点 (x, y, z) を x 軸のまわりに θ だけ回転させる変換（図 14.11(b) 参照）は，行列

$$R_x(\theta) = \begin{bmatrix} 1 & 0 & 0 & 0 \\ 0 & \cos\theta & -\sin\theta & 0 \\ 0 & \sin\theta & \cos\theta & 0 \\ 0 & 0 & 0 & 1 \end{bmatrix} \tag{14.20}$$

を用いて以下の式で表される．

$$\boldsymbol{x}' = R_x(\theta)\boldsymbol{x} \tag{14.21}$$

同様に，y 軸のまわりに θ だけ回転させる変換および z 軸のまわりに θ だけ回転させる変換を表す行列は，それぞれ

$$R_y(\theta) = \begin{bmatrix} \cos\theta & 0 & \sin\theta & 0 \\ 0 & 1 & 0 & 0 \\ -\sin\theta & 0 & \cos\theta & 0 \\ 0 & 0 & 0 & 1 \end{bmatrix} \tag{14.22}$$

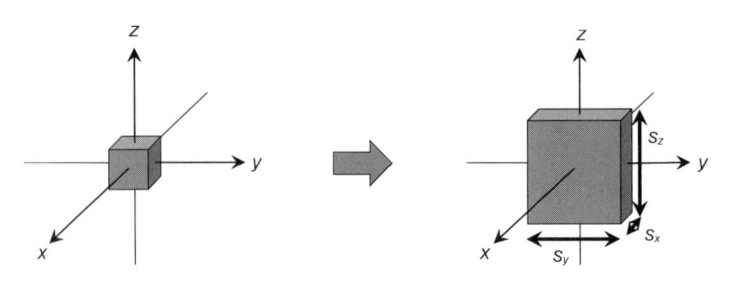

図 **14.12** 拡大・縮小

$$R_z(\theta) = \begin{bmatrix} \cos\theta & -\sin\theta & 0 & 0 \\ \sin\theta & \cos\theta & 0 & 0 \\ 0 & 0 & 1 & 0 \\ 0 & 0 & 0 & 1 \end{bmatrix} \tag{14.23}$$

と表される．

(3) 拡大・縮小

x 軸方向に s_x 倍，y 軸方向に s_y 倍，z 軸方向に s_z 倍に拡大または縮小する変換（図 14.12 参照）は以下の行列で表される．

$$S(s_x, s_y, s_z) = \begin{bmatrix} s_x & 0 & 0 & 0 \\ 0 & s_y & 0 & 0 \\ 0 & 0 & s_z & 0 \\ 0 & 0 & 0 & 1 \end{bmatrix} \tag{14.24}$$

(4) 合成変換

複数の幾何変換を連続して行う変換は，個々の変換を表す行列の積で定義できる．たとえば x 軸のまわりに 30 度回転させたあとに x 軸方向に 1，y 軸方向に 2 だけ平行移動する変換は，

$$T(1,2,0)R_x(30°) = \begin{bmatrix} 1 & 0 & 0 & 1 \\ 0 & 1 & 0 & 2 \\ 0 & 0 & 1 & 0 \\ 0 & 0 & 0 & 1 \end{bmatrix} \begin{bmatrix} 1 & 0 & 0 & 0 \\ 0 & \cos 30° & -\sin 30° & 0 \\ 0 & \sin 30° & \cos 30° & 0 \\ 0 & 0 & 0 & 1 \end{bmatrix} = \begin{bmatrix} 1 & 0 & 0 & 1 \\ 0 & \frac{\sqrt{3}}{2} & -\frac{1}{2} & 2 \\ 0 & \frac{1}{2} & \frac{\sqrt{3}}{2} & 0 \\ 0 & 0 & 0 & 1 \end{bmatrix} \tag{14.25}$$

と表される．

14.2 レンダリング

3 次元空間上の物体のモデルから，2 次元の画像を作り出すことがレンダリングである．レンダリングを行うには視点位置，物体の位置，光源の位置と種類を決める必要がある．レンダ

リングの主な処理には，3次元座標の2次元座標への投影，隠れている面を消去する陰面消去，陰をつけるシェーディングなどが含まれる．

14.2.1 3次元座標の投影

図 14.13(a) に示すように，視点を原点 O とし，3 次元の座標を定義する．原点から z 軸方向に距離 f の場所に投影面を置けば，視点から見た画像は 3 次元物体を投影面上に投影した画像と見なすことができる．3 次元空間上の点 (x, y, z) が投影面上の点 (x', y') に投影されるものとする．まず図 14.13(b) に示すように y 軸方向から見て点 (x, y, z) の投影面上の x 軸成分 x' を求める．図からわかるように $x' : x = f : z$ が成り立つので，

$$x' = \frac{x}{z}f \tag{14.26}$$

である．同様にして投影面上の y 軸成分 y' は

$$y' = \frac{y}{z}f \tag{14.27}$$

と書ける．このような投影を**透視投影**と呼ぶ．透視投影は，同次座標を用いて，

$$\begin{bmatrix} X' \\ Y' \\ Z' \\ w \end{bmatrix} = \begin{bmatrix} f & 0 & 0 & 0 \\ 0 & f & 0 & 0 \\ 0 & 0 & f & 0 \\ 0 & 0 & 1 & 0 \end{bmatrix} \begin{bmatrix} x \\ y \\ z \\ 1 \end{bmatrix} \tag{14.28}$$

と表すことができる．上式より $X' = xf$, $Y' = yf$, $Z' = zf$, $w = z$ となり，14.1.5 項で述べたように $x' = X'/w$, $y' = Y'/w$ の関係があるので，投影面上での座標 (x', y') が求まる．

透視投影は厳密な投影であるが，変換式では z が分母に含まれており，扱いにくい．そこで，投影のモデルをもう少し簡単化し，z 軸方向の距離を無視して，

(a) 座標系 (b) y 軸方向から見た図

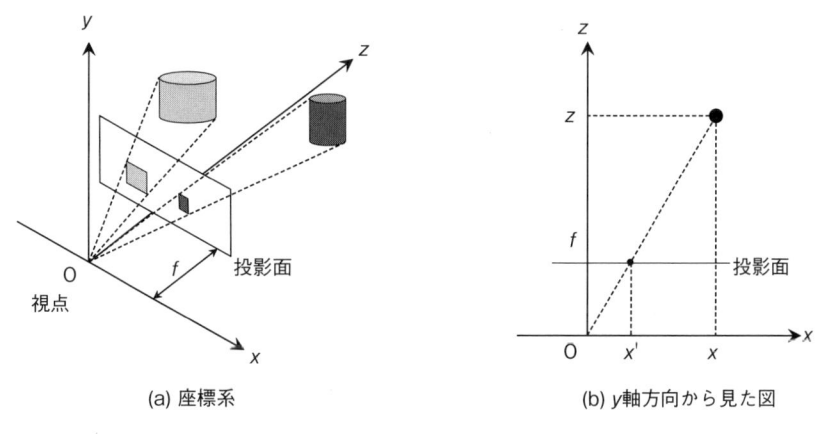

図 **14.13** 2 次元平面への投影

$$\begin{cases} x' = x \\ y' = y \end{cases} \quad (14.29)$$

とする方法もある．これは**平行投影**と呼ばれ，厳密さには欠けるが計算が簡単なので，z 軸方向の距離を考慮しなくてよい場合などは便利である．

14.2.2 陰面消去

視線と反対側の面やほかの物体に隠されている部分は見えないので，消去する必要がある．この処理を陰面消去と呼ぶ．陰面消去の方法として，**Z バッファ法**と**スキャンライン法**を紹介する．

(1) Z バッファ法

14.2.1 項で述べたように，3 次元空間中の点 (x,y,z) は投影面上の点 $(xf/z, yf/z)$ に投影される．Z バッファ法ではその際，点 (x,y,z) の色の情報と一緒に奥行き z の値を格納しておく．色を格納するための投影面のほかに，奥行き z の値を格納するためのバッファが必要であることから Z バッファ法と呼ばれる．

複数の点が投影面上の同じ点に投影される場合は，z の値が小さいほうの色の情報のみ残す．これにより，視点から近い点の色の情報のみが投影面上に残されることになる．

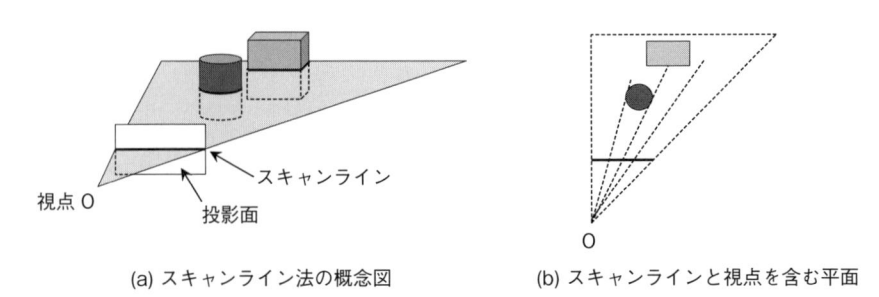

(2) スキャンライン法

スキャンラインとはテレビの走査線のことである．投影面の横のラインごとに，このラインと視点を通る平面を考え，この平面を横切る物体との交線を元に表示される部分を判定する．例を図 14.14 に示す．走査線ごとの処理であるから，Z バッファ法よりも使用メモリが少なくてすむという利点がある．

14.2.3 シェーディング

物体に陰をつける処理をシェーディングと呼ぶ．シェーディングでは，**環境光**，**拡散反射**，**鏡面反射**を考慮する必要がある．物体の輝度は，この三つの反射成分をすべて加えた値で表される．

(a) スキャンライン法の概念図　　(b) スキャンラインと視点を含む平面

図 14.14 スキャンライン法

(1) 環境光

環境光は物体全体に明るさを与えるもので，光源からの光が当たらない陰の部分も環境光による反射が存在する．環境光による反射成分は位置や向きによらず一様な値となり，

$$I = k_a I_a \tag{14.30}$$

となる．ただし，k_a は物体の面の環境光の反射係数，I_a は環境光の明るさである．

(2) 拡散反射

拡散反射は，図 14.15(a) に示すように，物体に入射した光があらゆる方向に均等に拡散する反射である．拡散反射の扱いは光源が平行光か点光源かによって異なる．平行光の場合には，入射光の強さを I_d とし，拡散反射率を k_d とすると，反射成分は

$$I = k_d I_d \boldsymbol{N} \cdot \boldsymbol{L} = k_d I_d \cos\theta \tag{14.31}$$

となる．ただし，$\boldsymbol{N}$ は物体表面の単位法線ベクトル，$\boldsymbol{L}$ は光線方向の単位ベクトルであり，$\boldsymbol{N} \cdot \boldsymbol{L}$ は $\boldsymbol{N}$ と $\boldsymbol{L}$ の内積である．また，$\boldsymbol{N}$ と $\boldsymbol{L}$ のなす角度を θ とした．物体表面が平面の場合は輝度は一様になる．太陽光のほか，光源が十分に遠い場合には平行光と見なすことができる．

点光源の場合には，点光源からの距離 r によって輝度が異なり，

$$I = \frac{k_d I_q}{r^2} \boldsymbol{N} \cdot \boldsymbol{L} = \frac{k_d I_q}{r^2} \cos\theta \tag{14.32}$$

と書ける．ただし I_q は入射光の強さである．一般に距離 r や角度 θ は物体表面の位置によって異なるため，点光源の場合には物体表面が平面であっても位置によって輝度が異なることになる．

(3) 鏡面反射

鏡面反射は，図 14.16(a) に示すように物体表面の法線ベクトルを挟んで入射角と等しい方向（正反射方向）を中心に狭い角度範囲で起きる．入射光の強さを I_s，鏡面反射率を k_s とし，正反射方向の単位ベクトルを $\boldsymbol{R}$，視線方向の単位ベクトルを $\boldsymbol{V}$ とすると，反射成分は

$$I = k_s I_s (\boldsymbol{R} \cdot \boldsymbol{V})^n = k_s I_s \cos^n \alpha \tag{14.33}$$

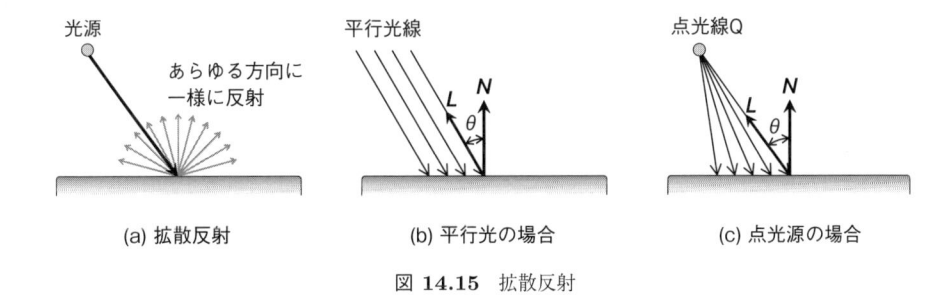

図 14.15 拡散反射

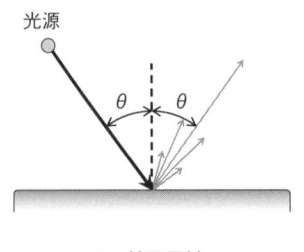

図 14.16 鏡面反射
(a) 鏡面反射
(b) 鏡面反射成分の計算

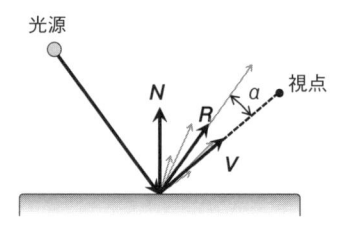

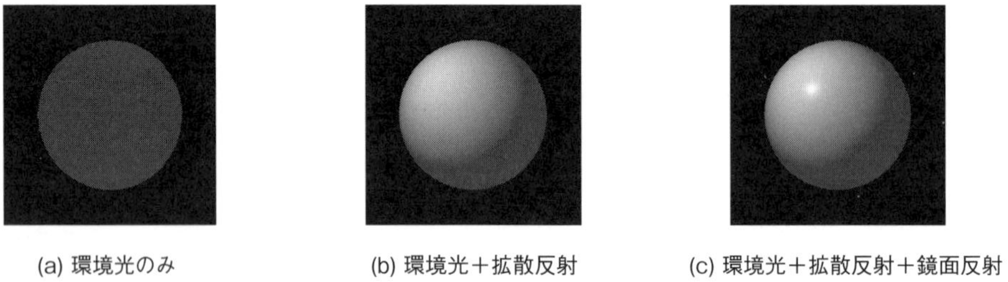

図 14.17 シェーディング
(a) 環境光のみ
(b) 環境光＋拡散反射
(c) 環境光＋拡散反射＋鏡面反射

となる．n はハイライトの強さを表すパラメータである．

図 14.17 に，環境光のみ考慮した場合，環境光に加えて拡散反射を考慮した場合，さらに鏡面反射を考慮した場合のそれぞれについて，球に対してシェーディングを施した結果を示す．

14.2.4 レイトレーシング法

レイトレーシングとは**光線追跡**のことで，レイトレーシング法とは視点に届く光線を視点から逆に追跡していくことで投影面上の画素値を求める方法である．反射だけでなく光の屈折も扱うことができ，半透明物体なども表現することができる．

図 14.18 に示すように，投影面上のある画素に着目したとき，視点とこの画素を結ぶ直線（レイと呼ばれる）が最初に交差する物体を見つける．この物体の材質や表面形状をもとに，反射方向と屈折方向に新たなレイを発生させる．これをレイが背景や光源に到達するまで繰り返す

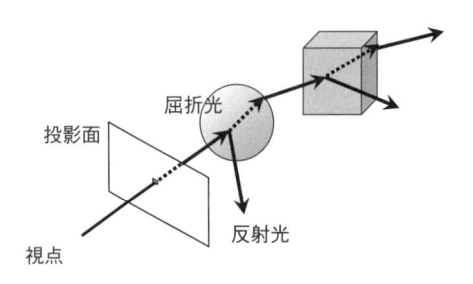

図 14.18 レイトレーシング法

ことで，投影面上の画素値を決める．レイトレーシングは投影面上の全画素について，反射や屈折が起きるたびにレイを増やしながら追跡していく必要があり，計算量は大きいが非常に写実的な画像が得られる．

演習問題

設問 1 　数式による表現と比較した場合のポリゴンによる表現の長所と短所を述べよ．

設問 2 　2 次元の制御点を与え，ベジェ曲線を描画してみよ．

設問 3 　2 次元の制御点とノット列を与え，B-スプライン曲線を描画してみよ．

設問 4 　y 軸方向に 2 だけ平行移動したあと z 軸の周りに 45 度回転させる変換を表す行列を求めよ．また，これらの変換を逆順に行なった場合の変換を表す行列を求めよ．

設問 5 　シェーディングで考慮すべき 3 種類の反射についてその特徴を述べよ．

参考文献

[1] 中嶋正之ほか：『技術編 CG 標準テキストブック』画像情報教育振興協会 (1998)

[2] Rogers, D. F. : *An introduction to NURBS*, Academic Press (2001)

[3] Phong, B. T. : Illumination for computer generated pictures, *Communications of the ACM*, Vol.18, No.6, pp.311–317 (1975)

[4] Whitted, T. : An improved illumination model for shaded display, *Communications of the ACM*, Vol.23, No.6, pp.343–349 (1980)

第 15 章
画像処理の応用

―□ 学習のポイント ――――

　画像処理あるいは画像認識の技術が，産業，学術，医療などのあらゆる分野で応用されている．一つの章でそれらを網羅できるものではないが，ここではその概要を述べてみる．

- 最初は，可視光線や X 線などを使って得た画像を使って定量的な計測を行うことについて理解する．それを生体に応用したバイオメトリクスについて理解する．
- 次に，さまざまなイメージングモダリティが応用されている医用画像処理について理解する．この分野には，他産業で発展した技術が人体への応用という制約のもとで使われているという特徴もある．他分野を専門とする方は歯がゆい面もあろうが，いまだ必要とされる技術がいろいろと存在することも示唆されるだろう．
- そのほかに，文字・文書認識 (OCR, Optical Character Recognition)，リモートセンシング，ITS (Intelligent Transport Systems, 高度道路交通システム)，ロボットの視覚およびバーチャルリアリティについて理解する．

―□ キーワード ――――

　画像計測，バイオメトリクス，アンシャープマスク処理，X 線 CT，磁気共鳴イメージング，OCR，リモートセンシング，ITS，ロボット視覚，バーチャルリアリティ

15.1 画像計測・外観検査

　画像を使った計測は，工業，商業，医療などの分野で広く使われている．

　可視光線を使った画像は，光に物体・人体透過性がないので外観検査となる．私たちの日々の生活の中には「大量に生産された，均一なもの」がたくさんある．出荷時あるいは販売時における商品検査では，カメラから入力された画像に対して高速な画像の処理と認識のアルゴリズムを働かせて，均一でないものが検出されている．

　水を多く含むような物体，たとえば食品がそうであるが，その外観検査には近赤外線 (Near-infrared Light) も使われる．「水の窓」と呼ばれる近赤外線は水に対する吸収係数が小さい．したがって，外観をつくる表面より少し深いところまで描出した画像を得ることができる．均

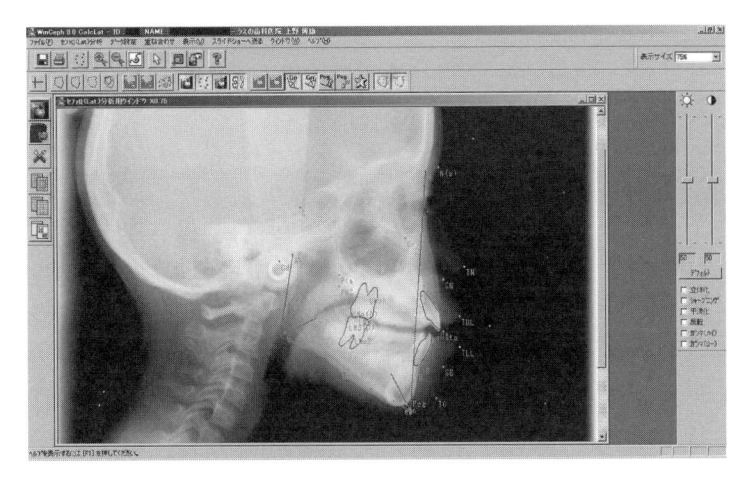

図 15.1　歯科矯正治療におけるセファロ分析の画面（千葉市若葉区・うえの歯科医院の上野博康先生提供）.

一な食品に，毛髪，生物，金属破片などの異物が表面近くに混入していないかを調べることができる．

X 線画像を使った場合は物体や人体に対してある程度の透過性を有するので，内部構造に対する非破壊検査や X 線診断となる．この世界ではイメージングはラジオグラフィ (Radiography) と呼ばれる．一般に知られているのは空港の手荷物検査であろう．「不審な形」や「不審な X 線透過性」のパターンが学習されていて，それにある程度マッチングするものは自動認識され，強くハイライトされて表示される．さて，図 15.1 は，歯科矯正治療におけるセファロ分析である．頭部 X 線規格撮影法による側貌 X 線写真上で，骨の形態，歯の排列状態を計測している．定められた解剖学的部位の座標を入力して，距離，角度などを分析している．治療経過の途中でこのような計測が何度か行われる．

X 線以外の電離放射線もイメージングに使われる．ガンマ線源を用いたラジオグラフィなどが知られている．建物，車両，金属製品，梱包物などの内部構造の非破壊検査に使われる．ラジオグラフィに用いられる電離放射線検出器は一定の面積を持つので，線量の空間分布が得られる．その分布を一定の処理にしたがって変換し出力すれば画像が得られる．

15.2　バイオメトリクス

バイオメトリクス (Biometrics) は生体認証とも呼ばれ，指紋認証，静脈認証，虹彩認証など，ある特定の人物をほかと識別する方法である．それぞれの画像に現れるテクスチャーから個人ごとの違いを定量化している．

顔認識技術も，デジカメに搭載されていたり，たとえば Facebook に人物画像をアップロードすると働いたりするので，私たちの日常で馴染み深い．ただ単に「顔」が存在するかどうかを検出するだけでなく，顔画像によって個人を認証する方向にアルゴリズム技術が発展している．

図 15.2 は，近赤外線による親指と人差し指のイメージングである．親指（左の 4 枚）と人差

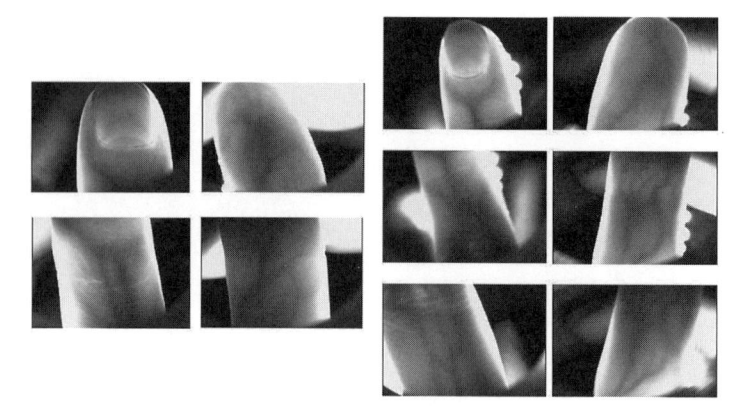

図 15.2 近赤外線による親指と人差し指のイメージング（北見工業大学情報システム工学科・早川吉彦研究室提供）．

し指（右の 6 枚）の静脈画像である．940 nm の近赤外線 LED を光源にして，指を透過光で撮影した．爪側をカメラに向けて撮像した場合（それぞれの左側）と指の腹側をカメラに向けて撮像した場合（それぞれの右側）の画像を示す．どちらをカメラに向けるかによって異なる画像が得られる．したがって，この程度の厚みの軟組織を透過するかしないかという違いがあるので，コントラストのある画像となる．この模様，すなわちテクスチャーの違いが個人識別に使えるのである．静脈認証システムを開発している会社の研究者の論文を読むと，この画像に現れる表在性血管・静脈の「線」を強調するような画像処理を施したあとに，個人個人の静脈のテクスチャーの違いを識別する処理を行っていることがわかる．

15.3 医用画像処理

医療機関で診断と治療が行われるとき，さまざまな画像診断機器が活用されている．人体の正常状態と異常状態を識別するために，解剖学的形態を正確に捉えるために使われる機器や生理学的状態を強く反映する画像を作る機器がある．ここでは，どのようなモダリティの機器が使われているか解説する．主なものとして，単純 X 線写真，X 線 CT，MRI，核医学検査を取り上げる．このほかには，超音波検査，内視鏡検査などが画像診断である．

15.3.1 単純 X 線写真

胸部 X 線写真のような単純 X 線撮影を行うときは，CR (Computed Radiography) ないし DR (Digital Radiography) システムと呼ばれる機器を利用してデジタル画像処理が行われている．CR システムでは，輝尽性蛍光体を塗布したプレートが X 線センサーとして使われる．照射後にレーザースキャンを行うと X 線の線量に比例して光るので，その光量を画像上の濃淡に変換している．病院の診療放射線技師はこれをイメージングプレートと呼んでいる．一方，DR システムでは半導体素子が X 線センサーになっている．

X 線は人体中で指数関数的に減衰する．画像診断で使われている X 線の波長領域では人体の

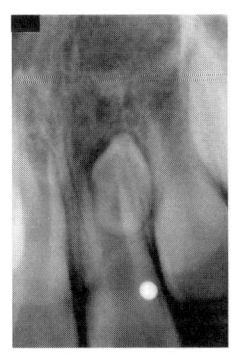

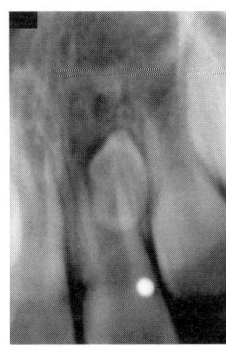

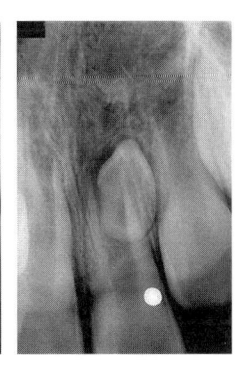

図 15.3 アンシャープマスク処理の例（東京歯科大学における研究．北見工業大学情報システム工学科・早川吉彦研究室提供）．

原子番号の 4～5 乗に比例して減衰する．つまり，X 線イメージングは人体の原子番号分布を画像化している．その X 線量分布を画像上のテクスチャーに反映するために，多様な階調処理や周波数処理が工夫されている．

図 15.3 は，医療画像で多用されているアンシャープマスク処理 (Un-sharp Mask Filtering) の例である．歯科診療室で撮影が行われる口内法 X 線画像で，上顎の左側犬歯が埋伏歯となっている症例である．左側のオリジナル像に対してスムージングフィルタを働かせたものが中央で，その画像を利用してアンシャープマスク処理を施した結果が右側の画像である．ボケマスク処理や非鮮鋭マスク処理などの呼称もある．処理後は，歯の形態，骨の辺縁や骨梁テクスチャーが明瞭である．この処理方法を発展させたものが，マルチ周波数処理，ダイナミックレンジ圧縮処理およびフレキシブルノイズコントロール法などで，現代の画像診断機器に搭載されている．

15.3.2 X 線 Computed Tomography

X 線 CT 撮影装置では，仰臥位で横たわった患者の周りで X 線源と検出器を高速に回転させて，ファン（扇）型 X 線ビームを照射して 360 度の方向から投影データを取得する．そのデータをフーリエ変換して周波数領域のデータとし，メーカー固有のフィルタ関数で処理して画像として出力する．これをフィルタ逆投影による画像再構成 (FBP, Filtered Back Projection) と呼ぶ．

図 15.4 には，最先端の X 線 CT 装置で作成した 3 次元 X 線 CT 画像を示す．軸位断（体軸方向と直角である面）で撮影された 123 枚の画像（各厚さ 1.3 mm）の重ね合わせによって作られている．下顎枝矢状分割術 (SSRO, Sagittal Splitting Ramus Osteotomy) の術後半年経過時の画像である．患者は 36 歳女性．両側の分割によって 9 mm のギャップが作られ，チタン製プレートで固定されている．歯には矯正装置のブラケットとワイヤがある．北海道北見市内の病院で撮影し，同時に画像再構成処理されたものである．この画像では，骨と歯と金属生体材料を白，空気を含めてそれ以外を黒とする 2 値化処理が行われている．できあ

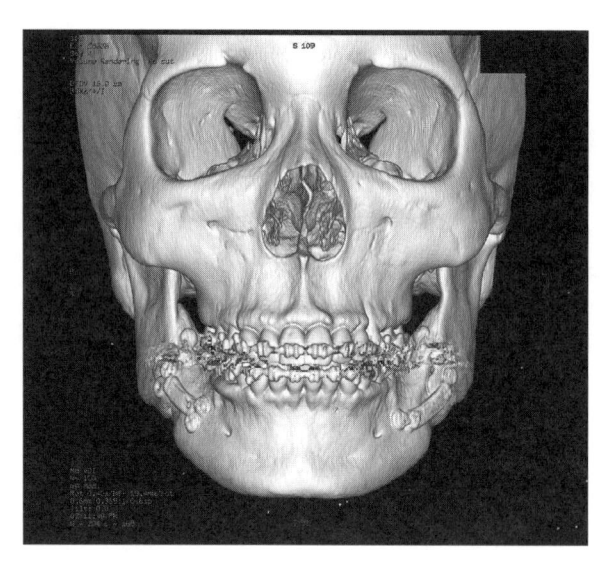

図 15.4 最先端の X 線 CT 装置で作成した 3 次元 X 線 CT 画像．(患者本人の了解を得て掲載する．)

がった 3 次元像に仮想的な光をあてて立体感を出している．このようなボリュームレンダリング (Volume Rendering) という手法では，軟組織も含めて人体を模しているような 3 次元像が作成できる．このほかにも，サーフェスレンダリング (Surface Rendering)，最大値投影法 (Maximum Intensity Projection)，多断面再構成法 (Multi-Planar Reconstruction) などの方法が 3 次元再構成に利用されている．

医療機関に普及している臨床用 X 線 CT 装置は，第 3 世代と呼ばれている型が絶え間なく改良されたものである．第 4，第 5 世代と称する型もあるが全く普及していない．1980 年代末に高速回転が 1 回ごとの回転から連続的な回転となり，1998 年以降は X 線検出器の多列化が進んだ．現在では，X 線検出器が 320 列も並び，体軸方向に 16 cm の範囲を 0.5 秒以下で撮影できる装置がある．その場合は，不完全逆投影法といって 180 度回転で 1 枚の画像を再構成している．一方，X 線のエネルギーを 2 通り使って高速撮影を行い，人体組織の原子番号分布を高精度で描出する装置もある．21 世紀には，逐次近似法などの統計的画像再構成法が見直され，計算負荷は大きいが被ばく線量軽減と画質向上に役立っている．X 線管電流の強度変調 (Intensity Modulation) も患者の被ばく線量の最適化のために開発されている．

一方，同じく 21 世紀になってから，歯科診療所や放射線治療施設に普及したのがコーンビーム (Cone Beam) 型 X 線 CT 装置である．使われ方は異なるが原理的には同じ画像再構成である．歯科用では，数本の歯と顎骨の立体像を撮るモードから，頭部から下顎骨の立体像を撮るモードまである．放射線治療では，動きやすい臓器内におけるターゲット（腫瘍）の位置の見極めに活用されている．

15.3.3 磁気共鳴イメージング (MRI)

磁気共鳴イメージング (MRI, Magnetic Resonance Imaging) は，1990 年代以降，高画質

化，高機能化の一途をたどっている．X 線 CT が人体組織の原子番号分布を画像化するのと比べると，MRI は人体における水の存在状態を画像化すると言える．通常は，T1 強調画像と T2 強調画像が撮像される．T1 は脂肪強調画像とも言われることがあるが解剖学的形態の描出に優れている．T2 は水強調画像とも言われる．病的状態の描出に優れている．両方を合わせて，あるいはこれに造影剤を使用した撮像を加えて診断が行われている．図 15.5 は，顎（がく）関節部の MRI 画像である．側貌像である．左側と中央はプロトン密度強調画像である．この部位では T1 の代わりに撮影されている．右側は T2 強調画像で，水が高信号（白）で描出されていてその存在状態をよく表す．左右は閉口状態での撮像であるが，中央は開口状態で撮像している．

1990 年代半ば以降，1.5 から 3 テスラ (Tesla) の高磁場の装置が普及し，拡散強調画像 (Diffusion Weighted Image)，灌流強調画像 (Perfusion Weighted Image) の撮像が行われている．拡散強調画像は，水分子のブラウン運動の程度を画像化するものである．細胞内か細胞外かで水分子の拡散運動が異なるだろうことは想像できるが，このことを画像化すると急性期脳梗塞の診断などに有効である．灌流強調画像は，毛細血管レベルで血流量をイメージングする方法である．

このほか，MR アンギオグラフィ (MRA, Magnetic Resonance Angiography) による血管イメージング，拡散テンソル画像法 (DTI, Diffusion Tensor Imaging) による脳神経イメージング，cine MRI による心機能の動画撮影，MR スペクトロスコピー (MRS, Magnetic Resonance Spectroscopy) による脳代謝産物の測定など，新しい画像化技術の登場は枚挙に暇がない状況である．

とくに，ファンクショナル MRI (Functional MRI) による脳活動によるヘモグロビン消費（BOLD 効果）に関係した血流動態の可視化は，近赤外線スペクトロスコピー (NIRS, Near-Infrared Spectroscopy) とともに，脳活動の非侵襲検査として脳科学研究を支えている．

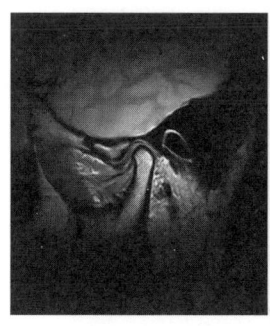

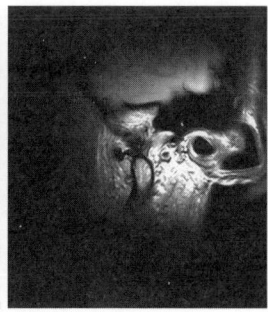

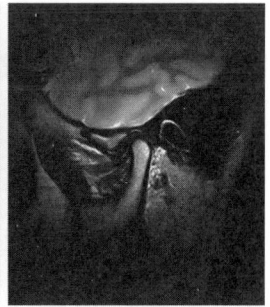

closed mouth   *open mouth*   *closed mouth*
Protonen density-gewichtet   *T2-gewichtet*
PDWI, TR/TE: 3300/14   T2WI, TR/TE: 3300/85

図 15.5 顎（がく）関節部の MRI 画像（東京歯科大学の症例．北見工業大学情報システム工学科・早川吉彦研究室提供）．

15.3.4 核医学イメージング

ガンマ線を出す核種（ラジオアイソトープ）でラベルした代謝産物を薬剤として人体に投与し，時間経過に伴う体内分布を測定するものである．トレーサー (Tracer) 検査といえる．ガンマ線を検出するためにシンチレータを用いることが多いので，この検査法をシンチグラフィ (Scintigraphy) と呼ぶことが多い．また，このような検査を核医学 (Nuclear Medicine) 検査あるいはアイソトープ検査という．腫瘍に集まる薬剤，甲状腺や骨に集まる薬剤を用いた検査もある．脳血流，心機能，肺血流，あるいは腎・肝機能検査もある．

核医学検査装置の種類から見ると，体内分布を単純に撮像する装置がガンマカメラであるのに対し，断層撮影法によって体内分布をより正確に描出する装置がある．SPECT (Single Photon Emission Computed Tomography) と PET (Positron Emission Tomography) と呼ばれる撮像装置である．SPECT は，ガンマ線検出器の前にコリメータ（検出器に入射するガンマ線の方向を絞るもの）を置いて，方向を限定することでガンマ線の発生部位をより特定できるようにした装置である．PET は，陽電子崩壊する核種を用い，崩壊時に 180 度反対方向に出てくるガンマ線を同時計数回路で捉える装置である．腫瘍検査に用いられていることが多い．

15.4 文字・文書認識

OCR (Optical Character Recognition) という技術は，イメージスキャナーなどで読み込まれた文字を含む画像から，印刷文字をテキストデータとして文字コードの列に変換するものである．図 15.6 は，ポピュラーなソフトウエア Adobe Acrobat（アドビシステムズ）で OCR を働かせたところである．デジカメで撮影した画像（jpg ファイルフォーマット）を Adobe Acrobat で表示して「OCR テキスト認識」を行ったものである．pdf ファイルフォーマット

図 **15.6** OCR テキスト認識の例（北見工業大学情報システム工学科・早川吉彦研究室提供）．

に変換されたあとで，画面中央の文字「オラクル賞」が文字コードとして認識されていることをハイライト（網かけ）で示した．

　OCR は紙に印刷された文書内にある文字を読み取り，デジタル化されたデータにする技術であって，PC が普及し始めた頃から存在した．アナログからデジタルへのテキストデータの変換は今後も需要があると思われる．デジタルデータに変換することで，自然言語処理によるテキストマイニング，機械翻訳，または音声合成のための入力データにすることができる．

15.5　リモートセンシング

　リモートセンシング (Remote Sensing) は，離れたところから対象の測定を行う一般的な手段である．しかし，実際的には，地球表面を気球，ヘリコプター，航空機あるいは人工衛星から観測する手段を指す．図 15.7 は航空機内から撮影したものである．仙台空港とその周辺地域で，平成 25（2013）年 8 月に撮影した．このような航空写真を撮って，幾何学的な歪みを補正し，隣接地域を撮影した複数枚の画像を接合すると巨大な地図ができあがる．そのような画像のデータベースが誰でも利用できるようになっている．

　図 15.8 は，リモートセンシングによってできあがった「地理院地図（電子国土 Web）」から，地盤情報や土地利用状況を表示しているところである．リモートセンシングで得た地理情報に，土地の地盤情報などをビジュアルに重ね合わせて閲覧できる．この画像は千葉県千葉市美浜区と稲毛区の一部の例である．明治時代に海あるいは湿地だった場所が，濃淡の異なる色でカラーリングされている．このような地理空間情報の活用は GPS（衛星利用全地球測位システム，Global Positioning System）の普及によって大いに注目されている．平成 26（2014）

図 15.7　航空機内からデジタルカメラで撮影した仙台空港とその周辺地域（北見工業大学社会環境工学科・山崎新太郎先生提供）．

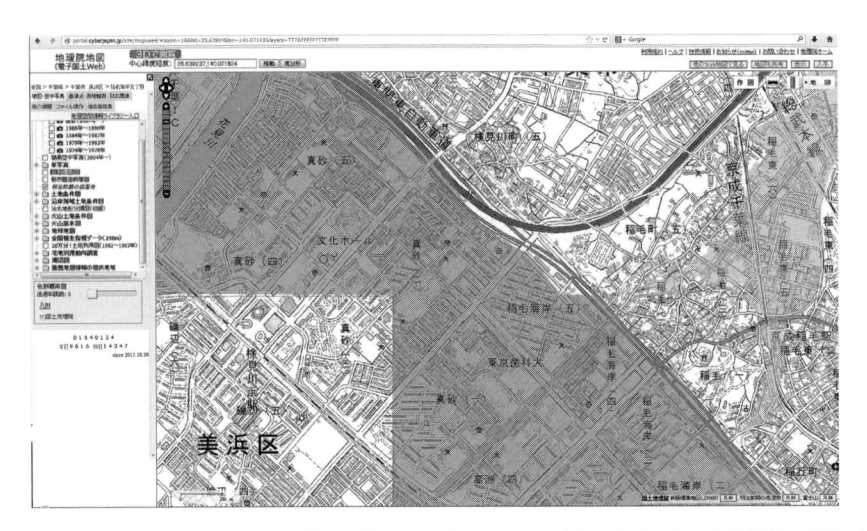

図 15.8 国土地理院のホームページ「地理院地図（電子国土 Web）」で利用できる土地利用の状況の例.

年 3 月，国土地理院は日本全国の地図を 3 次元で見ることができる無料サービスを開始した．STL ないし VRML ファイルをダウンロードすると 3D プリンタで印刷することもできる．この情報を活用した新しいサービスの提供を可能にする大きな出来事である．

15.6 ITS

ITS（Intelligent Transport Systems，高度道路交通システム）とは，車の運転者を補助したり，その安全を図ったりするコンピュータ制御システムである．本邦では図 15.9 のように 2007 年の東京モーターショーあたりから，車載カメラで車の周囲の状況を捉える技術が一般に紹介されるようになった．この図は，ドライバーのための Head Up Display である．透明なガラス素子に画像を投影することによって，ドライバーの視野を妨げることなく情報を提示する．実際には製品化されなかっただろうが，そのあとのハードとソフトの進歩が実感できる．

画像処理・認識のアルゴリズムを働かせて，近接する車，障害物，歩行者などの物体の存在と動きの情報を運転者にリアルタイムで教えるシステムが考案・搭載されるようになった．図 15.10 は，車載カメラで撮影した画像から駐車禁止の道路標識を自動認識しているところである．車載カメラの画像で道路標識の検出を行っている様子である．左側の原画像に写っている駐車禁止の標識をシステムが認識して，中央の画像のように出力する（白黒反転処理済み）．右側の画像はそれを原画像へ重ね合わせたものである．現在では，この発展形態「コンピュータによる自動運転」の研究開発が行われている．

道路案内のカーナビゲーションシステムは 1980 年代から利用されているが，インターネットに常時接続状態にすること，あるいは GPS 機能を搭載することで，天候，渋滞，交通規制，催事などの情報をリアルタイムで取得してドライバーやナビゲーターに伝えることができる．逆に，そのような接続状態がリアルタイムでモニタリングできるという状況を作り，渋滞予測な

図 **15.9** ドライバーのための Head Up Display（2007 年の東京モーターショーで撮影）．

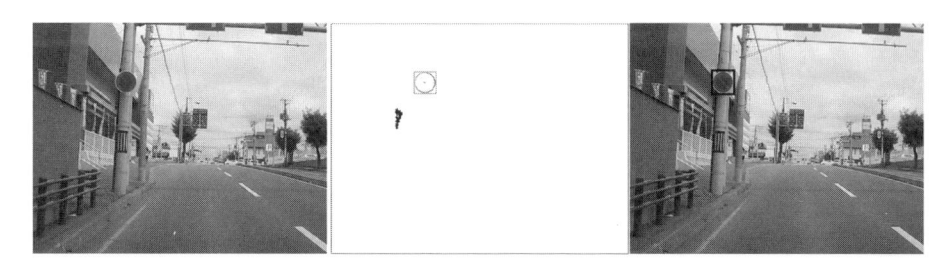

図 **15.10** 車載カメラの画像で道路標識の検出を行っている様子（北見工業大学情報システム工学科・三浦則明先生提供）．

どを可能にする．東日本大震災時のモニタリング結果は，ビッグデータ解析として注目された．

15.7 ロボット視覚

　ロボット (Robot) には多様なバリエーションがあるが，普通はヒトを模した形体のものを想像するだろう．ヒト型ロボットは，ヒューマノイド (Humanoid) ロボットと呼ばれる．人体に極めて似た形態をとり，その動作も酷似しているものは，アンドロイド (Android) ロボットと呼ばれている．

　このようなロボットは，センシングと制御のコンピュータ技術を集積したものと捉えることができる．ヒトは五感の感覚で環境・外界の情報を捉える．五感とは，視覚，聴覚，味覚，嗅覚および触角である．このうち，ヒトはその情報の多くを視覚で捕らえている．それはロボットのカメラに相当する．図 15.11 は，ヒューマノイドロボットの例である．名前を Nao といい，フランスの Aldebaran Robotics 社製である．視覚センサー（眼に相当するカメラ）があり，顔認識や物体認識のアルゴリズムなどが組める．音声認識も行い，自立歩行ができる．つまり，外的な環境を視覚，触角，聴覚などで認識して，このロボットがそれに対応してどのよ

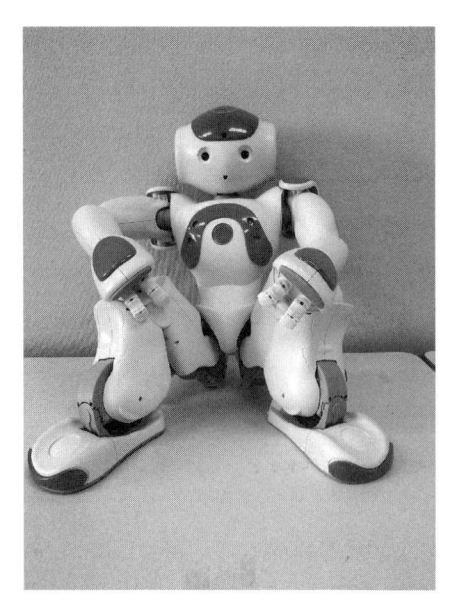

図 15.11 "休息する" ヒューマノイドロボット Nao（北見工業大学情報システム工学科・鈴木育男先生提供）．

うな行動をとるかというプログラミングができる．

15.8 バーチャルリアリティ・AR 技術

　2005 年に行われた愛知万博（愛・地球博）の頃までの数年間，裸眼で見ることができる 3 次元ディスプレイが盛んに宣伝された．エンターテインメントや医療で 3 次元画像が盛んに作られるようになり，それをそのまま観察するために，高画質化した液晶ディスプレイを利用した技術が利用された．そのあと，そのブームは下火になったが，映画の世界ではシャッター付きメガネをかけて 3D 映画を楽しむようになった．図 15.12 は，没入型のディスプレイシステムの例である．高度 3 次元可視化システムと呼び，正面，左右，床面の 4 面スクリーンがある．シャッター付きメガネを装着してバーチャルリアリティが体験できる．

　現実にある 3 次元の世界を 3 次元のままに観察しようとする技術は，このようにハードウエアの面で工夫されたが，ソフトウエア面でもコンピュータグラフィックスの発展で新しい工夫が行われている．コンピュータで作りだされた仮想空間はサイバースペース (Cyber Space) といわれるが，現実の世界を画像として取得して，現実感 (Reality) を付加する技術がある．これはバーチャルリアリティ (Virtual Reality) と呼ばれる．

　バーチャルリアリティでも，拡張現実 (Augmented Reality) や複合現実 (Mixed Reality) といわれている表現は，ヒトが知覚できる現実のものに，仮想的な情報を付加，強調，あるいは現実を一部削除して提示されるものである．仮想空間に現実の情報を付加するという考え方もあり，合わせて複合現実と呼ばれる．

　仮想的あるいは人工的な現実感は，昔ながらに小説を読んでも映画や演劇を鑑賞しても得ら

図 15.12　没入型のディスプレイシステム（北見工業大学情報システム工学科・三波篤郎先生提供）．

れるものである．コンピュータが作りだすバーチャルリアリティには，観察者の視覚，触角などの感覚へのフィードバック，双方向のインタラクティブ性も実現されている．コンピュータグラフィックスとプロジェクタが組み合わせられてプロジェクションマッピング (Projection Mapping) が人々を楽しませているように，エンターテインメントの世界を中心に，バーチャルリアリティがどのような技術のマッシュアップ (Mashup) で我々を楽しませてくれるか予断を許さない．

> **演習問題**
>
> **設問 1** NIH（National Institute of Health, 米国国立衛生研究所）が提供するフリーソフトウエア ImageJ (http://imagej.nih.gov/ij/) をダウンロードし，任意の画像に対しアンシャープマスク処理を実行した結果を示せ．
>
> **設問 2** アンシャープマスク（ボケマスク，非鮮鋭マスク）処理法は，医療画像に広く用いられてきた．それを発展させたアルゴリズムで現代の医療画像処理装置に搭載されているのは，マルチ周波数処理法，ダイナミックレンジ圧縮処理法およびフレキシブルノイズコントロール法である．この三つの画像処理法について調査せよ．
>
> **設問 3** (1) 医療用 X 線 CT 画像の 1 枚 1 枚は，1980 年代の昔からずっと 512×512 のマトリックスデータである．画素数がもっと多ければ空間分解能が向上するのではないか．なぜ，これより画素数の多いマトリックスで撮影しないのか．その理由を考えよ．
>
> (2) また，各画素の固有な値を測定して定量的診断に役立てる場合がある．各画素の固有な値は，その部位の X 線透過性を反映する値として「CT 値」あるいは「ハンスフィールドユニット（Hounsfield unit）」と呼ばれる．ふつう，-1000 から $+3000$ までの範囲内の値をとる．-1000 ならば空気，0（ゼロ）ならば水，マイナス数十ならば脂肪，ゼロより少し大きいと筋肉などの軟組織，数百あるいはそれ以上の大きい値ならば，骨，歯あるいは金属生体材料となる．このような組織分解能を出すために，CT 画像の各画素は何ビット（bit）で量子化されているか．

参考文献

[1] 野口稔：特集 画像認識技術の実用化への取り組み，半導体産業を支える画像応用検査・計測技術の現状と展望，『情報処理』Vol.51, No.12, pp.1538–1546 (2010)

[2] 今岡仁，溝口正典，原雅範：特集 画像認識技術の実用化への取り組み，安心安全を守るバイオメトリックス技術，『情報処理』Vol.51, No.12, pp.1547–1554 (2010)

[3] 早川吉彦，山下拓慶，大粒来孝，妙瀬田泰隆，佐川盛久，近藤篤，辻由美子，本田明：近赤外線イメージングによる皮下異物の検出実験，『医用画像情報学会雑誌』Vol.27, No.3, pp.50–54 (2010)

[4] 河野美由紀，梅村晋一郎：解説特集 バイオメトリクス—生体特徴計測による個人認証—指静脈パターンを用いた個人認証技術，『生体医工学』（日本エム・イー学会誌）Vol.44, No.1, pp.20–26 (2006)

[5] 早川吉彦，光菅裕治，佐野司，山本一普，Allan G. Farman：Tuned-Aperture Computed Tomography による Tomo-Synthesis の臨床応用，『医用画像情報学会雑誌』Vol.22, No.1,

pp.14–21 (2005)

[6] 石田隆行, 大倉保彦, 川下郁生：『医用画像処理入門』オーム社 (2008)

[7] Dong, J., Hayakawa, Y. and Kober, C.: Statistical iterative reconstruction for streak artefact reduction when using multi-detector CT to image the dento-alveolar structures. *Dentomaxillofacial Radiology*, Vol.43, No. 5, 20130439 (2014).

[8] 村上伸一：『3次元画像処理入門』東京電機大学出版局 (2010)

[9] 小倉明夫, 土橋俊男, 宮地利明, 船橋正夫 編：『超実践マニュアル MRI』医療科学社 (2006).

[10] 黒沢由明, 入江文平, 水谷博之, 登内洋次郎：特集 画像認識技術の実用化への取り組み, 実社会での利用が広がる文字認識技術,『情報処理』Vol.51, No.12, pp.1530–1537 (2010)

[11] 二宮芳樹：特集 画像認識技術の実用化への取り組み, 車の知能化のための画像認識技術の現状と今後,『情報処理』Vol.51, No.12, pp.1569–1574 (2010)

索　引

記号・数字

1次微分 84
2次元離散コサイン変換 141
2次微分 85
2値化 66
2値画像 66
2値画像の特徴量 75
3次たたみ込み内挿法 62

A

A/D 17
AF 13
AR 2

B

B-スプライン曲線 179
B-スプライン曲面 176

C

CABAC 158
calibration 125
CamShift 法 103
CAVLC 158
CCD 15
CIE LAB 32, 166
CIE LUV 31, 166
CIE XYZ 30, 163
CMOS 15
CRT 20

D

DCT 141
DMD (Digital Mirror Device) 21

E

epipolar line 130
extrinsic camera parameters 128

G

GOP 155

H

Haar-Like 特徴量 97
HSL 35
HSV 34

I

ITS 3, 198

J

JPEG 147

K

Kirsch のオペレータ 89
k-平均法 49

L

Laplacian of Gaussian (LoG) フィルタ . 88

M

MeanShift 法 103
MPEG 153

N

NTSC 方式 35
NURBS 181

O

OCR 196

P

PCCS 25
photodiode 15
Prewitt のオペレータ 87

PSNR	168
PWM	21
P-タイル法	68

R

RGB	5, 151
Robinson のオペレータ	89

S

S-CIE LAB	169
SIFT 特徴量	90, 103
Sobel のオペレータ	87
sRGB	33
SSIM	170

U

$u'v'$ 均等色度図	31

V

V1	162
VIF	170

X

xy 色度図	30
X 線 CT	193

Y

YCbCr	35, 151
YIQ	35

Z

Z バッファ法	186

あ行

穴	70
アナログ画像処理	3
アフィン変換	56
アンシャープマスク処理	193
イエロー	21
一対比較	173
一般物体認識	4
移動ベクトル	108
イメージセンサー	14
医用画像処理	4, 192
色再現	163
色の三色性	163
インク	21
陰面消去	176
動き推定	154
動きベクトル	155
動き補償	153
液晶	20
エピポラー拘束	130
エピポラー線	130
円形度	76
円筒	19
エントロピー	134
エントロピー符号化	136
オイラー数	77
オートフォーカス	13
オープニング・クロージング	79
オプティカルフロー	108

か行

解像度	161, 164
解像度チャート	164
外側膝状体	162
階調	5, 165
回転	54
外部パラメータ	128
ガウシアンフィルタ	41
顔検出	2
顔認識	2
可逆符号化	135
拡散反射	186
拡大・縮小	53
拡張現実	2
可視光	23
画質評価	160
カスケード型分類器	98
画素	5, 17
画像圧縮	161
画像解析	1
仮想現実	4
画像処理	1
画像入力装置	10
画像認識	1
加法混色	27
カメラ	9
カメラ座標系	122
カメラの内部パラメータの較正	125
カラー画像	20
環境光	186
観察距離	172
観察条件	172
桿体細胞	25
機械学習	4
幾何学的変換	52
疑似輪郭	165

基底	140
基底関数	179
逆変換	57, 60
球面レンズ	12
共1次内挿法	62
鏡映	54
境界線	71
境界線追跡	73
鏡面反射	186
距離変換	80
均等色空間	32
近傍	69
空間周波数チャンネル	167
空間フィルタリング	38
クラスタリング	48
継時加法混色	28
計測誤差	127
原画像	163
顕色系	25
減法混色	27
孔	70
光学中心	12
工業用画像処理	4
光軸	12
合成変換	58
光線追跡	188
構造要素	78
光電効果	14
高度道路交通システム	3, 198
高能率符号化	133
勾配法	111
コーナー検出アルゴリズム	89
国際照明委員会	28
骨格	80
骨格化	80
混色	27
混色系	25
コントラスト感度	166
コンピュータグラフィックス	1, 175

さ行

サーフェスモデル	175
最近傍補間	45
最近隣内挿法	61
再現画像	163
細線化	81
彩度	26
再標本化	60
座標変換	52
差分2乗和	109
差分画像	112
差分絶対値和	109
三角測量法	125
三原色	18
三刺激値	29
シアン	21
シェーディング	185
視覚処理	160
視覚的注意モデル	171
視覚モデル	166
時間解像度	164
しきい値	67
しきい値処理	67
磁気共鳴イメージング	194
色差	166
色相	26
色相環	26
色度	30
時空間画像	115
時空間断面画像	115
ジグザグスキャン	143, 150
視細胞	24
視神経	24
自然画像統計	169
実像	12
絞り	16
射影変換	59
シャッター	16
周囲長	76
収差	14
周波数フィルタリング	43
主観評価	161
瞬時符号	136
消去可能	78
焦点	12
焦点距離	12
視力	161
信号処理	1
振動	20
シンボル	134
錐体細胞	25
スキャナー	9
スキャンライン法	186
スキュー	55
ステレオ視	126
正規化RGB	36
制御点	177
絶対評価	172
鮮鋭化	42
線形変換	52
せん断	55
全探索	110
相関係数	109
走査	130
双三次補間	46

双線形補間	45
相対評価	172
速度ベクトル	108
ソリッドモデル	175

た行

第 1 次視覚野	162
対応付け	129
大脳	162
大脳視覚野	162
畳み込み	44
畳み込み定理	44
探索範囲	110
単純 X 線写真	192
単色光	24
チェーン符号	75
チェーン符号化	74
中心窩	25
注目画素	69
テクスチャ	47
テクスチャ特徴量	47
デジタル画像処理	3
デブロッキングフィルタ	157
電磁波	23
テンプレートマッチング	96
投影中心	121
投影面	121
動画像	107
動画像処理	4
統計的テクスチャ特徴量	47
同時加法混色	28
同次座標	8, 57
透視投影	120, 185
等色関数	29, 163
動的輪郭法（Snake 法）	103
トーン	27
特徴空間	100
特徴ベクトル	100
トナー	21

な行

ニアレストネイバー法	61
ニアレストネイバー補間	45
日本色研配色体系	27
濃淡画像	20
能動的ステレオ視	130
ノット	179

は行

バーチャルリアリティ	4, 200
バイオメトリクス	191
バイキュービック補間	46
背景画像	113
バイラテラルフィルタ	41
バイリニア法	62
バイリニア補間	45
パターン認識	4
ハフ変換	90
ハフマン符号	137
ハフマン符号化	136, 149
パルス幅変調法	21
パワースペクトル	44
反転	54
判別分析法	68
非可逆符号化	135
光受容体	162
光の三原色	5
ピクセル	5
左手系	7
ヒューマノイドロボット	199
表色系	25
評定者	173
標本化	5, 17
標本化定理	17
ピント	13
ピンホールカメラモデル	120
フォトダイオード	15
複合光	24
複雑度	76
符号	133
符号化	1, 133
符号語	133
符号長	134
符号の木	136
ブラウン管	20
プラズマディスプレイ	21
フラットベッドスキャナー	19
フレーム	107
フレーム間予測	154
フレーム内予測	157
ブロックマッチング	155
ブロックマッチング法	108
分光	24
平滑化	39
平均値フィルタ	40
平均符号長	134
平行移動	56
並置加法混色	28
平面射影変換	59
ベジェ曲線	177
ベジェ曲面	176
変換係数	140
変換符号化	139
偏光フィルター	20

膨張・収縮 79
補間 45
ボケ 10
補色 21
ポリゴン 176
ボリュームレンダリング 194

ま行

マゼンタ 21
マンセル色立体 27
マンセル表色系 25
右手系 7
無彩色 26
明度 26
面積・長さ 75
網膜像 162
モード法 67
文字認識 4
モルフォロジー演算 78

や行

有彩色 26
有理ベジェ曲面 178
予測誤差 138
予測符号化 138

ら行

ラスタスキャン 138
ラプラシアンフィルタ 42, 86
ラベリング 71
ランレングス符号化 142, 150
離散コサイン変換 148
リモートセンシング 197
領域分割 48
量子化 5, 17, 135
量子化誤差 17
量子化ステップ幅 149
輪郭線 71
輪郭線追跡 73
ルーター条件 163
ループ内フィルタ 157
レイ 188
レイトレーシング 188
レーザーレンジファインダー 130
連結 69
連結数 77
連結性 69
レンズ 12
レンダリング 176
ローカル復号器 155
ローパスフィルター 17

露出 15
ロボットビジョン 4

わ行

ワイヤーフレームモデル 175

著者紹介

[監修者]

白鳥則郎（しらとり のりお）

略　　歴：1977 年 3 月 東北大学大学院工学研究科博士後期課程修了（工学博士）
　　　　　1990 年 4 月 東北大学工学部情報工学科教授
　　　　　1993 年 4 月 東北大学電気通信研究所教授
　　　　　2010 年 4 月–現在 東北大学名誉教授
受賞歴：1985 年 11 月 情報処理学会 25 周年記念論文賞, 1998 年 4 月 IEEE Fellow, 2001 年 5 月 電子情報通信学会論文賞, 2001 年 5 月 電子情報通信学会業績賞, 2008 年 5 月 情報処理学会功績賞, 2009 年 4 月 平成 21 年度文部科学大臣表彰　科学技術賞, 2011 年 5 月 電子情報通信学会功績賞, 2012 年 5 月 電子情報通信学会名誉員, 2013 年 情報処理学会名誉会員
主　　著：『ネットワークシステムの基礎』岩波書店 (2005)
学会等：情報処理学会会長 (2009–2011), IEEE Sendai Section Chair (2010–2011)

[著者]

大町真一郎（おおまち しんいちろう）（執筆担当章：第 1, 14 章）

略　　歴：1993 年 3 月 東北大学大学院工学研究科博士後期課程修了（博士（工学））
　　　　　1993 年 4 月 東北大学情報処理教育センター 助手
　　　　　1999 年 4 月 東北大学大学院工学研究科 助教授
　　　　　2009 年 10 月–現在 東北大学大学院工学研究科 教授
受賞歴：2007 年 画像の認識・理解シンポジウム MIRU 長尾賞（最優秀論文賞），2007 年 IAPR/ICDAR Best Paper Award, 2010 年 ICFHR Best Paper Award, 2012 年 電子情報通信学会論文賞受賞．
主　　著：『画像情報処理工学』（共著）朝倉書店 (2011).
学会等：IEEE Senior Member，電子情報通信学会シニア会員，情報処理学会，電気学会，画像電子学会，ヒューマンインタフェース学会各会員

陳　謙（ちん けん）（執筆担当章：第 2, 10 章）

略　　歴：1992 年 3 月 大阪大学大学院基礎工学研究科博士後期課程修了（工学博士）
　　　　　1992 年 4 月 （財団法人）イメージ情報科学技術研究所 研究員
　　　　　1994 年 5 月 大阪大学基礎工学部制御工学科 助手
　　　　　1995 年 4 月 奈良先端科学技術大学院大学情報科学研究科 助手
　　　　　1997 年 4 月 和歌山大学システム工学部 講師
　　　　　1999 年 4 月–現在 和歌山大学大学院システム工学研究科 准教授
学会等：情報処理学会，日本ロボット学会，IEEE 各会員

大町方子（おおまち まさこ）　（執筆担当章：第 3 章）
略　　歴：1999 年 3 月 東北大学大学院工学研究科博士後期課程修了（博士（工学））
　　　　　1999 年 4 月 東北文化学園大学科学技術学部 助手
　　　　　2004 年 4 月 東北文化学園大学科学技術学部 講師
　　　　　2008 年 4 月 東北文化学園大学科学技術学部 准教授
　　　　　2010 年 4 月–現在 仙台高等専門学校専攻科 准教授
受賞歴：2007 年 画像の認識・理解シンポジウム MIRU 長尾賞（最優秀論文賞），2008 年 石田實記念財団研究奨励賞，2012 年 電子情報通信学会論文賞受賞
学会等：電子情報通信学会シニア会員

宮田高道（みやた たかみち）　（執筆担当章：第 4, 12 章）
略　　歴：2006 年 3 月 東京工業大学大学院理工学研究科集積システム専攻博士後期課程修了（博士（工学））
　　　　　2006 年 4 月 東京工業大学大学院理工学研究科集積システム専攻 助手
　　　　　2007 年 4 月 東京工業大学大学院理工学研究科集積システム専攻 助教
　　　　　2012 年 4 月–現在 千葉工業大学工学部電気電子情報工学科 准教授
受賞歴：2005 年 11 月 画像符号化シンポジウム フロンティア賞，2009 年 5 月 IEEE Communication Quality and Reliability 2009 Best Paper Award，2013 年 11 月 映像メディア処理シンポジウム 優秀論文賞，2014 年 6 月 第 70 回 電子情報通信学会 論文賞
学会等：情報処理学会・学会誌編集委員 (2007–2010)．情報処理学会，電子情報通信学会，映像情報メディア学会，IEEE 各会員

長谷川為春（はせがわ ためはる）　（執筆担当章：第 5, 6 章）
略　　歴：1999 年 3 月 慶應義塾大学大学院理工学研究科後期博士課程単位取得満期退学
　　　　　2000 年 3 月 慶應義塾大学，博士（工学）
　　　　　2002 年 4 月 千葉工業大学情報科学部講師
　　　　　2009 年 4 月–現在 千葉工業大学情報科学部准教授
学会等：情報処理学会，電子情報通信学会，電気学会各会員

早川吉彦（はやかわ よしひこ）　（執筆担当章：第 7, 8, 15 章）
略　　歴：1983 年 3 月 立教大学大学院理学研究科原子物理学専攻博士前期課程修了
　　　　　1983 年 4 月 東京歯科大学歯学部助手
　　　　　1987 年 10 月 同専任講師
　　　　　1994 年 7 月 博士（歯学）（東京歯科大学）
　　　　　1994 年 8 月 The Univ. of Louisville, Visiting Professor
　　　　　2007 年 4 月–現在 北見工業大学工学部情報システム工学科准教授
受賞歴：2007 年 5 月 北見医工連賞（北見医工連携研究会），2011 年 5 月 医用画像情報学会平成 22 年度内田論文賞，2012 年 1 月 A TripleO Top Reviewer 2010–2011 (Elsevier)
学会等：日本歯科放射線学会代議員 (2008–現在) 医療情報委員 (2010–現在)，Program Committee & Editorial Board member, International Congress of Computer Assisted Radiology & Surgery（2005–現在），Editorial Board member, American Academy of Oral and Maxillofacial Radiology（2011–現在），DICOM Standards Committee, Working Group 22 (Dentistry) Member（2009–現在），International Association of Dento-Maxillo-Facial Radiology，日本医用画像工学会，日本医学物理学会（医学物理士），電子情報通信学会各会員

加瀬澤正（かせざわ ただし）（執筆担当章：第 9, 11 章）

略　歴：1983 年 3 月 東北大学工学部通信工学科卒業
　　　　1983 年 4 月 三菱電機株式会社入社
　　　　1998 年 3 月 東北大学大学院情報科学研究科博士課程後期 3 年の過程修了，博士（情報科学）
　　　　2000 年 4 月 日本大学工学部 専任講師
　　　　2001 年 4 月 日本大学工学部 助教授
　　　　2010 年 4 月–現在 日本大学工学部 教授

受賞歴：昭和 59 年度映像情報メディア学会鈴木記念奨励賞，1985 年 IEEE C.E.S. Transactions Awards

学会等：電子情報通信学会，情報処理学会，映像情報メディア学会，芸術科学会各会員

塩入　諭（しおいり さとし）（執筆担当章：第 13 章）

略　歴：1986 年 3 月 東京工業大学大学院総合理工学研究科物理情報工学専攻修了（工学博士）
　　　　1986 年 4 月 東京工業大学大学院総合理工学研究科 研究生
　　　　1986 年 9 月 モントリオール大学心理学科 博士研究員
　　　　1989 年 6 月 ATR 視聴覚機構研究所 研究員
　　　　1990 年 5 月 千葉大学工学部 助手
　　　　1994 年 7 月–1995 年 3 月 ハーバード大学客員研究員
　　　　1995 年 12 月 千葉大学工学部 助教授
　　　　2004 年 4 月 千葉大学工学部 教授
　　　　2005 年 3 月–現在 東北大学電気通信研究所 教授

受賞歴：1988 年 5 月 Fight for Sight 賞 (ARVO 1987 best poster)，1993 年 3 月 応用物理学会光学論文賞，1999 年 7 月 照明学会論文賞，2000 年 5 月 映像情報メディア学会丹生高柳著述賞，2010 年 5 月 Distinguished contributed paper award of the 2010 SID International Symposium，2012 年 8 月 日本視覚学会・鵜飼論文賞

主　著：『視覚 II』（編著）朝倉書店 (2007)

学会等：日本視覚学会会長 (2008–2014)

未来へつなぐ デジタルシリーズ 28
画像処理

Image Processing

2014 年 10 月 15 日 初 版 1 刷発行
2024 年 2 月 15 日 初 版 6 刷発行

監修者　白鳥則郎
著　者　大町真一郎・陳　　謙
　　　　大町　方子・宮田高道
　　　　長谷川為春・早川吉彦
　　　　加瀬澤　正・塩入　諭

Ⓒ 2014

発行者　南條光章

発行所　共立出版株式会社
　　　　郵便番号 112–0006
　　　　東京都文京区小日向 4-6-19
　　　　電話 03-3947-2511（代表）
　　　　振替口座 00110-2-57035
　　　　URL www.kyoritsu-pub.co.jp

印　刷　藤原印刷
製　本　ブロケード

一般社団法人
自然科学書協会
会員

検印廃止
NDC 007.1
ISBN 978–4–320–12348–9　　Printed in Japan

JCOPY ＜出版者著作権管理機構委託出版物＞
本書の無断複製は著作権法上での例外を除き禁じられています．複製される場合は，そのつど事前に，
出版者著作権管理機構（ＴＥＬ：03-5244-5088，ＦＡＸ：03-5244-5089，e-mail：info@jcopy.or.jp）の
許諾を得てください．